KB087453

#응용력 키우기
#응용문제 마스터

응용
해결의 법칙

Chunjae
Makes
Chunjae

▼

[응용 해결의 법칙] 초등 수학 5-2

기획총괄 김안나
편집개발 이근우, 서진호, 박웅, 김정민, 최경환
디자인총괄 김희정
표지디자인 윤순미, 여화경
내지디자인 박희춘, 이혜미
제작 황성진, 조규영

발행일 2023년 2월 15일 3판 2023년 2월 15일 1쇄
발행인 (주)천재교육
주소 서울시 금천구 가산로9길 54
신고번호 제2001-000018호
고객센터 1577-0902

※ 이 책은 저작권법에 보호받는 저작물이므로 무단복제, 전송은 법으로 금지되어 있습니다.

※ 정답 분실 시에는 천재교육 교재 홈페이지에서 내려받으세요.
※ KC 마크는 이 제품이 공통안전기준에 적합하였음을 의미합니다.
※ 주의
책 모서리에 다칠 수 있으니 주의하시기 바랍니다.
부주의로 인한 사고의 경우 책임지지 않습니다.
8세 미만의 어린이는 부모님의 관리가 필요합니다.

모든 응용을 다 푸는 해결의 법칙

응용 **해결의 법칙** 만의

학습 관리

1 메타인지 개념학습

메타인지 학습을 통해 개념을 얼마나 알고 있는지 확인하고 개념을 다질 수 있어요.

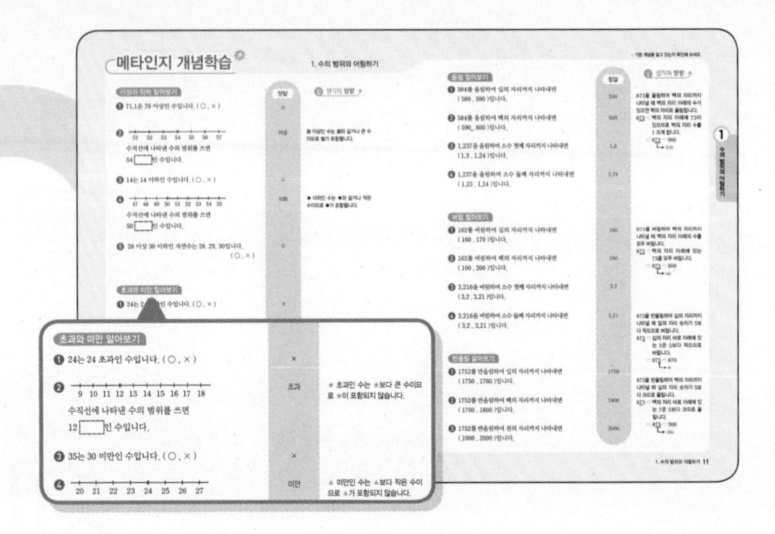

2 응용 개념 비법

응용 개념 비법에서 한 단계 더 나아간 심화 개념 설명을 익히고 교과서 개념으로 기본 개념을 확인할 수 있어요.

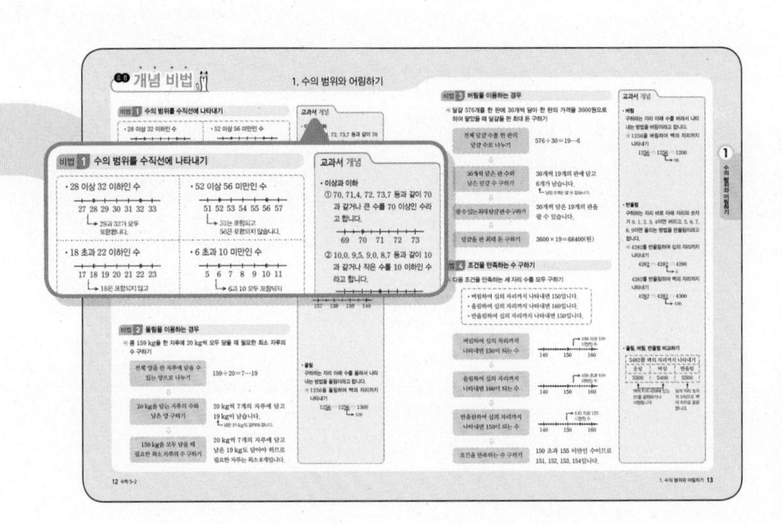

3 기본 유형 익히기

다양한 유형의 문제를 풀면서 개념을 완전히 내 것으로 만들어 보세요.

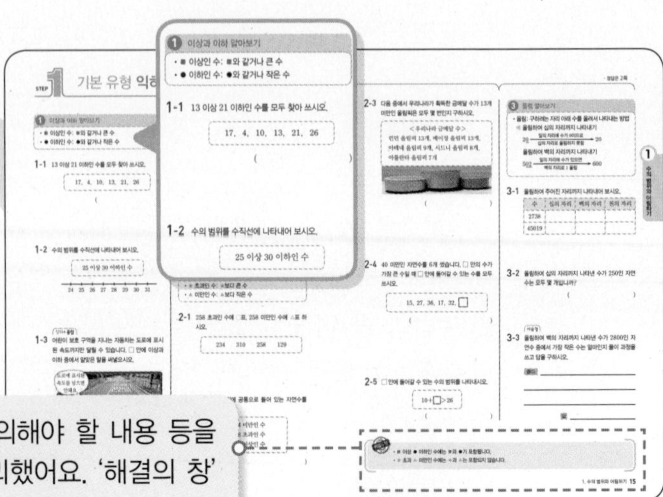

해결의 창

꼭 알아야 할 개념, 주의해야 할 내용 등을 아래에 '해결의 창'으로 정리했어요. '해결의 창'을 통해 문제 해결의 방법을 찾아보아요.

응용 유형 익히기

응용 유형 문제를 단계별로 푸는 연습을 통해 어려운 문제도 스스로 풀 수 있는 힘을 길러 줍니다.

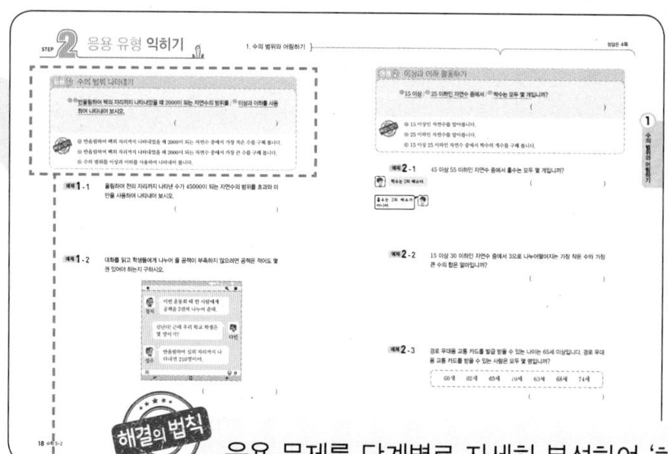

해결의 법칙

응용 문제를 단계별로 자세히 분석하여 '해결의 법칙'으로 정리했어요. '해결의 법칙'을 통해 한 단계 더 나아간 응용 문제를 풀어 보세요.

응용 유형 뛰어넘기

한 단계 더 나아간 심화 유형 문제를 풀면서 수학 실력을 다져 보세요.

동영상 강의 제공

유사 문제 제공

유사 표시된 문제의 유사 문제가 제공됩니다.
동영상 표시된 문제의 동영상 특강을 볼 수 있어요.
QR 코드를 찍어 보세요.

실력평가

실력평가를 풀면서 앞에서 공부한 내용을 정리해 보세요. 학교 시험에 잘 나오는 유형과 좀 더 난이도가 높은 문제까지 수록하여 확실하게 유형을 정복할 수 있어요.

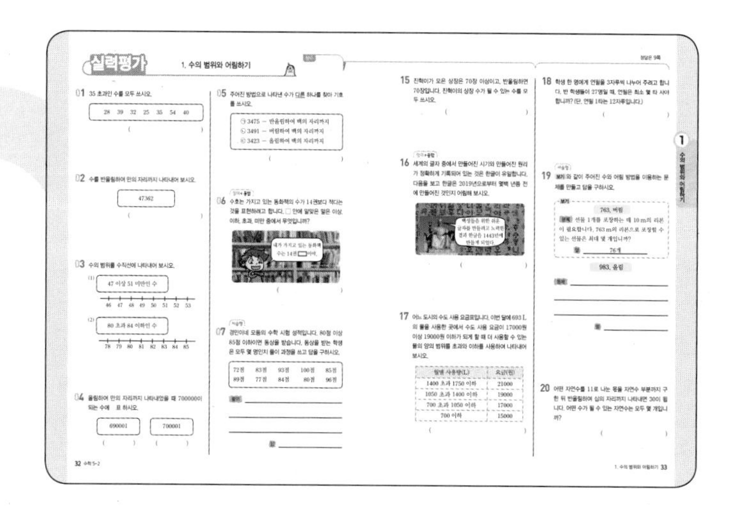

동영상 강의

선생님의 더 자세한 설명을 듣고 싶거나 혼자 해결하기 어려운 문제는 교재 내 QR 코드를 통해 동영상 강의를 무료로 제공하고 있어요.

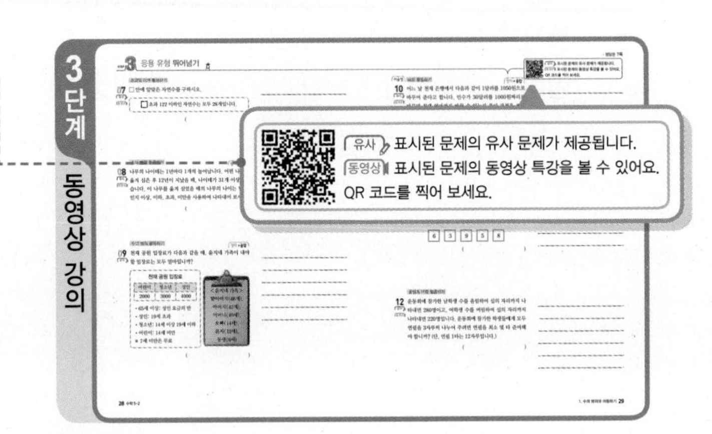

유사 문제

3단계에서 비슷한 유형의 문제를 더 풀어 보고 싶다면 QR 코드를 찍어 보세요. 추가로 제공되는 유사 문제를 풀면서 앞에서 공부한 내용을 정리할 수 있어요.

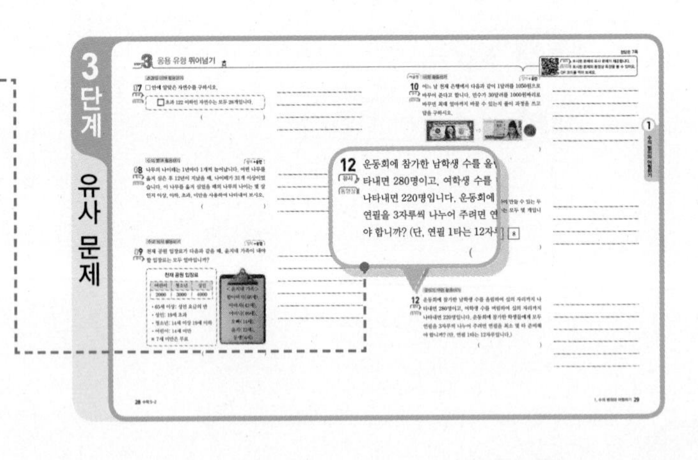

응용 해결의 법칙 3-2

동영상	유사문제
1 곱셈	학습하기
2 나눗셈	학습하기
3 원	학습하기
4 분수	학습하기
5 들이와 무게	학습하기
6 자료의 정리	학습하기

해결의 법칙

이럴 때 필요해요!

우리 아이에게
수학 개념을
탄탄하게 해 주고
싶을 때

교과서 개념, 한 권으로 끝낸다!

개념을 쉽게 설명한 교재로 개념 동영상을 확인하면서 차근차근 실력을 쌓을 수 있어요. 교과서 내용을 충실히 익히면서 자신감을 가질 수 있어요.

개념이 어느 정도
갖춰진 우리 아이에게
공부 습관을
키워 주고싶을 때

기초부터 심화까지 몽땅 잡는다!

다양한 유형의 문제를 풀어 보도록 지도해 주세요. 이렇게 차근차근 유형을 익히며 수학 수준을 높일 수 있어요.

개념이 탄탄한
우리 아이에게
응용 문제로
수학 실력을 길러
주고 싶을 때

응용 문제는 내게 맡겨라!

수준 높고 다양한 유형의 문제를 풀어 보면서 성취감을 높일 수 있어요.

차례

5·2

1 수의 범위와 어림하기

이상, 이하, 초과, 미만 등이 이용되는 경우는?

모든 투기 스포츠, 예를 들면 권투, 유도, 레슬링, 씨름 등에는 체급이 있어요.
일정 범위의 체중을 설명하고 그 범위에 속하는 선수들을 경쟁시키죠.
스포츠라 일컬어지는 모든 투기 운동에서 체급이 나뉘는 이유는 체중 차에서 나오는 힘의 불리함을 없애고 경기력으로 승부를 가리기 위해서랍니다.

한국 아마추어 권투 체급

라이트플라이급	48 kg 미만
플라이급	48 kg 이상 51 kg 미만
밴텀급	51 kg 이상 54 kg 미만
페더급	54 kg 이상 57 kg 미만
라이트급	57 kg 이상 60 kg 미만
라이트웰터급	60 kg 이상 63.5 kg 미만
웰터급	63.5 kg 이상 67 kg 미만
라이트미들급	67 kg 이상 71 kg 미만
미들급	71 kg 이상 75 kg 미만
라이트헤비급	75 kg 이상 81 kg 미만
헤비급	81 kg 이상 91 kg 미만
슈퍼헤비급	91 kg 이상

대한프로권투연맹(KPBF)체급 기준

유도 체급

남자 일반	여자 일반
60 kg 이하	48 kg 이하
60 kg 초과 66 kg 이하	48 kg 초과 52 kg 이하
66 kg 초과 73 kg 이하	52 kg 초과 57 kg 이하
73 kg 초과 81 kg 이하	57 kg 초과 63 kg 이하
81 kg 초과 90 kg 이하	63 kg 초과 70 kg 이하
90 kg 초과 100 kg 이하	70 kg 초과 78 kg 이하
100 kg 초과	78 kg 초과

올림픽 체급 기준

이번에 배울 내용

이미 배운 내용	이번에 배울 내용	앞으로 배울 내용
[3-2 들이와 무게] • 물건의 들이(무게)를 어림하고 재어 보기 [4-1 큰 수] • 수의 크기 비교하기	• 이상과 이하 알아보기 • 초과와 미만 알아보기 • 수의 범위 알아보기 • 올림, 버림, 반올림 알아보기 • 올림, 버림, 반올림 활용하기	[6-2 소수의 나눗셈] • 소수의 나눗셈의 몫을 반올림하여 나타내기

이 프로그램은 15세 미만의 청소년이 시청하기에 부적절하므로 보호자의 시청 지도가 필요한 프로그램입니다.

우리 생활에서 이상, 이하, 초과, 미만이 이용되는 예를 더 찾아보면
TV 프로그램이 시작할 때
'이 프로그램은 15세 미만의 청소년이 시청하기에 부적절하므로 보호자의 시청 지도가 필요한 프로그램입니다.'
라고 나오는 경우에 '미만'이 사용되죠.

15세 이상 시청가

나는 11살이라
15세 미만이니까
볼 수가 없네요.
ㅠㅠ아쉽다~

놀이공원에 가게 되면 키가 135 cm 이상이어야만 탈 수 있는 놀이 기구도 있어요.

이런 것처럼 우리는 배우지 않았어도 이미 이상, 이하, 초과, 미만과 같은 말을 많이 접하고 있었답니다.

메타인지 개념학습

이상과 이하 알아보기

문제	정답	생각의 방향
❶ 71.1은 70 이상인 수입니다. (○ , ×)	○	
❷ (수직선: 51 52 53 54 55 56 57, 54에 점) 수직선에 나타낸 수의 범위를 쓰면 54 [ ] 인 수입니다.	이상	■ 이상인 수는 ■와 같거나 큰 수이므로 ■가 포함됩니다.
❸ 14는 14 이하인 수입니다. (○ , ×)	○	
❹ (수직선: 47 48 49 50 51 52 53 54 55, 50에 점) 수직선에 나타낸 수의 범위를 쓰면 50 [ ] 인 수입니다.	이하	● 이하인 수는 ●와 같거나 작은 수이므로 ●가 포함됩니다.
❺ 28 이상 30 이하인 자연수는 28, 29, 30입니다. (○ , ×)	○	

초과와 미만 알아보기

문제	정답	생각의 방향
❶ 24는 24 초과인 수입니다. (○ , ×)	×	
❷ (수직선: 9 10 11 12 13 14 15 16 17 18, 12에 빈 점) 수직선에 나타낸 수의 범위를 쓰면 12 [ ] 인 수입니다.	초과	★ 초과인 수는 ★보다 큰 수이므로 ★이 포함되지 않습니다.
❸ 35는 30 미만인 수입니다. (○ , ×)	×	
❹ (수직선: 20 21 22 23 24 25 26 27, 24에 빈 점) 수직선에 나타낸 수의 범위를 쓰면 24 [ ] 인 수입니다.	미만	▲ 미만인 수는 ▲보다 작은 수이므로 ▲가 포함되지 않습니다.
❺ 28 초과 30 미만인 자연수는 29입니다. (○ , ×)	○	

올림 알아보기

❶ 584를 올림하여 십의 자리까지 나타내면
(580 , 590)입니다.

정답: 590

❷ 584를 올림하여 백의 자리까지 나타내면
(590 , 600)입니다.

정답: 600

❸ 1.237을 올림하여 소수 첫째 자리까지 나타내면
(1.3 , 1.24)입니다.

정답: 1.3

❹ 1.237을 올림하여 소수 둘째 자리까지 나타내면
(1.23 , 1.24)입니다.

정답: 1.24

생각의 방향

873을 올림하여 백의 자리까지 나타낼 때 백의 자리 아래의 수가 있으면 백의 자리로 올림합니다.
873 ⇨ 백의 자리 아래에 73이 있으므로 백의 자리 수를 1 크게 합니다.
⇨ 873 ⇨ 900
→ 100

버림 알아보기

❶ 162를 버림하여 십의 자리까지 나타내면
(160 , 170)입니다.

정답: 160

❷ 162를 버림하여 백의 자리까지 나타내면
(100 , 200)입니다.

정답: 100

❸ 3.216을 버림하여 소수 첫째 자리까지 나타내면
(3.2 , 3.21)입니다.

정답: 3.2

❹ 3.216을 버림하여 소수 둘째 자리까지 나타내면
(3.2 , 3.21)입니다.

정답: 3.21

873을 버림하여 백의 자리까지 나타낼 때 백의 자리 아래의 수를 모두 버립니다.
873 ⇨ 백의 자리 아래에 있는 73을 모두 버립니다.
⇨ 873 ⇨ 800
→ 00

반올림 알아보기

❶ 1752를 반올림하여 십의 자리까지 나타내면
(1750 , 1760)입니다.

정답: 1750

❷ 1752를 반올림하여 백의 자리까지 나타내면
(1700 , 1800)입니다.

정답: 1800

❸ 1752를 반올림하여 천의 자리까지 나타내면
(1000 , 2000)입니다.

정답: 2000

873을 반올림하여 십의 자리까지 나타낼 때 일의 자리 숫자가 5보다 작으므로 버립니다.
873 ⇨ 십의 자리 바로 아래에 있는 3은 5보다 작으므로 버립니다.
⇨ 873 ⇨ 870
→ 0

873을 반올림하여 백의 자리까지 나타낼 때 십의 자리 숫자가 5보다 크므로 올립니다.
873 ⇨ 백의 자리 바로 아래에 있는 7은 5보다 크므로 올립니다.
⇨ 873 ⇨ 900
→ 100

비법 1 수의 범위를 수직선에 나타내기

- 28 이상 32 이하인 수

27 28 29 30 31 32 33

→ 28과 32가 모두 포함됩니다.

- 52 이상 56 미만인 수

51 52 53 54 55 56 57

→ 52는 포함되고 56은 포함되지 않습니다.

- 18 초과 22 이하인 수

17 18 19 20 21 22 23

→ 18은 포함되지 않고 22는 포함됩니다.

- 6 초과 10 미만인 수

5 6 7 8 9 10 11

→ 6과 10 모두 포함되지 않습니다.

	기준점 포함 여부	수의 영역 나타내기
이상	●	오른쪽으로 ●──
이하	●	왼쪽으로 ──●
초과	○	오른쪽으로 ○──
미만	○	왼쪽으로 ──○

비법 2 올림을 이용하는 경우

㉮ 콩 159 kg을 한 자루에 20 kg씩 모두 담을 때 필요한 최소 자루의 수 구하기

전체 양을 한 자루에 담을 수 있는 양으로 나누기	$159 \div 20 = 7 \cdots 19$
⇩	
20 kg을 담는 자루의 수와 남은 양 구하기	20 kg씩 7개의 자루에 담고 19 kg이 남습니다. (↑ 남은 19 kg도 담아야 합니다.)
⇩	
159 kg을 모두 담을 때 필요한 최소 자루의 수 구하기	20 kg씩 7개의 자루에 담고 남은 19 kg도 담아야 하므로 필요한 자루는 최소 8개입니다.

교과서 개념

• 이상과 이하

① 70, 71.4, 72, 73.7 등과 같이 70과 같거나 큰 수를 70 이상인 수라고 합니다.

69 70 71 72 73

② 10.0, 9.5, 9.0, 8.7 등과 같이 10과 같거나 작은 수를 10 이하인 수라고 합니다.

8 9 10 11 12

• 초과와 미만

① 19.4, 20.9, 22.0 등과 같이 19보다 큰 수를 19 초과인 수라고 합니다.

18 19 20 21

② 139.5, 137.0, 135.8 등과 같이 140보다 작은 수를 140 미만인 수라고 합니다.

137 138 139 140

• 올림

구하려는 자리 아래 수를 올려서 나타내는 방법을 올림이라고 합니다.

㉮ 1256을 올림하여 백의 자리까지 나타내기

1256 ⇨ 1256 ⇨ 1300 (→ 100)

비법 3 버림을 이용하는 경우

예 달걀 576개를 한 판에 30개씩 담아 한 판의 가격을 3600원으로 하여 팔았을 때 달걀을 판 최대 돈 구하기

전체 달걀 수를 한 판의 달걀 수로 나누기	576÷30=19⋯6
⇩	
30개씩 담은 판 수와 남은 달걀 수 구하기	30개씩 19개의 판에 담고 6개가 남습니다. (남은 6개는 팔 수 없습니다.)
⇩	
팔 수 있는 최대 달걀 판 수 구하기	30개씩 담은 19개의 판을 팔 수 있습니다.
⇩	
달걀을 판 최대 돈 구하기	3600×19=68400(원)

비법 4 조건을 만족하는 수 구하기

예 다음 조건을 만족하는 세 자리 수를 모두 구하기

- 버림하여 십의 자리까지 나타내면 150입니다.
- 올림하여 십의 자리까지 나타내면 160입니다.
- 반올림하여 십의 자리까지 나타내면 150입니다.

버림하여 십의 자리까지 나타내면 150이 되는 수	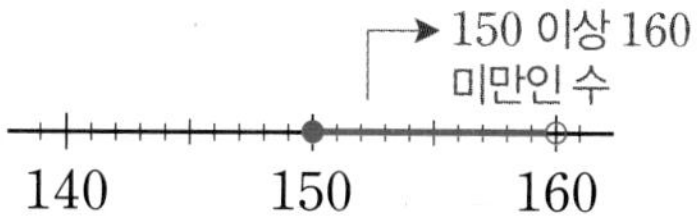 150 이상 160 미만인 수 (수직선: 140, 150, 160)
⇩	
올림하여 십의 자리까지 나타내면 160이 되는 수	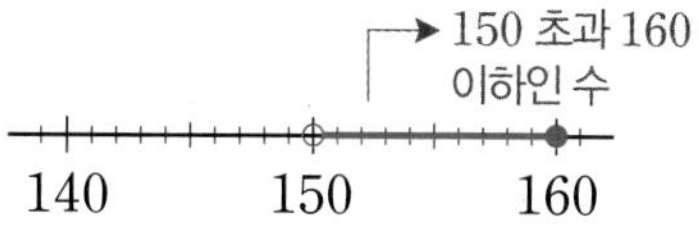 150 초과 160 이하인 수 (수직선: 140, 150, 160)
⇩	
반올림하여 십의 자리까지 나타내면 150이 되는 수	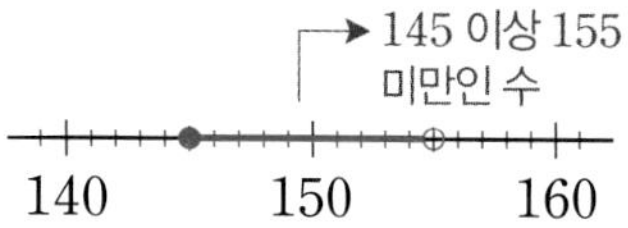 145 이상 155 미만인 수 (수직선: 140, 150, 160)
⇩	
조건을 만족하는 수 구하기	150 초과 155 미만인 수이므로 151, 152, 153, 154입니다.

교과서 개념

• **버림**

구하려는 자리 아래 수를 버려서 나타내는 방법을 버림이라고 합니다.

예 1256을 버림하여 백의 자리까지 나타내기

1256 ⇨ 1256 ⇨ 1200 (56 → 00)

• **반올림**

구하려는 자리 바로 아래 자리의 숫자가 0, 1, 2, 3, 4이면 버리고, 5, 6, 7, 8, 9이면 올리는 방법을 반올림이라고 합니다.

예 4282를 반올림하여 십의 자리까지 나타내기

4282 ⇨ 4282 ⇨ 4280 (2 → 0)

4282를 반올림하여 백의 자리까지 나타내기

4282 ⇨ 4282 ⇨ 4300 (282 → 300의 백의 자리 올림: → 100)

• **올림, 버림, 반올림 비교하기**

5482를 백의 자리까지 나타내기		
올림	버림	반올림
5500	5400	5500

백의 자리 아래에 있는 82를 올림하거나 버림합니다.

십의 자리 숫자가 8이므로 백의 자리로 올림합니다.

기본 유형 익히기

1 이상과 이하 알아보기

- ■ 이상인 수: ■와 같거나 큰 수
- ● 이하인 수: ●와 같거나 작은 수

1-1 13 이상 21 이하인 수를 모두 찾아 쓰시오.

17, 4, 10, 13, 21, 26

(　　　　　　　　)

1-2 수의 범위를 수직선에 나타내어 보시오.

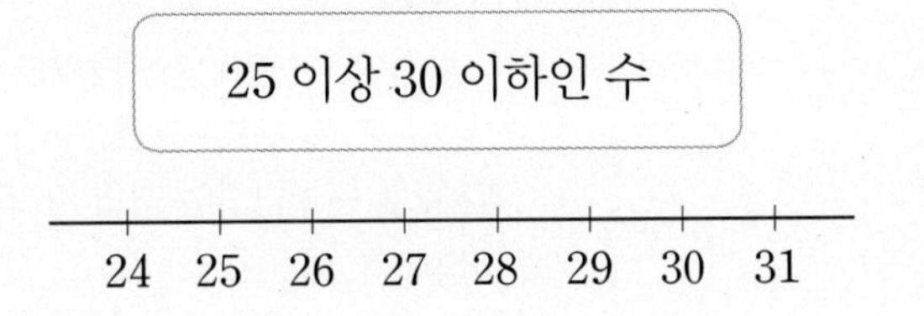

창의+융합

1-3 어린이 보호 구역을 지나는 자동차는 도로에 표시된 속도까지만 달릴 수 있습니다. □ 안에 이상과 이하 중에서 알맞은 말을 써넣으시오.

어린이 보호 구역은 30 km □로 달려야 합니다.

서술형

1-4 19와 이상을 넣어 문장을 만들어 보시오.

문장 ________________

1-5 84 이상인 수 중에서 두 자리 수는 모두 몇 개입니까?

(　　　　　　　　)

2 초과와 미만 알아보기

- ★ 초과인 수: ★보다 큰 수
- ▲ 미만인 수: ▲보다 작은 수

2-1 258 초과인 수에 ○표, 258 미만인 수에 △표 하시오.

234　　310　　258　　129

2-2 다음 수의 범위에 공통으로 들어 있는 자연수를 모두 쓰시오.

- 74 미만인 수
- 68 초과인 수
- 71 이상인 수

(　　　　　　　　)

2-3 다음 중에서 우리나라가 획득한 금메달 수가 13개 미만인 올림픽은 모두 몇 번인지 구하시오.

<우리나라 금메달 수>
런던 올림픽 13개, 베이징 올림픽 13개, 아테네 올림픽 9개, 시드니 올림픽 8개, 아틀란타 올림픽 7개

(　　　　　　　　　　)

2-4 40 미만인 자연수를 6개 썼습니다. □ 안의 수가 가장 큰 수일 때 □ 안에 들어갈 수 있는 수를 모두 쓰시오.

15, 27, 36, 17, 32, □

(　　　　　　　　　　)

2-5 □ 안에 들어갈 수 있는 수의 범위를 나타내시오.

$10+\square>26$

(　　　　　　　　　　)

3 올림 알아보기

• 올림: 구하려는 자리 아래 수를 올려서 나타내는 방법

예) 올림하여 십의 자리까지 나타내기

20 —(일의 자리에 수가 0이므로 / 십의 자리로 올림하지 못함)→ 20

올림하여 백의 자리까지 나타내기

502 —(일의 자리에 수가 있으면 / 백의 자리로 1 올림)→ 600

3-1 올림하여 주어진 자리까지 나타내어 보시오.

수	십의 자리	백의 자리	천의 자리
2738			
45019			

3-2 올림하여 십의 자리까지 나타낸 수가 250인 자연수는 모두 몇 개입니까?

(　　　　　　　　　　)

서술형

3-3 올림하여 백의 자리까지 나타낸 수가 2800인 자연수 중에서 가장 작은 수는 얼마인지 풀이 과정을 쓰고 답을 구하시오.

풀이 ____________________

____

____

답 ____________________

• ■ 이상 ● 이하인 수에는 ■와 ●가 포함됩니다.
• ★ 초과 ▲ 미만인 수에는 ★과 ▲는 포함되지 않습니다.

3-4 민지가 공책을 218권 사려고 합니다. 공책을 10권씩 묶어서 파는 문구점에서 산다면 최소 몇 권을 사야 합니까?

( )

창의+융합

3-5 행복 마트에서 손님들에게 줄 장바구니를 100개 사려고 합니다. 장바구니는 1개에 500원일 때 행복 마트에서 장바구니를 사는 데 쓰는 돈은 최소 얼마인지 구하시오.

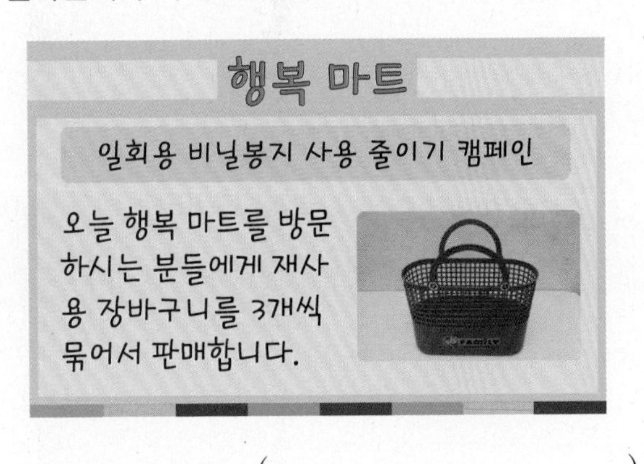

( )

4 버림 알아보기

- 버림: 구하려는 자리 아래 수를 버려서 나타내는 방법

㉮ 버림하여 백의 자리까지 나타내기

512 —(십의 자리와 일의 자리 수를 모두 0으로 버림)→ 500

버림하여 십의 자리까지 나타내기

1020 —(일의 자리 수가 0이므로 버림할 것이 없음)→ 1020

4-1 버림하여 주어진 자리까지 나타내어 보시오.

수	십의 자리	백의 자리	천의 자리
3294			
51876			

4-2 버림하여 주어진 자리까지 나타낸 수가 더 큰 쪽에 ○표 하시오.

3425 (백의 자리)	3867 (천의 자리)
( )	( )

4-3 버림하여 백의 자리까지 나타낸 수가 같은 것을 찾아 기호를 쓰시오.

㉠ 4350 ㉡ 4280 ㉢ 4390 ㉣ 4470

( )

서술형

4-4 상자 한 개를 포장하는 데 50 cm의 끈이 필요하다고 합니다. 280 cm의 끈으로 이 상자를 최대 몇 개까지 포장할 수 있는지 풀이 과정을 쓰고 답을 구하시오.

풀이 ________

답 ________

4-5 동전 지갑에 100원짜리 동전 27개와 10원짜리 동전 35개가 들어 있습니다. 동전 지갑에 들어 있는 동전을 1000원짜리 지폐로 바꾸면 최대 얼마까지 바꿀 수 있습니다까?

( )

5 반올림 알아보기

• 반올림: 구하려는 자리 바로 아래 자리의 숫자가 0, 1, 2, 3, 4이면 버리고, 5, 6, 7, 8, 9이면 올리는 방법

예 반올림하여 백의 자리까지 나타내기

518 —(십의 자리 숫자가 1이므로 / 백의 자리 아래를 버림)→ 500

반올림하여 십의 자리까지 나타내기

518 —(일의 자리 숫자가 8이므로 / 십의 자리로 올림)→ 520

5-1 반올림하여 주어진 자리까지 나타내어 보시오.

수	십의 자리	백의 자리	천의 자리
1457			
68539			

5-2 반올림하여 소수 첫째 자리까지 나타낸 수가 다른 하나를 찾아 기호를 쓰시오.

㉠ 129.63 ㉡ 129.58 ㉢ 129.67

( )

창의+융합

5-3 연주네 반 학생들이 미술 시간에 색종이로 돼지와 애벌레를 접었습니다. 학생들이 접어서 만든 돼지와 애벌레를 반올림하면 약 몇백 마리입니까?

돼지 128마리

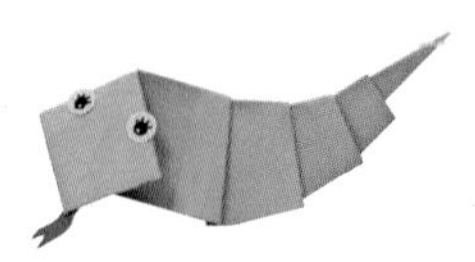
애벌레 254마리

약 ( )

5-4 54629를 반올림하여 주어진 자리까지 나타내었을 때 큰 수부터 차례로 기호를 쓰시오.

㉠ 십의 자리 ㉡ 백의 자리
㉢ 천의 자리 ㉣ 만의 자리

( )

서술형

5-5 반올림하여 십의 자리까지 나타낸 수가 100이 되는 자연수 중에서 두 자리 수는 모두 몇 개인지 풀이 과정을 쓰고 답을 구하시오.

풀이 ______

답 ______

• 올림하여 백의 자리까지 나타내었을 때 200이 되는 수 ⇨ 100 초과 200 이하인 수
• 버림하여 백의 자리까지 나타내었을 때 200이 되는 수 ⇨ 200 이상 300 미만인 수
• 반올림하여 백의 자리까지 나타내었을 때 200이 되는 수 ⇨ 150 이상 250 미만인 수

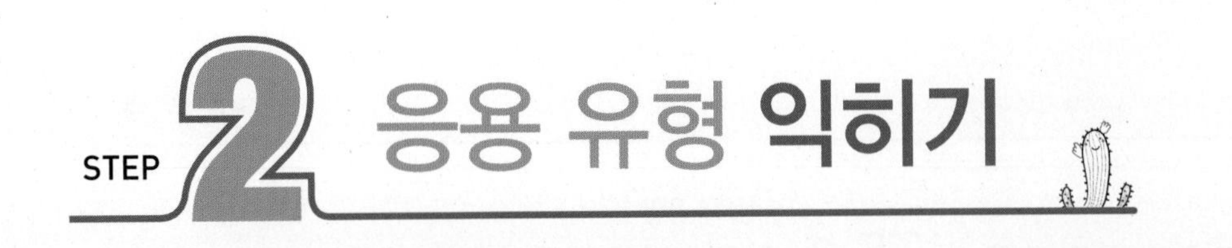

STEP 2 응용 유형 익히기

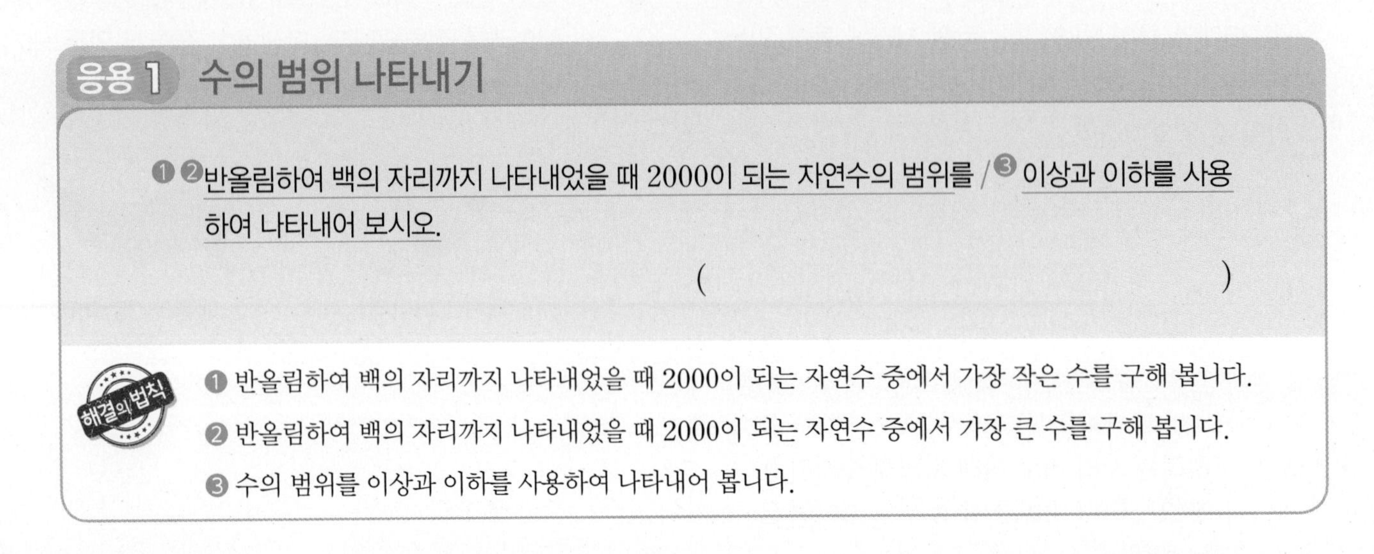

응용 1 수의 범위 나타내기

❶ ❷반올림하여 백의 자리까지 나타내었을 때 2000이 되는 자연수의 범위를 / ❸ 이상과 이하를 사용하여 나타내어 보시오.

( )

해결의 법칙

❶ 반올림하여 백의 자리까지 나타내었을 때 2000이 되는 자연수 중에서 가장 작은 수를 구해 봅니다.

❷ 반올림하여 백의 자리까지 나타내었을 때 2000이 되는 자연수 중에서 가장 큰 수를 구해 봅니다.

❸ 수의 범위를 이상과 이하를 사용하여 나타내어 봅니다.

예제 1-1 올림하여 천의 자리까지 나타낸 수가 45000이 되는 자연수의 범위를 초과와 미만을 사용하여 나타내어 보시오.

( )

예제 1-2 대화를 읽고 학생들에게 나누어 줄 공책이 부족하지 않으려면 공책은 적어도 몇 권 있어야 하는지 구하시오.

( )

응용 2 이상과 이하 활용하기

❶15 이상 / ❷25 이하인 자연수 중에서 / ❸짝수는 모두 몇 개입니까?

( )

❶ 15 이상인 자연수를 알아봅니다.

❷ 25 이하인 자연수를 알아봅니다.

❸ 15 이상 25 이하인 자연수 중에서 짝수의 개수를 구해 봅니다.

예제 2-1 45 이상 55 이하인 자연수 중에서 홀수는 모두 몇 개입니까?

짝수는 2의 배수야.

( )

홀수는 2의 배수가 아니야.

예제 2-2 15 이상 30 이하인 자연수 중에서 3으로 나누어떨어지는 가장 작은 수와 가장 큰 수의 합은 얼마입니까?

( )

예제 2-3 경로 우대용 교통 카드를 발급 받을 수 있는 나이는 65세 이상입니다. 경로 우대용 교통 카드를 받을 수 있는 사람은 모두 몇 명입니까?

60세	62세	65세	70세	63세	68세	74세

( )

응용 3 초과와 미만 활용하기

❶ 38 초과 / ❷ 43 미만인 자연수를 / ❸ 모두 더하면 얼마입니까?

( )

해결의 법칙

❶ 38 초과인 자연수를 알아봅니다.

❷ 43 미만인 자연수를 알아봅니다.

❸ 38 초과 43 미만인 자연수의 합을 구해 봅니다.

예제 3-1 9 초과 20 미만인 자연수를 모두 더하면 얼마입니까?

( )

예제 3-2 47 초과 60 미만인 자연수 중에서 4로 나누어떨어지는 수는 모두 몇 개입니까?

( )

예제 3-3 어느 놀이동산에 있는 어린이용 놀이 기구는 키가 80 cm 미만인 어린이만 탈 수 있다고 합니다. 어린이 6명의 키가 다음과 같을 때 이 놀이 기구를 탈 수 있는 사람은 모두 몇 명입니까?

83.0 cm	79.9 cm	78.5 cm
80.0 cm	89.4 cm	78.3 cm

( )

• 정답은 4쪽

응용 4 수의 범위를 알고 문제 해결하기

태권도 경기에서 초등부의 페더급은 ❶36 kg 초과 39 kg 이하입니다. / ❷ 페더급에 속하는 학생은 모두 몇 명입니까?

학생들의 몸무게

이름	영호	현석	진우	수호	희석	재원
몸무게(kg)	36.0	37.1	36.5	39.4	39.0	38.7

( )

❶ 36 kg 초과 39 kg 이하인 몸무게를 찾아 봅니다.

❷ 페더급에 속하는 학생 수를 구해 봅니다.

예제 4-1 단비네 반 학생들이 하루 동안 텔레비전을 시청한 시간입니다. 텔레비전을 시청한 시간이 1시간 이상 2시간 미만인 학생은 모두 몇 명입니까?

1시간	1.2시간	2.3시간	0.8시간
2시간	1.8시간	0.6시간	1.1시간
2.3시간	0.7시간	0.5시간	2시간

( )

예제 4-2 우편 요금은 무게에 따라 정해집니다. 표를 완성하고 현빈이네 모둠 학생들이 쓴 편지를 모두 보내는 데 필요한 돈은 모두 얼마인지 구하시오.

학생들이 쓴 편지의 무게

이름	무게(g)
현빈	8
지원	4
동국	20
건우	26
단비	25

무게별 우편 요금

무게(g)	우편 요금(원)	이름
5 이하	300	
5 초과 25 이하	330	
25 초과 50 이하	350	

( )

응용 5 올림 활용하기

도영이네 학교 5학년 학생 ❶ 347명이 현장 체험 학습을 가려고 합니다. 버스 한 대에 40명까지 탈 수 있다면 / ❷ 버스는 최소 몇 대 필요합니까?

( )

❶ 전체 학생 수 347명을 한 대에 탈 수 있는 40명으로 나누어 봅니다.

❷ 40명이 안되는 학생도 버스에 타야 한다는 것에 주의하여 필요한 버스의 수를 구해 봅니다.

예제 5-1 혜원이네 과수원에서는 오늘 참외를 575개 땄습니다. 이 참외를 한 상자에 12개씩 담으려고 합니다. 오늘 딴 참외를 모두 담으려면 상자는 최소 몇 개 필요합니까?

( )

예제 5-2 어느 가게에서 끈을 100 cm 단위로만 판다고 합니다. 동건이가 선물을 포장하는 데 312 cm가 필요하다고 합니다. 가게에서 끈 100 cm를 300원에 판다고 할 때 동건이가 가게에서 사야 하는 끈의 값은 최소 얼마입니까?

( )

예제 5-3 지효네 학교 학생 638명이 관광버스를 타고 수학 여행을 가려고 합니다. 관광버스 한 대에는 학생 40명씩 타고, 관광버스 한 대를 빌리는 비용은 400000원입니다. 수학 여행을 가기 위해 관광버스를 빌리는 데 드는 비용은 최소 얼마입니까?

( )

• 정답은 4쪽

응용 6 버림 활용하기

감 한 접은 100개입니다. ❶ 감 5128개를 한 상자에 한 접씩 넣어서 팔려고 합니다. /❷ 상자에 넣어 팔 수 있는 감은 최대 몇 개입니까?

( )

❶ 전체 감의 수 5128개를 한 상자에 넣어서 파는 100개로 나누어 봅니다.

❷ 상자에 넣어 팔 수 있는 감의 개수를 구해 봅니다.

예제 6-1 연필 253자루를 한 상자에 12자루씩 담아서 팔려고 합니다. 상자에 담아서 팔 수 있는 연필은 최대 몇 자루입니까?

( )

예제 6-2 고구마를 아버지는 65 kg, 어머니는 48 kg 캤습니다. 이 고구마를 한 상자에 8 kg씩 넣어 포장을 했습니다. 고구마를 한 상자에 7000원씩 받고 모두 팔았다면 판 고구마의 값은 최대 얼마입니까?

( )

예제 6-3 준호가 어버이날 선물을 사려고 저금통을 뜯었더니 다음과 같이 동전이 들어 있었습니다. 저금통에 들어 있는 동전을 1000원짜리 지폐로 바꾸면 최대 몇 장까지 바꿀 수 있습니까?

315개 62개 207개

( )

응용 7 반올림 활용하기

다음 세 자리 수를 ❶ 반올림하여 백의 자리까지 나타내면 700입니다. / ❷ □ 안에 들어갈 수 있는 수를 모두 쓰시오.

❶ 7□6

( )

해결의 법칙

❶ 반올림하여 백의 자리까지 나타내었을 때 700이 되는 수를 알아봅니다.

❷ ❶에서 구한 수 중에서 7□6이 되는 □ 안의 수를 구해 봅니다.

예제 7-1 반올림하여 십의 자리까지 나타내었을 때 630이 되는 자연수 중에서 630보다 작은 수는 모두 몇 개입니까?

( )

예제 7-2 반올림하여 백의 자리까지 나타내었을 때 2900이 되는 자연수는 모두 몇 개입니까?

( )

예제 7-3 반올림하여 천의 자리까지 나타내었을 때 5000이 되는 자연수 중에서 가장 큰 수와 가장 작은 수의 차를 구하시오.

( )

응용 8 여러 가지 조건을 만족하는 수 구하기

④ 다음 조건을 만족하는 자연수 중에서 가장 큰 수를 구하시오.

- ① 버림하여 십의 자리까지 나타내었을 때 3450이 되는 수
- ② 올림하여 십의 자리까지 나타내었을 때 3460이 되는 수
- ③ 반올림하여 십의 자리까지 나타내었을 때 3460이 되는 수

( )

해결의 법칙

① 버림하여 십의 자리까지 나타내었을 때 3450이 되는 수의 범위를 알아봅니다.

② 올림하여 십의 자리까지 나타내었을 때 3460이 되는 수의 범위를 알아봅니다.

③ 반올림하여 십의 자리까지 나타내었을 때 3460이 되는 수의 범위를 알아봅니다.

④ 위 세 조건을 모두 만족하는 자연수 중에서 가장 큰 수를 알아봅니다.

예제 8-1 다음 조건을 만족하는 자연수 중에서 가장 작은 수를 구하시오

- 올림하여 백의 자리까지 나타내었을 때 5400이 되는 수
- 버림하여 백의 자리까지 나타내었을 때 5300이 되는 수
- 반올림하여 백의 자리까지 나타내었을 때 5300이 되는 수

( )

예제 8-2 어떤 자연수를 버림하여 십의 자리까지 나타내면 2310이고, 올림하여 십의 자리까지 나타내면 2320입니다. 또 이 수를 반올림하여 십의 자리까지 나타내면 2320입니다. 어떤 자연수가 될 수 있는 수를 이상과 이하를 사용하여 나타내어 보시오.

( )

STEP 3 응용 유형 뛰어넘기

이상인 수 알아보기

01 유사

1930년 우루과이 월드컵부터 2018년 남아공 월드컵까지 나라별로 우승한 횟수를 조사하여 나타낸 표입니다. 우승한 횟수가 3번 이상인 나라는 모두 몇 개국입니까?

나라별 우승 횟수

나라	브라질	이탈리아	독일	아르헨티나	우루과이
횟수(번)	5	4	4	2	2

( )

이상인 수 알아보기 창의+융합

02 유사 동영상

농구 경기 규칙 중에서 5초 바이얼레이션 파울에 대한 설명입니다. 세 사람의 대화를 읽고 5초 바이얼레이션 파울을 한 사람은 누구인지 찾아 이름을 쓰시오.

<5초 바이얼레이션 파울>
5초 이상 다른 동작을 취하지 않고 가만히 있을 경우

- 경식: 나는 슛하는 자세를 6초 동안 하고 있었어.
- 성우: 나는 공을 잡고 3초 동안 서 있었어.
- 다빈: 나는 자유투를 4초 후에 던졌어.

( )

올림, 버림, 반올림하여 나타내기

03 유사

올림, 버림, 반올림하여 천의 자리까지 나타낸 수가 모두 같은 것을 찾아 기호를 쓰시오.

㉠ 97008 ㉡ 82196
㉢ 65930 ㉣ 27000

( )

• 정답은 7쪽

유사 표시된 문제의 유사 문제가 제공됩니다.
동영상 표시된 문제의 동영상 특강을 볼 수 있어요.
QR 코드를 찍어 보세요.

서술형 만든 수를 반올림하여 나타내기

04 유사 수 카드를 한 번씩 모두 사용하여 가장 큰 다섯 자리 수를 만든 다음 반올림하여 천의 자리까지 나타낸 수는 얼마인지 풀이 과정을 쓰고 답을 구하시오.

6	7	0	4	9

( )

풀이

서술형 버림 활용하기

05 유사 연수네 덕장에서 말린 오징어를 204마리 만들었습니다. 말린 오징어를 한 축 단위로 포장하여 한 축당 50000원을 받고 모두 팔았습니다. 다음을 읽고 연수네 덕장에서 말린 오징어를 팔아서 번 돈은 최대 얼마인지 풀이 과정을 쓰고 답을 구하시오.

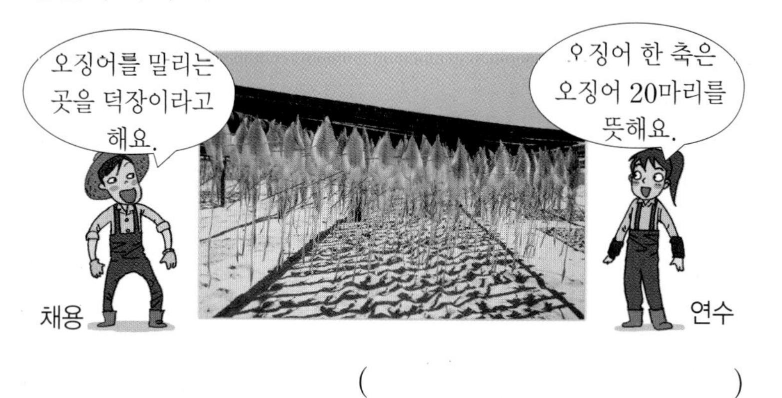

( )

풀이

이상 활용하기 창의+융합

06 유사 수지는 건강을 위해 1 g당 나트륨 함량이 5 mg 이상인 간식은 먹지 않기로 했습니다. 다음 중에서 수지가 먹지 말아야 할 간식은 무엇입니까?

간식	라면 1개	햄버거 1개	피자 1판	치킨 1마리
무게(g)	120	213	900	600
나트륨(mg)	1960	1012	3924	2842

( )

1 수의 범위와 어림하기

초과와 이하 활용하기

07 □ 안에 알맞은 자연수를 구하시오.

유사 동영상

□ 초과 122 이하인 자연수는 모두 28개입니다.

(　　　　　　　　　　)

수의 범위 활용하기 창의+융합

08 나무의 나이테는 1년마다 1개씩 늘어납니다. 어떤 나무를 옮겨 심은 후 12년이 지났을 때, 나이테가 31개 이상이었습니다. 이 나무를 옮겨 심었을 때의 나무의 나이는 몇 살인지 이상, 이하, 초과, 미만을 사용하여 나타내어 보시오.

유사 동영상

(　　　　　　　　　　)

수의 범위 활용하기 창의+융합

09 천재 공원 입장료가 다음과 같을 때, 윤지네 가족이 내야 할 입장료는 모두 얼마입니까?

유사

천재 공원 입장료

어린이	청소년	성인
2000	3000	4000

- 65세 이상: 성인 요금의 반
- 성인: 19세 초과 65세 미만
- 청소년: 14세 이상 19세 이하
- 어린이: 14세 미만

※ 7세 미만은 무료

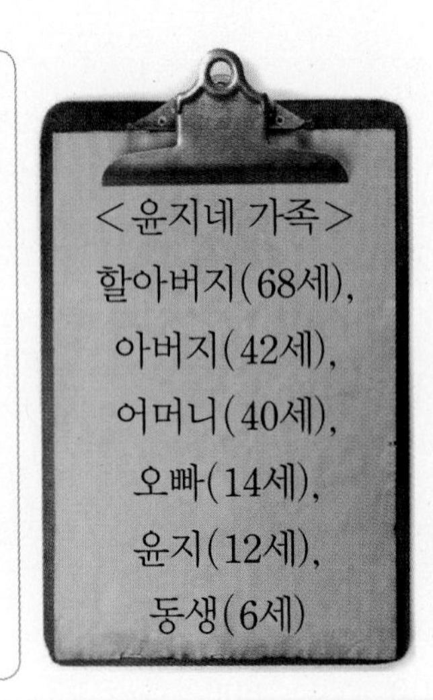

(　　　　　　　　　　)

• 정답은 7쪽

유사 표시된 문제의 유사 문제가 제공됩니다.
동영상 표시된 문제의 동영상 특강을 볼 수 있어요.
QR 코드를 찍어 보세요.

서술형 버림 활용하기 창의+융합

10 유사 동영상
어느 날 천재 은행에서 1달러를 1050원으로 바꾸어 준다고 합니다. 민수가 30달러를 1000원짜리 지폐로 바꾸면 최대 얼마까지 바꿀 수 있는지 풀이 과정을 쓰고 답을 구하시오.

(　　　　　　　　　　　　)

풀이

수의 범위 활용하기

11 유사 동영상
수 카드에서 2장을 골라 한 번씩 사용하여 만들 수 있는 두 자리 수 중에서 53 초과 68 이하인 수는 모두 몇 개입니까?

6	3	9	5	8

(　　　　　　　　　　　　)

올림과 버림 활용하기

12 유사 동영상
운동회에 참가한 남학생 수를 올림하여 십의 자리까지 나타내면 280명이고, 여학생 수를 버림하여 십의 자리까지 나타내면 220명입니다. 운동회에 참가한 학생들에게 모두 연필을 3자루씩 나누어 주려면 연필을 최소 몇 타 준비해야 합니까? (단, 연필 1타는 12자루입니다.)

(　　　　　　　　　　　　)

창의사고력

13 2017년 기준으로 도별 인구를 반올림하여 만의 자리까지 나타낸 것입니다. 인구가 가장 많은 도와 가장 적은 도의 인구의 차가 가장 클 때의 인구 차를 구하시오.

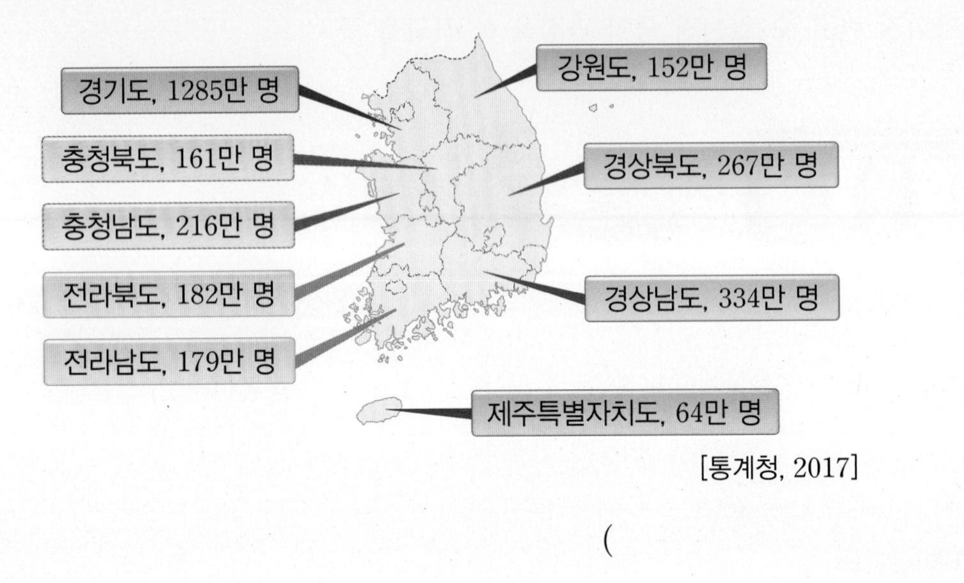

[통계청, 2017]

( )

창의사고력

14 조건 을 모두 만족하는 수 중에서 가장 큰 수를 구하시오.

조건
㉠ 각 자리 숫자가 서로 다른 다섯 자리 수입니다.
㉡ 70000 이상 80000 미만인 수입니다.
㉢ 천의 자리 숫자는 5 이상 9 미만입니다.
㉣ 백의 자리 숫자는 3으로 나누어떨어집니다.
㉤ 십의 자리 숫자는 백의 자리 숫자의 2배입니다.
㉥ 만의 자리 숫자가 가장 큰 수입니다.

( )

실력평가 1. 수의 범위와 어림하기

점수

• 정답은 9쪽

01 35 초과인 수를 모두 쓰시오.

28	39	32	25	35	54	40

(　　　　　　　　　　)

02 수를 반올림하여 만의 자리까지 나타내어 보시오.

47362

(　　　　　　　　　　)

03 수의 범위를 수직선에 나타내어 보시오.

(1) 47 이상 51 미만인 수

46　47　48　49　50　51　52　53

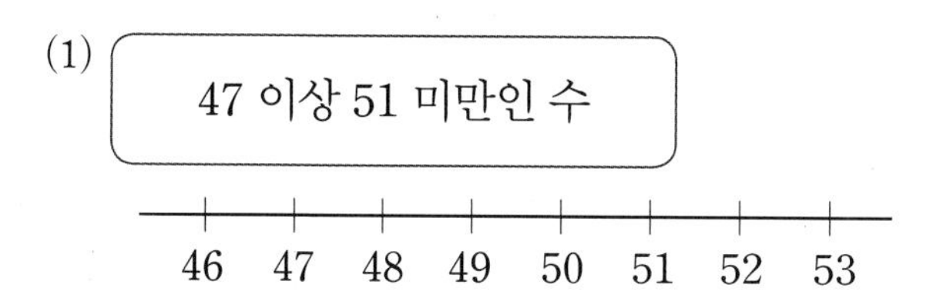

(2) 80 초과 84 이하인 수

78　79　80　81　82　83　84　85

04 올림하여 만의 자리까지 나타내었을 때 700000이 되는 수에 ○표 하시오.

690001	700001
(　　　)	(　　　)

05 주어진 방법으로 나타낸 수가 다른 하나를 찾아 기호를 쓰시오.

㉠ 3475 — 반올림하여 백의 자리까지
㉡ 3491 — 버림하여 백의 자리까지
㉢ 3423 — 올림하여 백의 자리까지

(　　　　　　　　　　)

창의+융합

06 수호는 가지고 있는 동화책의 수가 14권보다 적다는 것을 표현하려고 합니다. □ 안에 알맞은 말은 이상, 이하, 초과, 미만 중에서 무엇입니까?

(　　　　　　　　　　)

서술형

07 경민이네 모둠의 수학 시험 성적입니다. 80점 이상 85점 이하이면 동상을 받습니다. 동상을 받는 학생은 모두 몇 명인지 풀이 과정을 쓰고 답을 구하시오.

72점	83점	93점	100점	85점
89점	77점	84점	80점	96점

풀이 ______________________

답 ______________________

1 수의 범위와 어림하기

08 민우네 반에서는 칭찬 붙임딱지를 모으면 다음과 같은 상을 받습니다. 지금까지 칭찬 붙임딱지를 67장 모은 민우가 필통을 받으려면 칭찬 붙임딱지를 최소 몇 장 더 모아야 합니까?

칭찬 붙임딱지 수(장)	상품
90 이상	필통
60 이상 90 미만	열쇠 고리
30 이상 60 미만	수첩
30 미만	지우개

( )

창의+융합

09 오른쪽 교통 표지판은 '최고 속도는 100입니다.'를 뜻합니다. 다음 중 오른쪽 교통 표지판이 나타내는 뜻이 아닌 것을 찾아 기호를 쓰시오.

㉠ 100 초과의 속도는 낼 수 없습니다.
㉡ 100 이하의 속도는 가능합니다.
㉢ 100 이상의 속도로 달려야 합니다.

( )

10 157980원을 10000원짜리 지폐로 찾거나 1000원짜리 지폐로 찾으면 각각 최대 얼마까지 찾을 수 있습니까?

10000원짜리 ( )
1000원짜리 ( )

11 올림하여 백의 자리까지 나타낸 수가 5700이 되는 수의 범위를 초과와 이하를 사용하여 나타내어 보시오.

( )

서술형

12 수직선에 나타낸 수의 범위를 넣어 문장을 만들어 보시오.

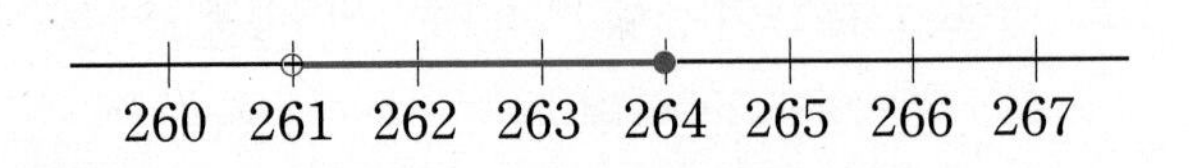

문장 ____________________

____

13 ㉮와 ㉯에 공통으로 들어 있는 자연수는 모두 몇 개입니까?

㉮ 23 초과 30 미만인 수
㉯ 25 이상인 수

( )

14 자연수 부분이 3 이상 5 이하이고 소수 첫째 자리 숫자가 6 이상 7 이하인 소수 한 자리 수는 모두 몇 개를 만들 수 있습니까?

( )

15 진혁이가 모은 상장은 70장 이상이고, 반올림하면 70장입니다. 진혁이의 상장 수가 될 수 있는 수를 모두 쓰시오.

( )

창의+융합

16 세계의 글자 중에서 만들어진 시기와 만들어진 원리가 정확하게 기록되어 있는 것은 한글이 유일합니다. 다음을 보고 한글은 2019년으로부터 몇백 년쯤 전에 만들어진 것인지 어림해 보시오.

( )

17 어느 도시의 수도 사용 요금표입니다. 이번 달에 693 L의 물을 사용한 곳에서 수도 사용 요금이 17000원 이상 19000원 이하가 되게 할 때 더 사용할 수 있는 물의 양의 범위를 초과와 이하를 사용하여 나타내어 보시오.

월별 사용량(L)	요금(원)
1400 초과 1750 이하	21000
1050 초과 1400 이하	19000
700 초과 1050 이하	17000
700 이하	15000

( )

18 학생 한 명에게 연필을 3자루씩 나누어 주려고 합니다. 반 학생들이 27명일 때, 연필은 최소 몇 타 사야 합니까? (단, 연필 1타는 12자루입니다.)

( )

서술형

19 보기 와 같이 주어진 수와 어림 방법을 이용하는 문제를 만들고 답을 구하시오.

보기

763, 버림

문제 선물 1개를 포장하는 데 10 m의 리본이 필요합니다. 763 m의 리본으로 포장할 수 있는 선물은 최대 몇 개입니까?

답 76개

983, 올림

문제 ______________________

____

____

답 ______________

20 어떤 자연수를 11로 나눈 몫을 자연수 부분까지 구한 뒤 반올림하여 십의 자리까지 나타내면 30이 됩니다. 어떤 수가 될 수 있는 자연수는 모두 몇 개입니까?

( )

2 분수의 곱셈

사람은 하루에 공기를 얼마나 마실까?

우리가 숨을 들이마실 때 들어오는 것은 공기인데, 이 공기는 산소를 포함하여 여러 가지 물질로 되어 있어요. 사람이 마시는 공기의 양과 이 중에서 산소의 양은 얼마나 되는지 알아보면

사람은 보통 1분에 18회 정도 숨을 쉰다고 하니 1시간에는 $18 \times 60 = 1080$(회), 하루에는 $1080 \times 24 = 25920$(회)나 숨을 쉬고 있는 거예요.

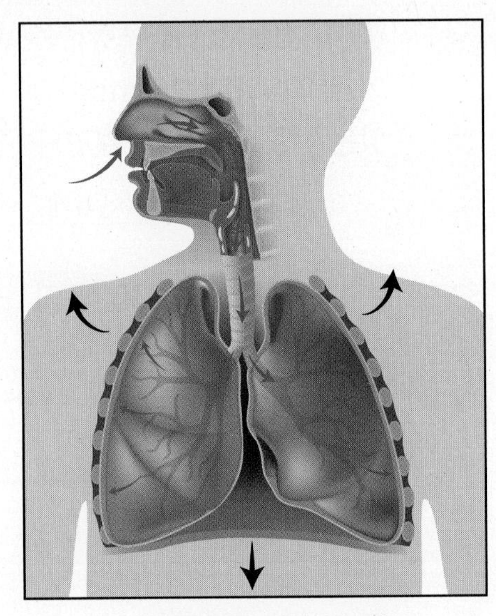
▲ 숨을 들이마실 때

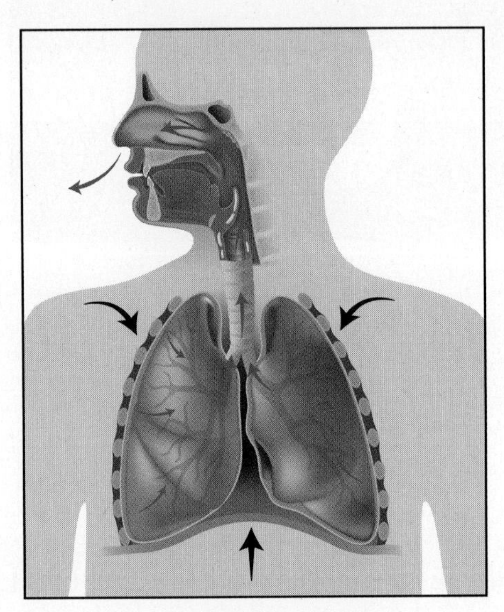
▲ 숨을 내쉴 때

사람은 단 몇 분이라도 숨을 쉬지 못하게 되면 큰일이 나기 때문에 물속에서 일하는 잠수부들은 공기탱크와 같은 도구를 가져가야 하죠.

사람이 1회 숨을 쉴 때 들어오는 공기의 양은 $\frac{1}{2}$ L정도라고 해요.

그러므로 1분에 18회 숨을 쉰다고 하면 $\frac{1}{\cancel{2}_1} \times \cancel{18}^9 = 9$ (L)의 공기를 마시는 거예요.

즉, 1시간에는 540 L, 하루에는 12960 L의 공기를 마신답니다.

이미 배운 내용

[5-1 분수의 덧셈과 뺄셈]
- 분수의 덧셈 알아보기
- 분수의 뺄셈 알아보기

이번에 **배울 내용**

- (분수)×(자연수) 알아보기
- (자연수)×(분수) 알아보기
- (진분수)×(진분수) 알아보기
- (분수)×(분수) 알아보기

앞으로 배울 내용

[6-1 분수의 나눗셈]
- (자연수)÷(자연수) 알아보기
- (분수)÷(자연수) 알아보기

[6-2 분수의 나눗셈]
- (분수)÷(분수) 알아보기
- (자연수)÷(분수) 알아보기

우리가 마시는 공기 중에서 사람에게 꼭 필요한 것은 바로 산소예요. 하지만 오른쪽과 같이 공기는 산소로만 이루어져 있는 것은 아니랍니다.
오히려 산소보다는 질소가 훨씬 많은 양을 차지하고 있지요.
사람이 1분 동안 공기를 9 L 마시면 산소는

$$9\times\frac{1}{5}=\frac{9}{5}=1\frac{4}{5}\ (\text{L})$$

를 마시는 거랍니다. 즉, 1시간에는

$$1\frac{4}{5}\times 60=(1\times 60)+\left(\frac{4}{\cancel{5}_{1}}\times\cancel{60}^{12}\right)$$
$$=60+48=108\ (\text{L})$$

를 마시고 하루에는 108×24=2592 (L)를 마시고 있는 거예요.

〈공기의 구성〉

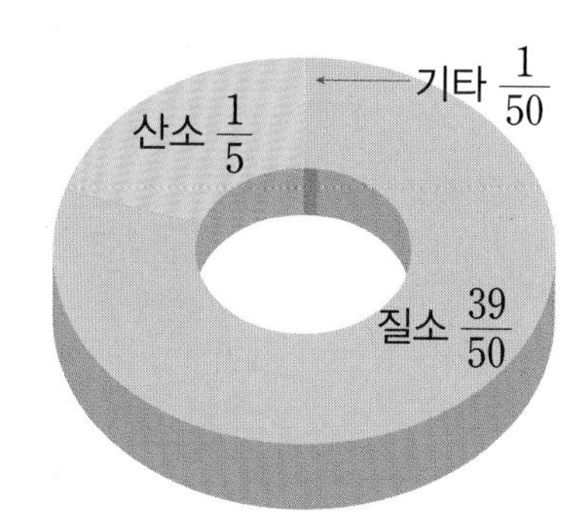

메타인지 개념학습 

(분수)×(자연수)

정답

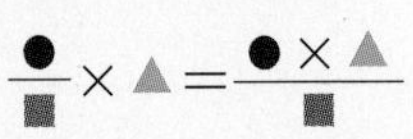
생각의 방향

1 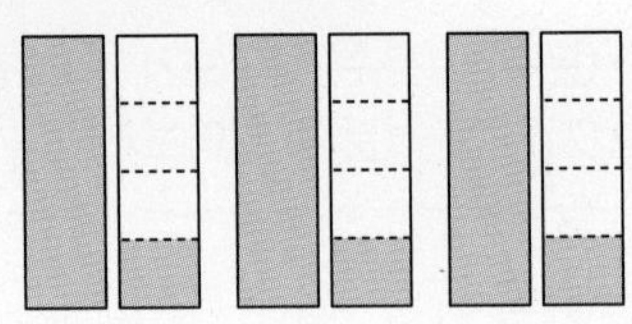 ⇨ 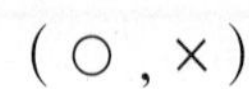

$1\frac{1}{4}\times3$은 $1\frac{1}{4}$을 3번 더한 것과 같습니다.

(○ , ×)

정답: ○

• (분수)×(자연수)

$\frac{●}{■}\times▲=\frac{●\times▲}{■}$

분수가 대분수이면 가분수로 바꾸어 계산합니다.

2 $1\frac{1}{4}\times3=\frac{\square}{4}\times3=\frac{\square}{4}=\square\frac{\square}{4}$

대분수를 가분수로 바꾸기

정답: 5, 15, $3\frac{3}{4}$

3 $1\frac{1}{4}\times3=\left(1+\frac{1}{4}\right)\times3=(1\times3)+\left(\frac{1}{4}\times\square\right)$

$=3+\frac{\square}{4}$

$=\square\frac{\square}{4}$

대분수를 자연수와 진분수로 나누기

정답: 3, 3, $3\frac{3}{4}$

(자연수)×(분수)

1 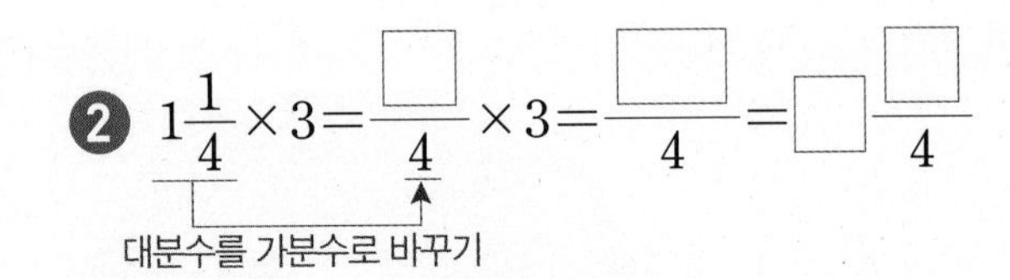

10의 $\frac{1}{2}$은 $\square$입니다.

⇨ $10\times\frac{1}{2}=\square$

정답: 5, 5

• (자연수)×(분수)

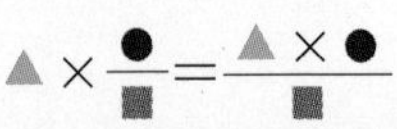
$▲\times\frac{●}{■}=\frac{▲\times●}{■}$

분수가 대분수이면 가분수로 바꾸어 계산합니다.

2 $2\times2\frac{2}{5}=2\times\frac{\square}{5}=\frac{\square}{5}=\square\frac{\square}{5}$

대분수를 가분수로 바꾸기

정답: 12, 24, $4\frac{4}{5}$

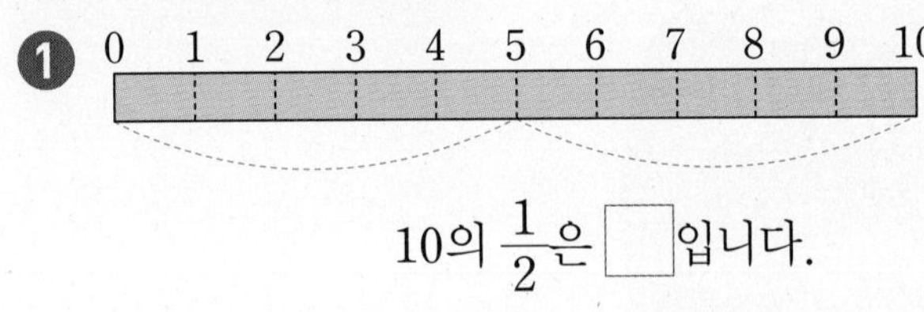

3 $2\times2\frac{2}{5}=2\times\left(2+\frac{2}{5}\right)=(2\times2)+\left(2\times\frac{\square}{5}\right)$

$=4+\frac{\square}{5}=\square\frac{\square}{5}$

대분수를 자연수와 진분수로 나누기

정답: 2, 4, $4\frac{4}{5}$

(단위분수)×(단위분수)

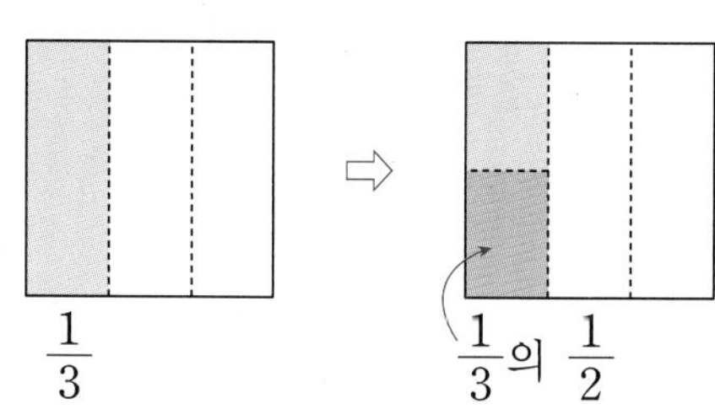

$\frac{1}{3}$　　$\frac{1}{3}$의 $\frac{1}{2}$

$\frac{1}{3}\times\frac{1}{2}$은 $\frac{1}{3}$을 2로 나눈 것 중의 하나입니다.

(○ , ×)

❷ $\frac{1}{3}\times\frac{1}{2}=\frac{1}{3\times\square}=\frac{1}{\square}$

❸ (단위분수)×(단위분수)에서 분자끼리의 곱은 항상 1입니다. (○ , ×)

(진분수)×(진분수)

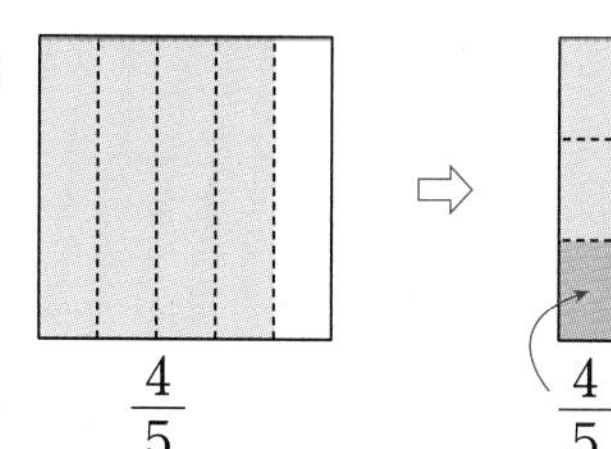

$\frac{4}{5}$　　$\frac{4}{5}$의 $\frac{1}{3}$

$\frac{4}{5}\times\frac{1}{3}$은 $\frac{1}{5}\times\frac{1}{3}$의 4배입니다. (○ , ×)

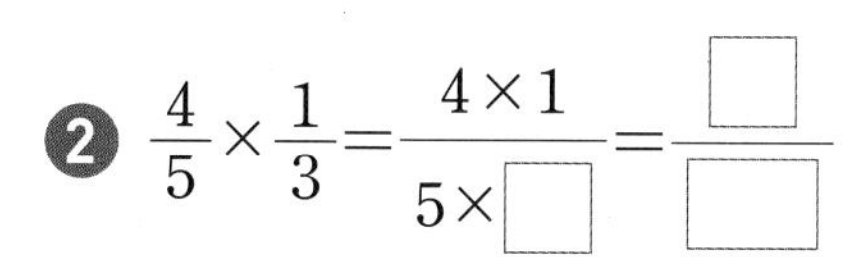

❷ $\frac{4}{5}\times\frac{1}{3}=\frac{4\times1}{5\times\square}=\frac{\square}{\square}$

(대분수)×(대분수)

❶ (대분수)×(대분수)를 계산할 때에는 약분을 가장 먼저 합니다. (○ , ×)

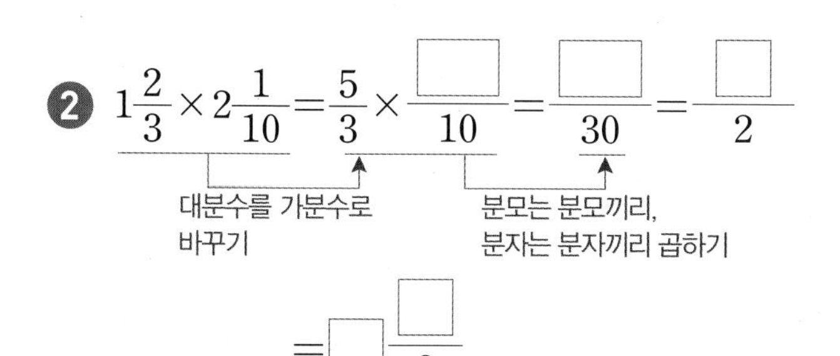

❷ $1\frac{2}{3}\times2\frac{1}{10}=\frac{5}{3}\times\frac{\square}{10}=\frac{\square}{30}=\frac{\square}{2}$

$=\square\frac{\square}{2}$

정답

○

2, 6

○

○

3, $\frac{4}{15}$

×

21, 105, 7, $3\frac{1}{2}$

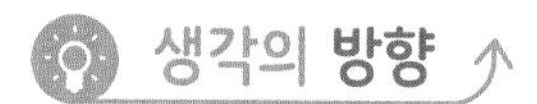

생각의 방향

• 단위분수의 곱은 항상 단위분수입니다.

$\frac{1}{■}\times\frac{1}{▲}=\frac{1}{■\times▲}$

• (진분수)×(진분수)

$\frac{▲}{■}\times\frac{★}{●}=\frac{▲\times★}{■\times●}$

• (대분수)×(대분수)
대분수를 가분수로 바꾼 뒤 분모는 분모끼리, 분자는 분자끼리 곱합니다.

2 분수의 곱셈

비법 1 계산 결과의 크기 비교하기

• ▲/■가 진분수일 때 [▲/■×●<● , ●×▲/■<●] 입니다.

⇨ 어떤 수에 진분수(1보다 작은 수)를 곱했을 때 계산 결과는 항상 어떤 수보다 작습니다.

예) $\frac{1}{\cancel{4}_2}\times\cancel{2}^1=\frac{1}{2}$ ⇨ $\frac{1}{4}$(진분수)$\times 2<2$

$\cancel{8}^4\times\frac{5}{\cancel{6}_3}=\frac{20}{3}=6\frac{2}{3}$ ⇨ $8\times\frac{5}{6}<8$

$\frac{1}{5}\times\frac{1}{6}=\frac{1}{30}$ ⇨ $\frac{1}{5}\times\frac{1}{6}<\frac{1}{5}$

• ★▲/■가 대분수일 때 [★▲/■×●>● , ●×★▲/■>●] 입니다.

⇨ 어떤 수에 대분수(1보다 큰 수)를 곱했을 때 계산 결과는 항상 어떤 수보다 큽니다.

예) $1\frac{1}{4}\times 3=\frac{5}{4}\times 3=\frac{15}{4}=3\frac{3}{4}$ ⇨ $1\frac{1}{4}$(대분수)$\times 3>3$

$8\times 2\frac{5}{6}=\cancel{8}^4\times\frac{17}{\cancel{6}_3}=\frac{68}{3}=22\frac{2}{3}$ ⇨ $8\times 2\frac{5}{6}>8$

$\frac{4}{7}\times 1\frac{1}{2}=\frac{\cancel{4}^2}{7}\times\frac{3}{\cancel{2}_1}=\frac{6}{7}$ ⇨ $\frac{4}{7}\times 1\frac{1}{2}>\frac{4}{7}$

비법 2 잘못 계산한 곳 바르게 고치기

분수의 곱셈에서 대분수가 있을 때

① 대분수를 가분수로 바꿉니다.

② 분모는 분모끼리, 분자는 분자끼리 곱합니다.

③ 약분할 수 있으면 약분하여 계산을 간단히 합니다.

예) $2\frac{4}{\cancel{9}_3}\times\cancel{6}^2=2\frac{4}{3}\times 2=\frac{10}{3}\times 2=\frac{20}{3}=6\frac{2}{3}$ (×)

대분수를 가분수로 바꾸어 계산하기 → $2\frac{4}{9}\times 6=\frac{22}{\cancel{9}_3}\times\cancel{6}^2=\frac{44}{3}=14\frac{2}{3}$ (○)

교과서 개념

• (단위분수)×(자연수)

예) $\frac{1}{4}\times 3$의 계산

$\frac{1}{4}\times 3=\frac{1}{4}+\frac{1}{4}+\frac{1}{4}=\frac{1\times 3}{4}=\frac{3}{4}$

⇨ 단위분수의 분자와 자연수를 곱하여 계산합니다.

• (분수)×(자연수)

예) $\frac{3}{8}\times 6$의 계산 방법

방법 1 분수의 곱셈을 한 후 약분하기

$\frac{3}{8}\times 6=\frac{3\times 6}{8}=\frac{\cancel{18}^9}{\cancel{8}_4}=\frac{9}{4}=2\frac{1}{4}$

방법 2 분수의 곱셈을 하는 과정에서 분모와 자연수를 약분하기

$\frac{3}{\cancel{8}_4}\times\cancel{6}^3=\frac{3\times 3}{4}=\frac{9}{4}=2\frac{1}{4}$

참고 약분을 먼저 하고 계산하는 것이 수가 작아져서 더 간편합니다.

• (자연수)×(분수)

예) $9\times\frac{5}{6}$의 계산

방법 1 분수의 곱셈을 한 후 약분하기

$9\times\frac{5}{6}=\frac{9\times 5}{6}=\frac{\cancel{45}^{15}}{\cancel{6}_2}=\frac{15}{2}=7\frac{1}{2}$

방법 2 자연수와 분모를 약분한 다음 자연수와 분자를 곱하기

$9\times\frac{5}{6}=\frac{\cancel{9}^3\times 5}{\cancel{6}_2}=\frac{15}{2}=7\frac{1}{2}$

방법 3 자연수와 분자를 곱하기 전 자연수와 분모를 약분하기

$\cancel{9}^3\times\frac{5}{\cancel{6}_2}=\frac{3\times 5}{2}=\frac{15}{2}=7\frac{1}{2}$

비법 3 시간을 분수로 고쳐서 계산하기

$\blacktriangle$분$=\frac{\blacktriangle}{60}$시간

예) 한 시간에 $3\frac{3}{7}$ km를 걸을 때 같은 빠르기로 45분 동안 걷는 거리

① 45분$=\frac{\overset{3}{\cancel{45}}}{\underset{4}{\cancel{60}}}$시간$=\frac{3}{4}$시간

② (45분 동안 걷는 거리)

$=3\frac{3}{7}\times\frac{3}{4}$

$=\frac{\overset{6}{\cancel{24}}}{7}\times\frac{3}{\underset{1}{\cancel{4}}}$

$=\frac{6\times3}{7\times1}=\frac{18}{7}$

$=2\frac{4}{7}$ (km)

$\blacksquare$시간 $\blacktriangle$분$=\blacksquare\frac{\blacktriangle}{60}$시간

예) 자전거로 한 시간에 $8\frac{2}{3}$ km를 이동할 때 같은 빠르기로 2시간 30분 동안 이동한 거리

① 2시간 30분$=2\frac{\overset{1}{\cancel{30}}}{\underset{2}{\cancel{60}}}$시간

$=2\frac{1}{2}$시간

② (2시간 30분 동안 이동한 거리)

$=8\frac{2}{3}\times2\frac{1}{2}=\frac{\overset{13}{\cancel{26}}}{3}\times\frac{5}{\underset{1}{\cancel{2}}}$

$=\frac{13\times5}{3\times1}=\frac{65}{3}$

$=21\frac{2}{3}$ (km)

비법 4 나머지가 전체의 얼마인지 알아보기

예) 피자 한 판의 $\frac{3}{8}$을 도현이가 먹고 나머지의 $\frac{3}{10}$을 단비가 먹었다면, 두 사람이 먹고 남은 피자는 전체의 몇 분의 몇인지 구하기

도현이가 먹고 남은 양 구하기 ⇨ 단비가 먹고 남은 양 구하기

(도현이가 먹고 남은 양)

⇨ 전체의 $\left(1-\frac{3}{8}\right)$

(단비가 먹고 남은 양)

⇨ 도현이가 먹고 남은 양의 $\left(1-\frac{3}{10}\right)$

⇨ $\left(1-\frac{3}{8}\right)\times\left(1-\frac{3}{10}\right)$

$=\frac{\overset{1}{\cancel{5}}}{8}\times\frac{7}{\underset{2}{\cancel{10}}}=\frac{7}{16}$

교과서 개념

• (분수)×(분수)

예) $\frac{3}{7}\times\frac{5}{6}$의 계산

방법 1 분모는 분모끼리, 분자는 분자끼리 곱한 후 분자와 분모를 약분하여 계산하기

$\frac{3}{7}\times\frac{5}{6}=\frac{3\times5}{7\times6}=\frac{\overset{5}{\cancel{15}}}{\underset{14}{\cancel{42}}}=\frac{5}{14}$

방법 2 분모는 분모끼리 곱하고, 분자는 분자끼리 곱하기 전에 약분하여 계산하기

$\frac{3}{7}\times\frac{5}{6}=\frac{\overset{1}{\cancel{3}}\times5}{7\times\underset{2}{\cancel{6}}}=\frac{5}{14}$

방법 3 곱하기 전 분자와 분모를 약분하여 계산하기

$\frac{\overset{1}{\cancel{3}}}{7}\times\frac{5}{\underset{2}{\cancel{6}}}=\frac{1\times5}{7\times2}=\frac{5}{14}$

• 세 분수의 계산

예) $\frac{5}{6}\times\frac{3}{7}\times\frac{3}{5}$의 계산

방법 1 앞에서부터 차례로 두 분수씩 계산하기

$\frac{5}{6}\times\frac{3}{7}\times\frac{3}{5}=\left(\frac{5}{\underset{2}{\cancel{6}}}\times\frac{\overset{1}{\cancel{3}}}{7}\right)\times\frac{3}{5}$

$=\frac{\overset{1}{\cancel{5}}}{14}\times\frac{3}{\underset{1}{\cancel{5}}}=\frac{3}{14}$

→ 세 분수의 곱셈에서는 곱하는 순서를 바꾸어도 계산 결과는 같습니다.

방법 2 세 분수를 한꺼번에 계산하기

$\frac{\overset{1}{\cancel{5}}}{\underset{2}{\cancel{6}}}\times\frac{\overset{1}{\cancel{3}}}{7}\times\frac{3}{\underset{1}{\cancel{5}}}=\frac{3}{14}$

STEP 1 기본 유형 익히기

1 (분수)×(자연수)

• (진분수)×(자연수)

$\frac{▲}{■}\times ● = \frac{▲\times ●}{■}$ → 분자와 자연수를 곱하고, 분모와 자연수가 약분이 되면 약분합니다.

• (대분수)×(자연수)

대분수를 (자연수)+(진분수)의 형태로 나누어 계산하거나 대분수를 가분수로 바꾸어 계산합니다.

1-1 계산을 하시오.

(1) $\frac{5}{9}\times 6$

(2) $1\frac{5}{6}\times 8$

1-2 계산 결과를 찾아 선으로 이어 보시오.

$\frac{7}{9}\times 15$ •	• 10
$\frac{5}{9}\times 18$ •	• $11\frac{2}{3}$

1-3 계산 결과를 비교하여 ○ 안에 >, =, <를 알맞게 써넣으시오.

(1) $\frac{5}{12}\times 6$ ○ $\frac{7}{10}\times 4$

(2) $2\frac{3}{8}\times 12$ ○ $3\frac{5}{6}\times 8$

창의+융합

1-4 막대자석에서 다른 극끼리는 서로 끌어당기는 힘이 작용합니다. 다음과 같이 길이가 같은 막대자석 4개를 서로 다른 극끼리 마주 보게 놓았습니다. 막대자석 한 개의 길이가 $8\frac{1}{2}$ cm일 때 전체 길이는 몇 cm인지 구하시오.

N S N S ……

( )

서술형

1-5 선호는 우유를 매일 $\frac{4}{5}$ L씩 마십니다. 선호가 3주일 동안 마신 우유의 양은 모두 몇 L인지 풀이 과정을 쓰고 답을 구하시오.

풀이 ____________________

____

답 ____________________

2 (자연수)×(분수)

• (자연수)×(진분수)

$● \times \frac{▲}{■} = \frac{●\times ▲}{■}$ → 자연수와 분자를 곱하고, 자연수와 분모가 약분이 되면 약분합니다.

• (자연수)×(대분수)

대분수를 (자연수)+(진분수)의 형태로 나누어 계산하거나 대분수를 가분수로 바꾸어 계산합니다.

2-1 계산을 하시오.

(1) $8\times \frac{5}{12}$

(2) $7\times 2\frac{11}{14}$

2-2 빈 곳에 두 수의 곱을 써넣으시오.

16	$\frac{11}{12}$

2-3 가장 큰 수와 가장 작은 수의 곱을 구하시오.

$2\frac{3}{4}$ $\quad 2\frac{3}{8}$ $\quad 4$ $\quad 3\frac{3}{5}$ $\quad 6$

(　　　　　　　　)

창의+융합

2-4 신문 기사를 읽고 응용 3호가 지구를 벗어났을 때 응용 3호에 남아 있던 연료는 몇 L인지 구하시오.

천재 일보 20XX년 X월 X일

우주 발사체 응용 3호는 지구를 벗어날 때까지 전체 연료 1500 L 중 $\frac{3}{5}$을 사용하였고,

(　　　　　　　　)

3 (단위분수)×(단위분수)

$$\frac{1}{■}\times\frac{1}{▲}=\frac{1}{■\times▲}$$

단위분수의 곱은 항상 단위분수입니다.

3-1 계산을 하시오.

(1) $\frac{1}{15}\times\frac{1}{4}$

(2) $\frac{1}{9}\times\frac{1}{9}$

3-2 빈 곳에 알맞은 수를 써넣으시오.

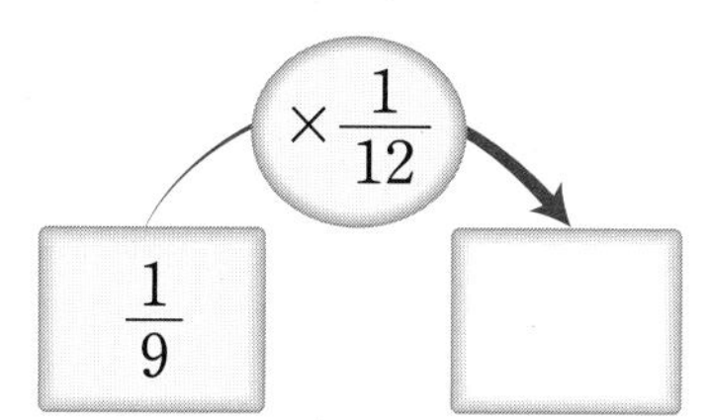

창의+융합

3-3 바닷물에서 소금을 분리하는 실험을 하려고 알코올 $\frac{1}{8}$ L를 준비했습니다. 실험을 하는 동안 준비한 알코올의 $\frac{1}{4}$만큼을 사용했습니다. 사용한 알코올은 몇 L입니까?

(　　　　　　　　)

• (자연수)×(대분수)의 계산에서 대분수인 상태로 약분하지 말고 대분수를 가분수로 바꾼 후 약분해야 합니다.

잘못된 계산 $\overset{1}{\cancel{2}}\times4\frac{3}{\underset{4}{\cancel{8}}}=4\frac{3}{4}$ (×)

바른 계산 $2\times4\frac{3}{8}=\overset{1}{\cancel{2}}\times\frac{35}{\underset{4}{\cancel{8}}}=\frac{35}{4}=8\frac{3}{4}$

2 분수의 곱셈

서술형

3-4 연수는 위인전을 어제까지 전체의 $\frac{2}{3}$만큼 읽었고 오늘은 어제까지 읽고 남은 부분의 $\frac{1}{4}$만큼 읽었습니다. 연수가 오늘 읽은 부분은 전체의 몇 분의 몇인지 풀이 과정을 쓰고 답을 구하시오.

풀이 ______________________

____

____

답 ______________________

4 (진분수)×(진분수)

$$\frac{●}{■}\times\frac{★}{▲}=\frac{●\times★}{■\times▲}$$

분모는 분모끼리, 분자는 분자끼리 곱합니다.

4-1 계산을 하시오.

(1) $\frac{9}{16}\times\frac{2}{7}$

(2) $\frac{7}{20}\times\frac{9}{14}$

4-2 빈 곳에 알맞은 수를 써넣으시오.

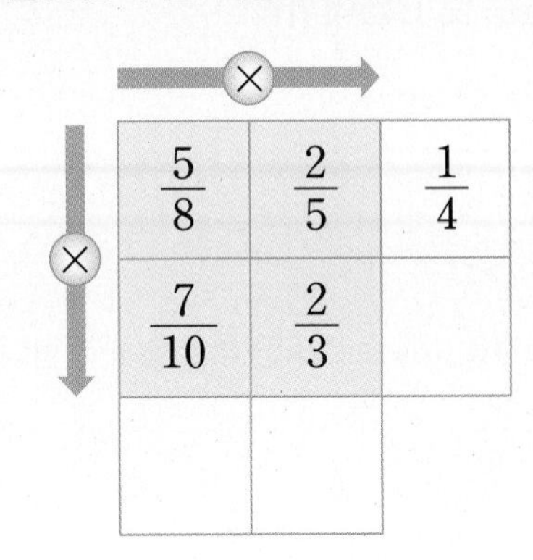

$\frac{5}{8}$	$\frac{2}{5}$	$\frac{1}{4}$
$\frac{7}{10}$	$\frac{2}{3}$	

창의+융합

4-3 지구 표면의 $\frac{7}{10}$은 바다이고 나머지는 육지입니다. 우리나라가 있는 아시아 대륙은 육지의 $\frac{3}{10}$입니다. 아시아 대륙은 지구 표면의 얼마인지 분수로 나타내시오.

(　　　　　　　　)

서술형

4-4 ㉠과 ㉡의 곱은 얼마인지 풀이 과정을 쓰고 답을 구하시오.

㉠ $\frac{2}{3}-\frac{2}{15}$　　㉡ $\frac{7}{12}-\frac{5}{18}$

풀이 ______________________

____

____

답 ______________________

5 (대분수)×(대분수)

대분수를 가분수로 바꾼 뒤 분모는 분모끼리, 분자는 분자끼리 곱합니다.

5-1 계산을 하시오.

(1) $3\frac{2}{5}\times2\frac{3}{4}$

(2) $2\frac{1}{6}\times3\frac{1}{8}$

5-2 빈 곳에 두 수의 곱을 써넣으시오.

$3\frac{3}{8}$	$2\frac{11}{18}$

5-3 계산 결과를 비교하여 ○ 안에 >, =, <를 알맞게 써넣으시오.

$$1\frac{2}{3}\times1\frac{4}{5} \bigcirc 2\frac{4}{9}\times1\frac{1}{8}$$

5-4 기름 1 L로 갈 수 있는 거리를 연비라고 합니다. ㉯ 자동차의 연비는 ㉮ 자동차의 연비의 $1\frac{1}{4}$이라고 합니다. ㉯ 자동차는 기름 1 L로 몇 km를 갈 수 있는지 구하시오.

㉮ 자동차의 연비

( )

6 세 분수의 곱셈

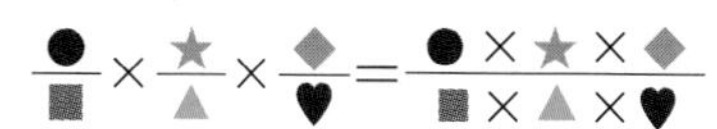

앞에서부터 차례로 두 분수씩 곱하거나 세 분수를 한꺼번에 곱합니다.

6-1 계산을 하시오.

(1) $\frac{1}{5}\times\frac{1}{4}\times\frac{1}{6}$

(2) $1\frac{1}{5}\times2\frac{1}{6}\times\frac{5}{11}$

6-2 계산 결과를 비교하여 ○ 안에 >, =, <를 알맞게 써넣으시오.

$$\frac{2}{5}\times\frac{1}{5}\times\frac{1}{6} \bigcirc \frac{3}{7}\times2\frac{1}{2}\times\frac{14}{15}$$

서술형

6-3 목욕탕 바닥에 가로가 $4\frac{2}{3}$ cm, 세로가 $7\frac{3}{4}$ cm인 직사각형 모양의 타일 60장을 겹치지 않게 이어 붙였습니다. 타일 60장의 넓이는 몇 cm^2인지 풀이 과정을 쓰고 답을 구하시오.

답

• 대분수가 있는 세 분수의 곱셈은 대분수를 가분수로 바꾼 뒤 약분하여 계산합니다.

$$\frac{3}{4}\times1\frac{2}{5}\times\frac{5}{6}=\frac{\overset{1}{\cancel{3}}}{4}\times\frac{7}{\underset{1}{\cancel{5}}}\times\frac{\overset{1}{\cancel{5}}}{\underset{2}{\cancel{6}}}=\frac{7}{8}$$

2 분수의 곱셈

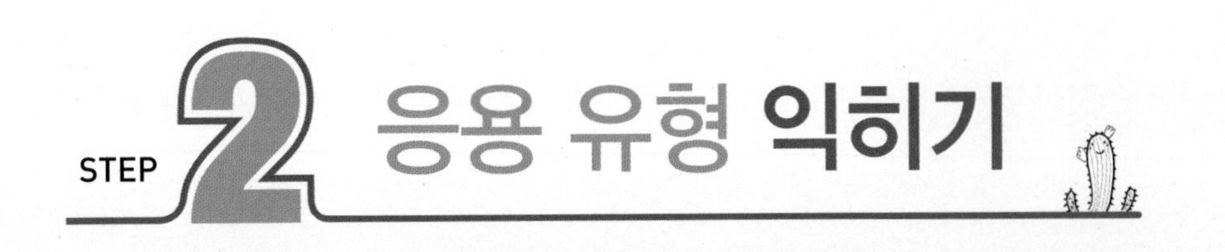

STEP 2 응용 유형 익히기

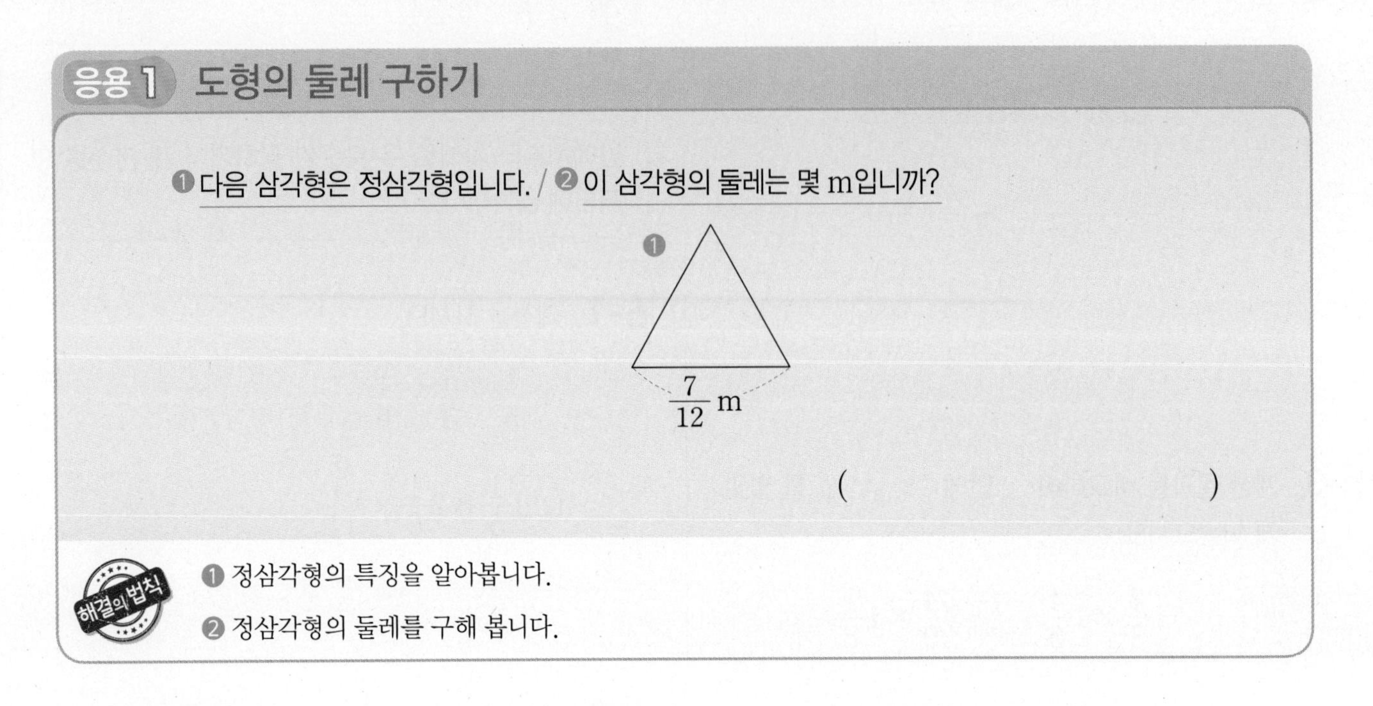

응용 1 도형의 둘레 구하기

❶ 다음 삼각형은 정삼각형입니다. / ❷ 이 삼각형의 둘레는 몇 m입니까?

(　　　　　　　　　　)

해결의 법칙

❶ 정삼각형의 특징을 알아봅니다.

❷ 정삼각형의 둘레를 구해 봅니다.

예제 1-1 다음 사각형은 정사각형입니다. 이 정사각형의 둘레는 몇 cm입니까?

정사각형은 네 변의 길이가 모두 같아.

그러면 둘레는 한 변의 길이를 4배 하면 되겠어.

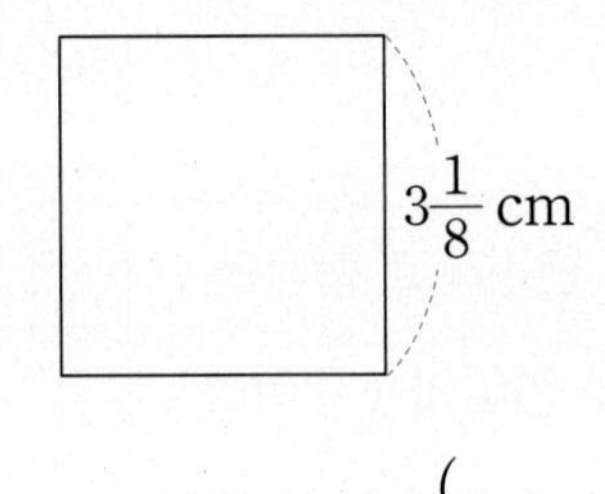

(　　　　　　　　　　)

예제 1-2 정삼각형과 정사각형의 둘레의 차는 몇 m입니까?

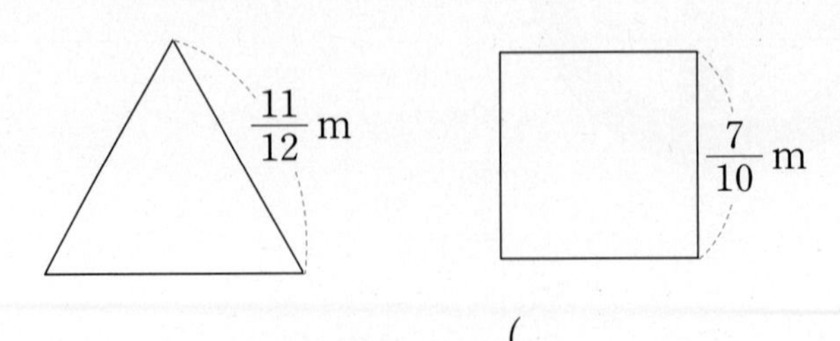

(　　　　　　　　　　)

• 정답은 13쪽

응용 2 사각형의 넓이 구하기

❶ 직사각형의 / ❷ 넓이는 몇 cm^2입니까?

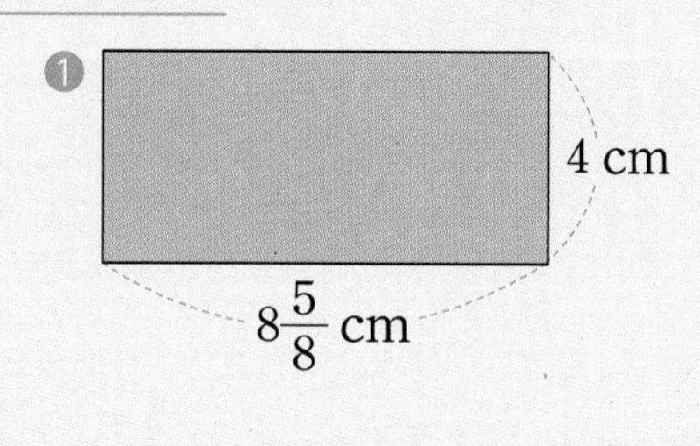

( )

❶ 직사각형의 넓이를 구하는 방법을 알아봅니다.

❷ 직사각형의 넓이를 구해 봅니다.

예제 2-1 정사각형의 넓이는 몇 cm^2입니까?

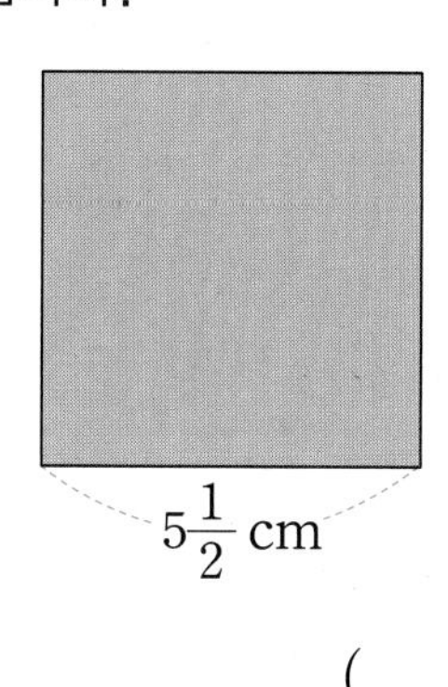

( )

예제 2-2 직사각형 ㉮와 ㉯의 넓이의 합을 구하시오.

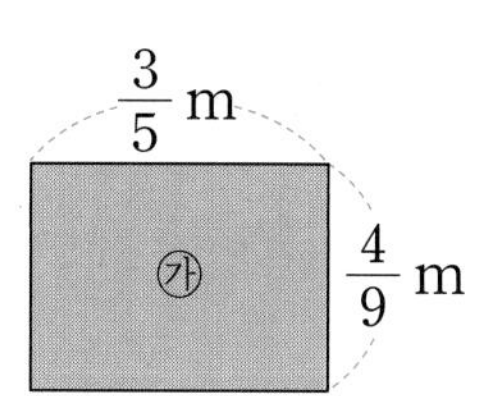

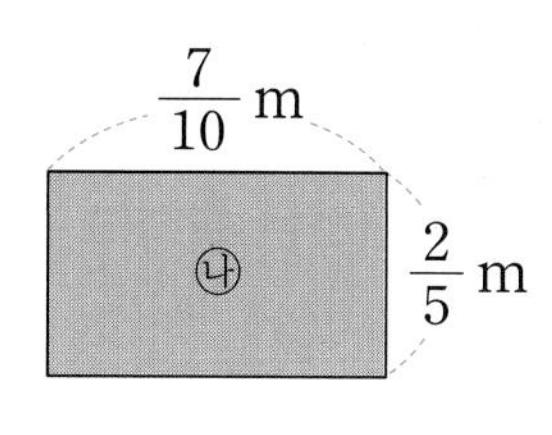

( )

응용 3 전체의 얼마인지 구하기

병에 주스가 들어 있습니다. ❶ 어제는 전체의 $\frac{2}{5}$를 마셨고 오늘은 그 나머지의 / ❷ $\frac{1}{4}$을 마셨습니다. 오늘 마신 주스는 처음 병에 들어 있던 주스의 몇 분의 몇입니까?

( )

❶ 어제 마시고 남은 주스는 처음 병에 들어 있는 주스의 몇 분의 몇인지 알아봅니다.

❷ 오늘 마신 주스는 처음 병에 들어 있던 주스의 몇 분의 몇인지 알아봅니다.

예제 3-1 준열이는 가지고 있는 돈의 $\frac{7}{10}$로 음료수를 사고, 남은 돈의 $\frac{1}{5}$로 빵을 샀습니다. 빵을 사는 데 쓴 돈은 처음 가지고 있던 돈의 몇 분의 몇입니까?

( )

예제 3-2 피자 한 판의 $\frac{1}{5}$을 지혜가 먹고, 나머지의 $\frac{7}{12}$을 제승이가 먹었습니다. 두 사람이 먹고 남은 피자는 전체의 몇 분의 몇입니까?

( )

예제 3-3 진희네 반 학생은 32명입니다. 진희네 반 학생의 $\frac{5}{8}$는 체육을 좋아하고, 체육을 좋아하는 학생의 $\frac{3}{4}$은 축구를 좋아합니다. 진희네 반 학생 중에서 축구를 좋아하는 학생은 몇 명입니까?

( )

응용 4 (단위분수)×(단위분수)의 활용

❷ □ 안에 들어갈 수 있는 1보다 큰 자연수 중에서 / ❸ 가장 큰 수를 알아보시오.

❶ $\frac{1}{4}\times\frac{1}{11}<\frac{1}{\square}\times\frac{1}{7}$

(　　　　　　　　　　)

❶ $\frac{1}{4}\times\frac{1}{11}$을 계산해 봅니다.

❷ □ 안에 들어갈 수 있는 자연수를 모두 구해 봅니다.

❸ □ 안에 들어갈 수 있는 자연수 중에서 가장 큰 수를 구해 봅니다.

예제 4-1 □ 안에 들어갈 수 있는 1 초과인 자연수는 모두 몇 개입니까?

$\frac{1}{4}\times\frac{1}{5}<\frac{1}{\square}\times\frac{1}{2}$

(　　　　　　　　　　)

예제 4-2 □ 안에 들어갈 수 있는 2 이상인 자연수 중에서 가장 작은 수와 가장 큰 수를 각각 구하시오.

$\frac{1}{6}\times\frac{1}{6}<\frac{1}{\square}\times\frac{1}{3}<\frac{1}{2}\times\frac{1}{4}$

가장 작은 수 (　　　　　　　　　　)

가장 큰 수 (　　　　　　　　　　)

응용 5 어떤 수를 구한 후 계산하기

❶❷ 어떤 수에 $\frac{9}{20}$를 곱해야 할 것을 잘못하여 더했더니 $\frac{13}{15}$이 되었습니다. / ❸ 바르게 계산한 값을 구하시오.

( )

❶ 어떤 수를 □라 하고 잘못 계산한 식을 세워 봅니다.

❷ 어떤 수를 구해 봅니다.

❸ 바르게 계산한 값을 구해 봅니다.

예제 5-1 어떤 수에 $2\frac{1}{3}$을 곱해야 할 것을 잘못하여 뺐더니 $4\frac{5}{12}$가 되었습니다. 바르게 계산한 값을 구하시오.

( )

예제 5-2 다음과 같이 선미가 계산한 식에서 대분수 하나가 지워졌습니다. 지워진 대분수와 $4\frac{1}{8}$의 곱을 구하시오.

( )

응용 6 새로운 도형의 넓이 구하기

❶ 한 변의 길이가 14 cm인 정사각형에서 가로는 $\frac{2}{7}$만큼 줄이고 / ❷ 세로는 $\frac{4}{7}$로 줄여서 새로운 직사각형을 만들었습니다. / ❸ 새로 만든 직사각형의 넓이는 몇 cm^2입니까?

( )

❶ 새로 만든 직사각형의 가로를 구해 봅니다.
❷ 새로 만든 직사각형의 세로를 구해 봅니다.
❸ 새로 만든 직사각형의 넓이를 구해 봅니다.

예제 6-1 한 변의 길이가 20 cm인 정사각형에서 가로는 $\frac{3}{4}$만큼 늘이고 세로는 $1\frac{1}{4}$로 늘여서 새로운 직사각형을 만들었습니다. 새로 만든 직사각형의 넓이는 몇 cm^2 입니까?

( )

예제 6-2 다음을 읽고 누가 그린 도형이 얼마나 더 넓은지 각각 구하시오.

[윤제] 난 한 변의 길이가 6 cm인 정사각형을 그렸어.
[선지] 난 가로는 6 cm의 $1\frac{1}{6}$이고, 세로는 6 cm를 $\frac{1}{6}$만큼 줄인 직사각형을 그렸지.

( ), ( )

2 분수의 곱셈

응용 7 분수를 만들어 계산하기

수 카드를 한 번씩 모두 사용하여 ❶ 만들 수 있는 가장 큰 대분수와 / ❷ 가장 작은 대분수의 / ❸ 곱을 구하시오.

(　　　　　　　　　　)

❶ 만들 수 있는 가장 큰 대분수를 구해 봅니다.

❷ 만들 수 있는 가장 작은 대분수를 구해 봅니다.

❸ 구한 두 분수의 곱을 구해 봅니다.

예제 7-1 수 카드를 한 번씩 모두 사용하여 만들 수 있는 가장 큰 대분수와 가장 작은 대분수의 곱을 구하시오.

(　　　　　　　　　　)

예제 7-2 서로 평행한 두 면의 눈의 수의 합이 7인 주사위를 세 번 던졌더니 다음과 같았습니다. 밑에 놓인 면의 눈의 수 중에서 2개를 골라 한 번씩만 사용하여 진분수를 만들었습니다. 만들 수 있는 가장 큰 진분수와 가장 작은 진분수의 곱을 구하시오.

(　　　　　　　　　　)

응용 8 시간을 분수로 나타내어 해결하기

지훈이는 자전거로 한 시간에 15 km를 움직입니다. 같은 빠르기로 / ❶ 1시간 20분 동안 움직였다면 / ❷ 지훈이가 자전거로 움직인 거리는 몇 km입니까?

( )

❶ 1시간 20분을 분수로 나타내어 봅니다.

❷ 1시간 20분 동안 움직인 거리를 구해 봅니다.

예제 8 - 1 선이는 한 시간에 $2\frac{1}{7}$ km를 갈 수 있다고 합니다. 같은 빠르기로 3시간 40분 동안 걸었다면 선이가 걸은 거리는 몇 km입니까?

( )

예제 8 - 2 지영이네 집에서 할아버지 댁까지의 거리는 308 km입니다. 지영이가 집에서 한 시간에 72 km를 가는 빠르기로 자동차를 타고 출발했습니다. 2시간 30분이 지났을 때 할아버지 댁까지 남은 거리는 몇 km입니까?

( )

예제 8 - 3 1시간에 각각 $2\frac{1}{3}$ L, $2\frac{2}{5}$ L가 나오는 두 수도꼭지가 있습니다. 두 수도꼭지를 열었을 때 1시간 45분 동안 나오는 물은 모두 몇 L입니까?

( )

STEP 3 응용 유형 뛰어넘기

(진분수)×(자연수), (대분수)×(자연수)

01 빈 곳에 알맞은 분수를 써넣으시오.

유사

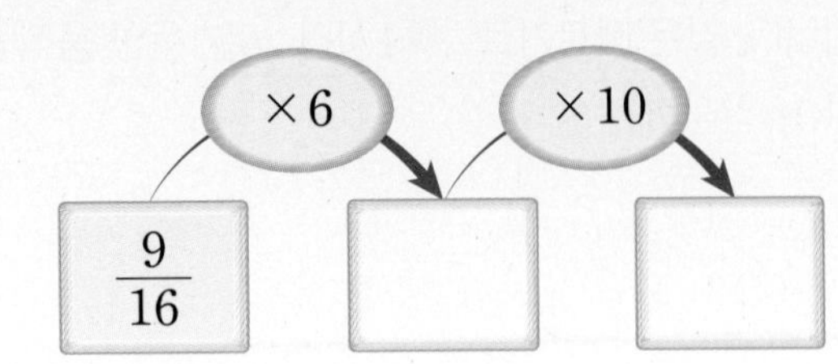

(대분수)×(자연수), (대분수)×(대분수)

02 정사각형의 둘레와 넓이를 각각 구하시오.

유사

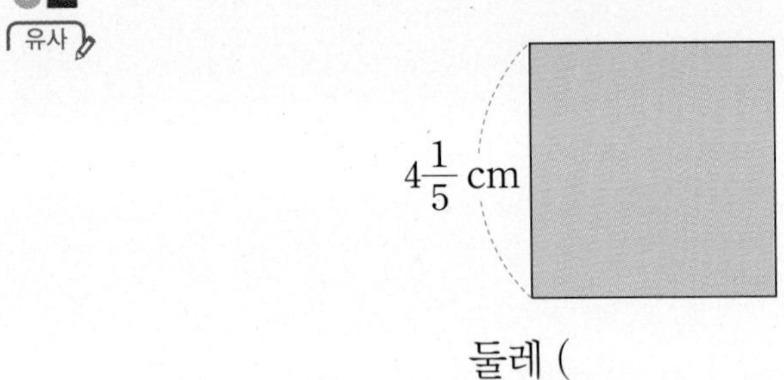

둘레 (　　　　　　　　　　)

넓이 (　　　　　　　　　　)

(자연수)×(진분수)

창의+융합

03 우리나라 국기인 태극기의 규격은 다음과 같습니다. 가로가 36 cm인 태극기의 세로와 태극 문양의 지름은 몇 cm인지 각각 구하시오.

유사

가로

지름 (세로의 $\frac{1}{2}$)

세로 (가로의 $\frac{2}{3}$)

태극기의 세로 (　　　　　　　　　　)

태극 문양의 지름 (　　　　　　　　　　)

• 정답은 16쪽

유사 표시된 문제의 유사 문제가 제공됩니다.
동영상 표시된 문제의 동영상 특강을 볼 수 있어요.
QR 코드를 찍어 보세요.

(대분수)×(대분수)

창의+융합

04 유사 행성이 태양 주변을 한 바퀴 도는 데 걸리는 시간을 공전 주기라고 합니다. 공전 주기가 지구는 1년이고 화성은 지구의 $1\frac{9}{10}$, 해왕성은 화성의 $86\frac{4}{5}$라고 합니다. 해왕성의 공전 주기는 몇 년입니까?

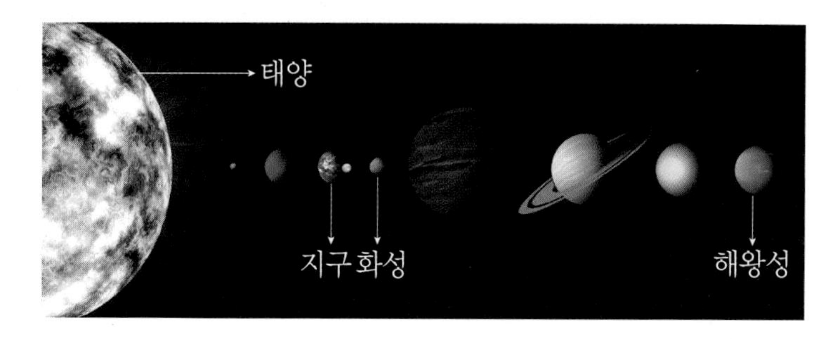

(　　　　　　　　　　)

서술형 (단위분수)×(단위분수)

05 유사 □ 안에 들어갈 수 있는 1 초과인 자연수를 모두 구하려고 합니다. 풀이 과정을 쓰고 답을 구하시오.

$$\frac{1}{3}\times\frac{1}{5}\times\frac{1}{\square}>\frac{1}{20}\times\frac{1}{4}$$

(　　　　　　　　　　)

풀이

(자연수)×(진분수)의 활용

06 유사 동영상 경미네 학교 5학년 학생 200명 중에서 수학을 좋아하는 학생은 전체의 $\frac{4}{5}$이고, 그중에서 $\frac{5}{8}$는 과학도 좋아합니다. 수학을 좋아하지만 과학을 좋아하지 않는 학생은 몇 명입니까?

(　　　　　　　　　　)

(자연수)×(진분수)의 활용

07 유사 동영상 넓이가 240 cm^2인 색종이의 $\frac{3}{5}$으로 모형 새를 만들고 나머지의 $\frac{1}{2}$로 모형 나무를 만들었습니다. 남은 색종이의 넓이는 몇 cm^2입니까?

(　　　　　　　　　　)

(대분수)×(대분수)의 활용

08 유사 동영상 올림픽 경기 종목인 경보 50 km 경기에 참가한 ㉮ 선수는 한 시간에 $5\frac{5}{8}$ km를 걷는다고 합니다. ㉮ 선수가 출발 지점에서 도착 지점을 향하여 3시간 36분 동안 같은 빠르기로 걸었다면 도착 지점까지 남은 거리는 몇 km입니까?

(　　　　　　　　　　)

서술형 (단위분수)×(단위분수)의 활용 창의+융합

09 유사 고대 이집트 사람들은 그들의 신인 호루스의 눈의 일부로 단위분수 6개를 나타내었다고 합니다. 다음 단위분수 중에서 가장 큰 수와 가장 작은 수의 곱은 얼마인지 풀이 과정을 쓰고 답을 구하시오.

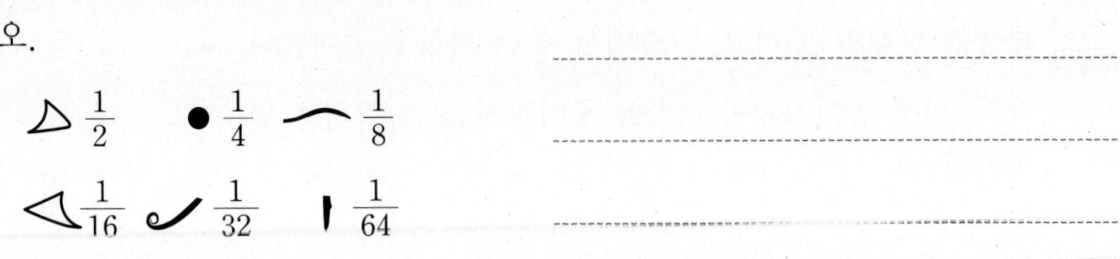

호루스의 눈

(　　　　　　　　　　)

풀이

• 정답은 16쪽

유사 표시된 문제의 유사 문제가 제공됩니다.
동영상 표시된 문제의 동영상 특강을 볼 수 있어요.
QR 코드를 찍어 보세요.

서술형 (자연수)×(진분수)의 활용

10 유사 동영상

민규 아버지의 몸무게는 78 kg입니다. 민규의 몸무게는 아버지의 $\frac{8}{13}$이고, 동생의 몸무게는 민규의 $\frac{5}{6}$입니다. 민규와 동생의 몸무게의 차는 몇 kg인지 풀이 과정을 쓰고 답을 구하시오.

(　　　　　　　　)

풀이

(자연수)×(진분수)의 활용 창의+융합

11 유사 동영상

모든 칸의 높이가 10 cm인 계단이 있습니다. 떨어진 높이의 $\frac{3}{5}$만큼 튀어 오르는 공을 다음과 같이 떨어뜨렸을 때 ㉠은 몇 cm입니까?

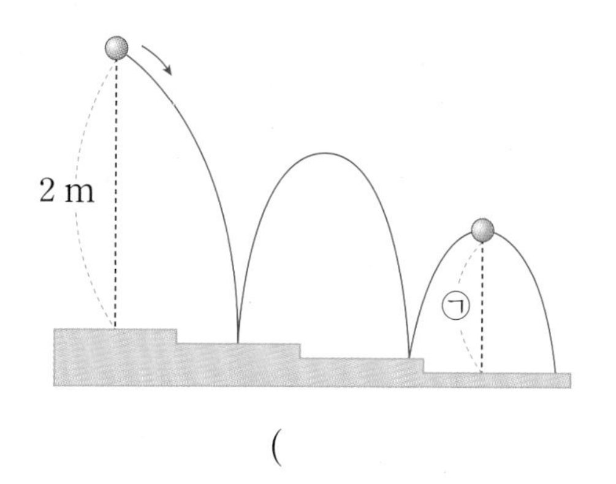

(　　　　　　　　)

서술형 (대분수)×(자연수)의 활용

12 유사 동영상

다음과 같이 색 테이프 3장을 이어 붙였습니다. 이어 붙여 만든 색 테이프의 전체 길이는 몇 cm인지 풀이 과정을 쓰고 답을 구하시오.

$4\frac{1}{5}$ cm　$4\frac{1}{5}$ cm　$4\frac{1}{5}$ cm

$1\frac{1}{2}$ cm　$1\frac{1}{2}$ cm

(　　　　　　　　)

풀이

2 분수의 곱셈

창의사고력

13 다음과 같이 어떤 물체의 무게를 지구와 달에서 각각 재어 보면 지구에서 잰 무게는 달에서 잰 무게의 몇 배가 된다고 합니다. 어떤 사람이 달에서 잰 몸무게가 $10\frac{1}{8}$ kg일 때 지구에서 잰 몸무게는 몇 kg입니까?

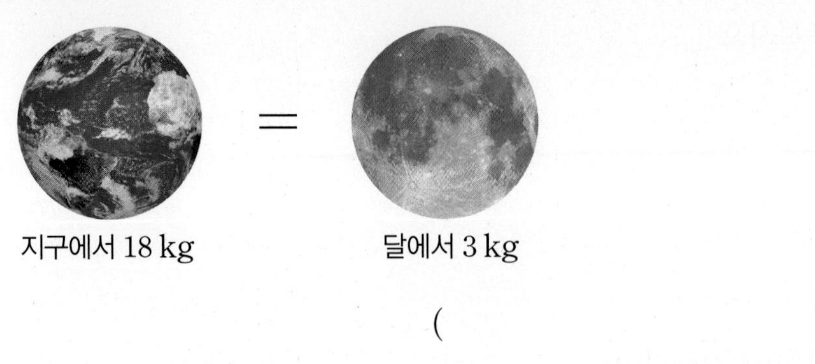

(　　　　　　　　　　)

창의사고력

14 다음은 정사각형 6개를 겹치지 않게 이어 붙여서 만든 직사각형입니다. 정사각형 ㉮의 한 변의 길이가 $5\frac{1}{3}$ cm일 때 정사각형 ㉯의 넓이는 몇 cm^2입니까?

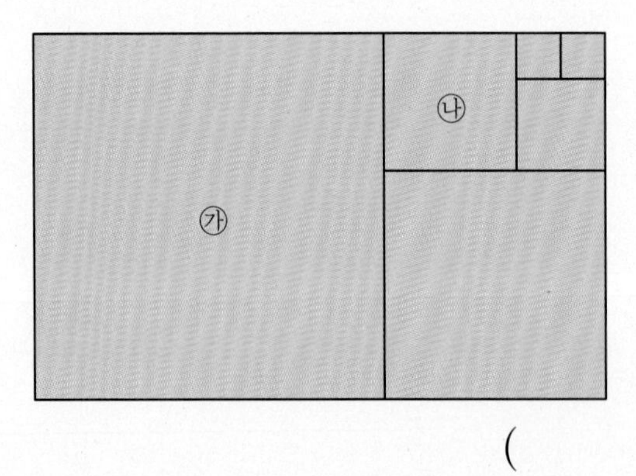

(　　　　　　　　　　)

점수

• 정답은 18쪽

01 계산을 하시오.

(1) $\frac{5}{12} \times \frac{4}{25}$

(2) $\frac{7}{15} \times \frac{18}{35}$

02 빈 곳에 두 수의 곱을 써넣으시오.

$1\frac{1}{6}$	$3\frac{3}{7}$

03 계산 결과를 비교하여 ○ 안에 >, =, <를 알맞게 써넣으시오.

$\frac{1}{8} \times \frac{1}{7}$ ○ $\frac{1}{6} \times \frac{1}{9}$

04 세 수의 곱을 구하시오.

$2\frac{6}{7}$ $\frac{5}{8}$ $1\frac{5}{9}$

(　　　　　　)

05 계산 결과가 다른 하나를 찾아 기호를 쓰시오.

㉠ $9 \times \frac{1}{6}$ ㉡ $12 \times \frac{1}{8}$ ㉢ $24 \times \frac{1}{18}$

(　　　　　　)

창의+융합

06 4분음표에서 꼬리가 1개 더 늘 때마다 박자는 처음 박자의 $\frac{1}{2}$이 됩니다. 4분음표가 1박자라면 16분음표는 몇 박자입니까?

(　　　　　　)

서술형

07 계산이 잘못된 이유를 쓰고 바르게 계산하시오.

$\overset{5}{\cancel{15}} \times 1\frac{7}{\underset{8}{\cancel{24}}} = 5 \times \frac{15}{8} = \frac{75}{8} = 9\frac{3}{8}$

이유 ______________________

계산 ______________________

2 분수의 곱셈

08 한 변의 길이가 $4\frac{4}{15}$ cm인 정육각형의 둘레는 몇 cm입니까?

( )

09 계산 결과가 큰 것부터 차례로 기호를 쓰시오.

㉠ $\frac{3}{8}\times 40$ ㉡ $\frac{2}{9}\times 72$ ㉢ $\frac{4}{5}\times 15$

( )

10 □ 안에 들어갈 수 있는 2 이상인 자연수를 모두 구하시오.

$\frac{1}{\square}\times\frac{1}{11}>\frac{1}{45}$

( )

서술형

11 오른쪽 분수의 곱셈식에 알맞은 문제를 만들고 답을 구하시오.

$63\times\frac{8}{9}$

풀이

답

12 수 카드를 각각 한 번씩 모두 사용하여 3개의 진분수를 만들었습니다. 만든 진분수를 모두 곱하였을 때 나올 수 있는 가장 작은 곱은 얼마입니까?

1 3 4 6 8 9

( )

13 지연이네 반 학생은 32명입니다. 그중에서 $\frac{3}{8}$은 여학생이고, 여학생의 $\frac{1}{4}$은 안경을 썼습니다. 안경을 쓰지 않은 여학생은 몇 명입니까?

( )

14 몸무게가 가장 무거운 사람을 찾아 이름을 쓰시오.

- 윤제: 내 몸무게는 36 kg의 $1\frac{3}{4}$이야.
- 선지: 난 84 kg의 $\frac{5}{7}$야.
- 호식: 나는 45 kg의 $1\frac{5}{9}$야.

( )

15 진영이네 학교 도서관에는 책이 5000권 있습니다. 그중에서 $\frac{2}{5}$는 동화책이고, 나머지의 $\frac{9}{10}$는 위인전입니다. 동화책과 위인전 중에서 어느 것이 몇 권 더 많습니까?

( ), ( )

16 정사각형 ㉮와 직사각형 ㉯의 넓이의 합은 몇 cm^2입니까?

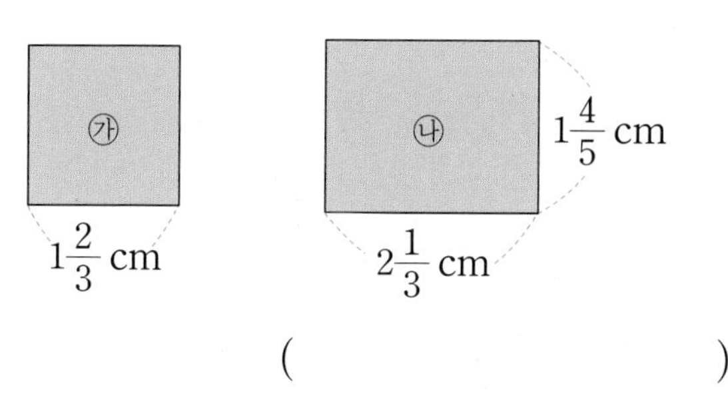

( )

서술형

17 물통에 물이 3 L 들어 있습니다. 오전에는 전체의 $\frac{4}{15}$를 마시고, 오후에는 오전의 $1\frac{1}{2}$을 마셨습니다. 오전과 오후에 마신 물은 모두 몇 L인지 풀이 과정을 쓰고 답을 구하시오.

풀이 ______

답 ______

창의+융합

18 사람의 머리끝에서 배꼽까지의 길이는 키의 $\frac{5}{13}$이고 무릎에서 발바닥까지의 길이는 배꼽에서 발바닥까지의 길이의 $\frac{5}{13}$라고 합니다. 키가 169 cm인 사람의 무릎에서 발바닥까지의 길이는 몇 cm입니까?

( )

19 한 시간에 $100\frac{5}{8}$ km를 가는 자동차가 있습니다. 같은 빠르기로 2시간 48분 동안에는 몇 km를 갈 수 있습니까?

( )

20 도화지 전체의 $\frac{5}{6}$에 가로 $4\frac{2}{3}$ cm, 세로 $7\frac{3}{4}$ cm인 직사각형 모양의 색종이 50장을 겹치지 않게 붙였습니다. 이 도화지의 전체 넓이는 몇 cm^2입니까?

( )

3 합동과 대칭

완벽한 대칭을 보여 주는 건축물

대칭이 주는 통일감은 우리에게 아름다움을 느끼게 할 뿐만 아니라, 구조의 안정성이 생겨 건물이 오랜 세월 버틸 수 있는 힘이 생기게 합니다. 이런 이유로 옛날부터 사람들은 대칭을 이루는 건축물을 지었습니다. 대칭을 이루는 대표적인 건축물을 알아볼까요?

타지마할

타지마할은 좌우 대칭으로 균형이 잘 잡힌 무굴 제국 최고의 무덤입니다. 중앙 돔을 중심으로 완벽한 좌우 대칭을 이루고 있는 대리석 건축물인 타지마할은 세계 7대 불가사의 중의 하나이기도 합니다.

타지마할 ▶

이번에 **배울 내용**

이미 배운 내용	이번에 배울 내용	앞으로 배울 내용
[4-1 평면도형의 이동] • 평면도형의 이동 알아보기 [4-2 다각형] • 다각형 알아보기	• 도형의 합동 알아보기 • 합동인 도형의 성질 알아보기 • 선대칭도형과 그 성질 알아보기 • 점대칭도형과 그 성질 알아보기	[5-2 직육면체] • 직육면체 알아보기 [6-1 각기둥과 각뿔] • 각기둥과 각뿔 알아보기

에펠탑

에펠탑은 파리는 물론 프랑스 전체를 상징하는 건축물로 앞에서 봤을 때 좌우 대칭을 이룹니다.

▼ 에펠탑

베드로 대광장

바티칸 시티에 있는 베드로 대광장은 산피에트로 광장이라고도 불립니다. 로마의 주교이자 1대 교황인 베드로의 상징물인 열쇠 모양으로 입구에서 좌우로 안정된 타원꼴이며 중앙에서 반원씩 갈라져 위에서 봤을 때 좌우 대칭을 이룹니다.

▼ 베드로 대광장

메타인지 개념학습

도형의 합동

	정답	생각의 방향
❶ 모양과 크기가 같아서 포개었을 때 완전히 겹치는 두 도형을 서로 (합동, 대칭)이라고 합니다.	합동	도형을 뒤집거나 돌려서 완전히 겹치는 두 도형도 서로 합동입니다.
❷ 가 나 다 (도형) 점선을 따라 잘랐을 때 만들어진 두 도형이 서로 합동인 것은 □입니다.	나	도형의 모양과 크기가 같아야 서로 합동인 도형입니다.

합동인 도형의 성질

❶ 서로 합동인 두 도형을 포개었을 때 완전히 겹치는 점을 □, 겹치는 변을 □, 겹치는 각을 □이라고 합니다.

정답: 대응점, 대응변, 대응각

[❷~❹] 두 도형은 서로 합동입니다. 물음에 답하시오.

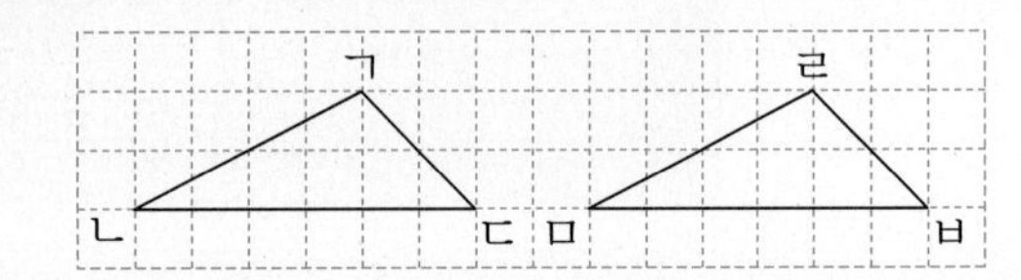

❷ 점 ㄱ의 대응점은 점 ㅁ입니다. (○ , ×) — 정답: ×

❸ 변 ㄴㄷ의 대응변은 변 ㅁㅂ입니다. (○ , ×) — 정답: ○

❹ 각 ㄱㄴㄷ의 대응각은 각 ㄹㅁㅂ입니다. (○ , ×) — 정답: ○

합동인 도형에서 대응변과 대응각은 대응점의 순서대로 기호를 쓰는 것이 좋습니다.

❺ (도형: ㄱ, ㄴ, ㄷ, ㄹ; 4 cm, 5 cm, 6 cm / ㅁ, ㅂ, ㅅ, ㅇ; 75°, 80°)

두 사각형은 서로 합동입니다. 변 ㅁㅇ은 □cm이고, 각 ㄱㄴㄷ은 □°입니다.

정답: 4, 80

• 합동인 도형의 성질
① 각각의 대응변의 길이가 서로 같습니다.
② 각각의 대응각의 크기가 서로 같습니다.

선대칭도형과 그 성질

❶ 한 직선을 따라 접어서 완전히 겹치는 도형을 (선대칭도형 , 점대칭도형)이라고 합니다.
이때 그 직선을 (직선 , 대칭축)이라고 합니다.

←대칭축

❷ 모든 선대칭도형에서 대칭축은 1개뿐입니다. (○ , ×)

❸ 오른쪽 도형은 선분 ㄱㄹ을 대칭축으로 하는 선대칭도형입니다.

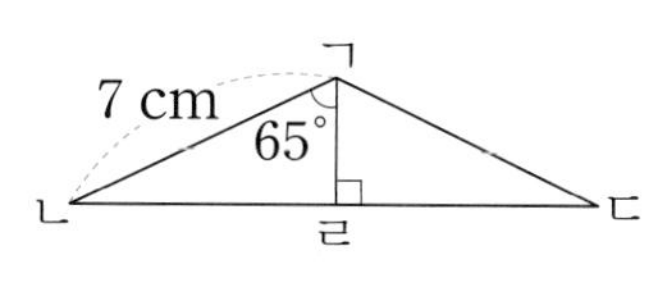

변 ㄱㄷ은 ☐ cm이고, 각 ㄷㄱㄹ은 ☐°입니다.

정답
선대칭도형, 대칭축
×
7, 65

생각의 방향

• 선대칭도형의 성질
① 각각의 대응변의 길이와 대응각의 크기가 서로 같습니다.
② 대응점끼리 이은 선분은 대칭축과 수직으로 만납니다.
③ 대칭축은 대응점끼리 이은 선분을 둘로 똑같이 나누므로 각각의 대응점에서 대칭축까지의 거리가 서로 같습니다.

점대칭도형과 그 성질

❶ 한 도형을 어떤 점을 중심으로 180° 돌렸을 때 처음 도형과 완전히 겹치면 이 도형을 (선대칭도형 , 점대칭도형)이라고 합니다. 이때 그 점을 (중심 , 대칭의 중심)이라고 합니다.

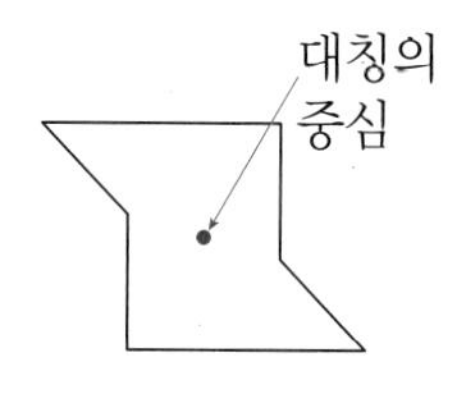

❷ 모든 점대칭도형에서 대칭의 중심은 1개뿐입니다. (○ , ×)

❸ 오른쪽 도형은 점 ㅇ을 대칭의 중심으로 하는 점대칭도형입니다.

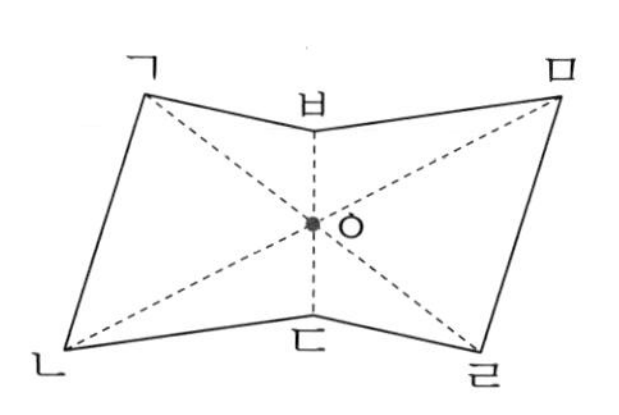

점 ㄱ의 대응점은 점 ☐, 변 ㄴㄷ의 대응변은 변 ☐, 각 ㄹㅁㅂ의 대응각은 각 ☐입니다.

❹ 오른쪽 도형은 점 ㅇ을 대칭의 중심으로 하는 점대칭도형입니다.
선분 ㄷㅂ은 ☐ cm입니다.

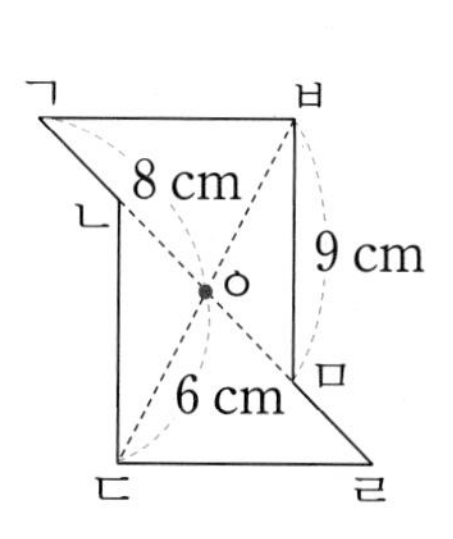

정답
점대칭도형, 대칭의 중심
○
ㄹ, ㅁㅂ, ㄱㄴㄷ
12

• 점대칭도형의 성질
① 각각의 대응변의 길이와 대응각의 크기가 서로 같습니다.
② 대칭의 중심은 대응점끼리 이은 선분을 둘로 똑같이 나누므로 각각의 대응점에서 대칭의 중심까지의 거리가 서로 같습니다.

비법 1 합동인 도형의 수 구하기

예) 오른쪽 사각형 ㄱㄴㄷㄹ이 평행사변형일 때 찾을 수 있는 합동인 삼각형의 수 구하기

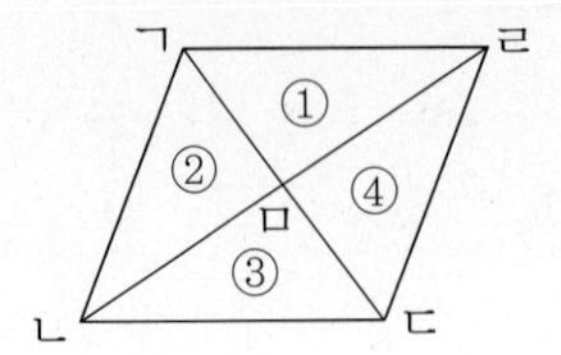

도형 1개로 이루어진 합동인 삼각형 구하기	(①, ③), (②, ④) ⇨ 2쌍
⇩	
도형 2개로 이루어진 합동인 삼각형 구하기	(①+②, ③+④), (①+④, ②+③) ⇨ 2쌍
⇩	
합동인 삼각형 구하기	(합동인 삼각형의 수) =2+2=4(쌍)

비법 2 직사각형을 접었을 때 생기는 각도 구하기

예) 직사각형 ㄱㄴㄷㄹ을 접었을 때 각 ㄴㄱㅂ의 크기 구하기

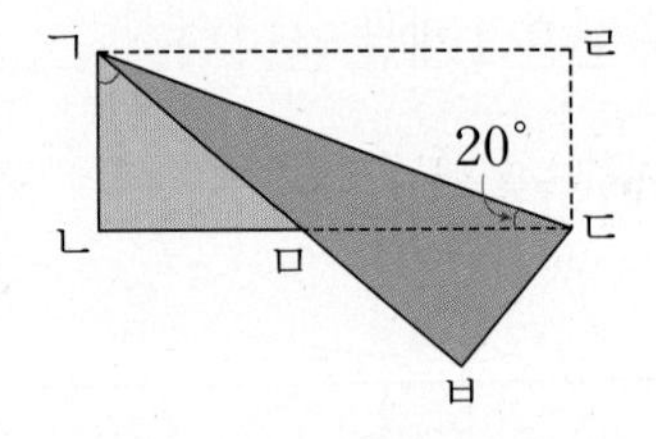

합동인 도형 찾기	접었으므로 삼각형 ㄱㄹㄷ과 삼각형 ㄱㅂㄷ은 서로 합동입니다.
⇩	
도형에서 알 수 있는 각도 구하기	(각 ㄱㄷㄹ)=90°−20°=70° 삼각형 ㄱㄹㄷ에서 (각 ㄷㄱㄹ)=180°−90°−70°=20°
⇩	대응각의 크기가 서로 같습니다.
합동인 도형의 성질을 이용하여 각도 구하기	(각 ㄷㄱㅂ)=(각 ㄷㄱㄹ)=20° ⇨ (각 ㄴㄱㅂ)=90°−20°−20° =50°

교과서 개념

· 도형의 합동

(1) 모양과 크기가 같아서 포개었을 때 완전히 겹치는 두 도형을 서로 합동이라고 합니다.

(2) 대응점: 겹치는 점
대응변: 겹치는 변
대응각: 겹치는 각

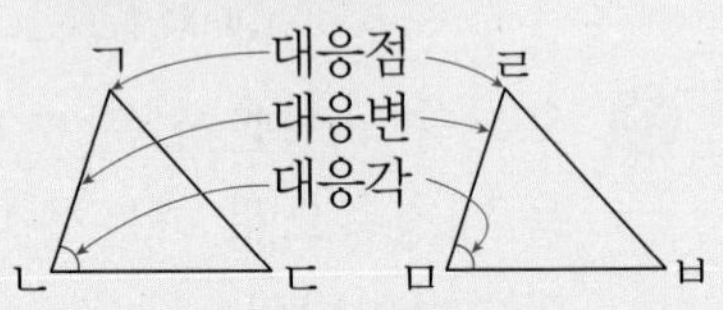

· 합동인 도형의 성질

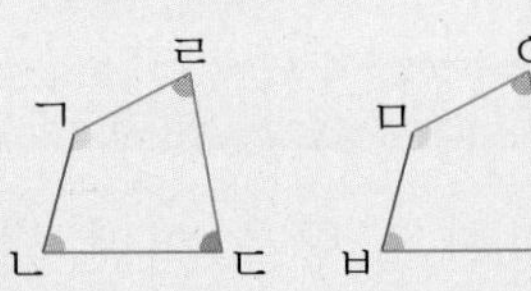

(1) 합동인 도형에서 각각의 대응변의 길이가 서로 같습니다.
(변 ㄱㄴ)=(변 ㅁㅂ),
(변 ㄴㄷ)=(변 ㅂㅅ),
(변 ㄷㄹ)=(변 ㅅㅇ),
(변 ㄹㄱ)=(변 ㅇㅁ)

(2) 합동인 도형에서 각각의 대응각의 크기가 서로 같습니다.
(각 ㄱㄴㄷ)=(각 ㅁㅂㅅ),
(각 ㄴㄷㄹ)=(각 ㅂㅅㅇ),
(각 ㄷㄹㄱ)=(각 ㅅㅇㅁ),
(각 ㄹㄱㄴ)=(각 ㅇㅁㅂ)

· 선대칭도형

한 직선을 따라 접어서 완전히 겹치는 도형을 선대칭도형이라고 합니다. 이때 그 직선을 대칭축이라고 합니다.

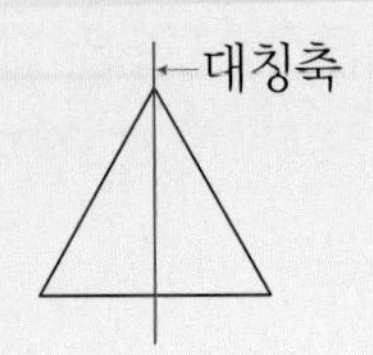

비법 3 선대칭인 문자, 점대칭인 문자 찾기

A B C D E F G H I J K M N O P

선대칭인 문자	점대칭인 문자
A B C D E H I K M O	H I N O

ㄷ ㄹ ㅁ ㅂ ㅅ ㅇ ㅈ ㅊ ㅍ

선대칭인 문자	점대칭인 문자
ㄷ ㅁ ㅂ ㅅ ㅇ ㅈ ㅊ ㅍ	ㄹ ㅁ ㅇ ㅍ

비법 4 선대칭도형의 넓이 구하기

예 선대칭도형인 사각형 ㄱㄴㄷㄹ의 넓이 구하기

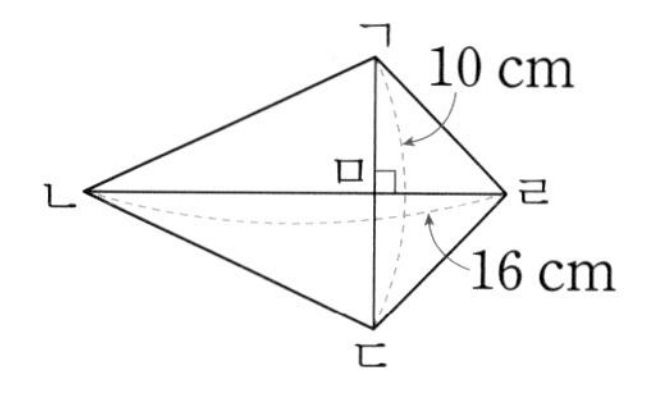

선대칭도형의 성질을 이용하여 선분의 길이 구하기

선대칭도형의 대칭축은 선분 ㄴㄹ입니다.

→ 각각의 대응점에서 대칭축까지의 거리가 서로 같습니다.

(선분 ㄱㅁ)=(선분 ㄷㅁ)

$=10\div2=5$ (cm)

⇩

대칭축을 중심으로 한쪽의 넓이 구하기

(삼각형 ㄱㄴㄹ의 넓이)

$=16\times5\div2=40$ (cm^2)

⇩

선대칭도형의 넓이 구하기

(사각형 ㄱㄴㄷㄹ의 넓이)

=(삼각형 ㄱㄴㄹ의 넓이)×2

$=40\times2=80$ (cm^2)

← 삼각형 ㄱㄴㄹ과 삼각형 ㄷㄴㄹ은 서로 합동이므로 넓이도 같습니다.

교과서 개념

· **선대칭도형의 성질**

(1) 각각의 대응변의 길이와 대응각의 크기가 서로 같습니다.

(2) 대응점끼리 이은 선분은 대칭축과 수직으로 만납니다.

(3) 대칭축은 대응점끼리 이은 선분을 둘로 똑같이 나누므로 각각의 대응점에서 대칭축까지의 거리가 서로 같습니다.

· **점대칭도형**

한 도형을 어떤 점을 중심으로 180° 돌렸을 때 처음 도형과 완전히 겹치면 이 도형을 점대칭도형이라고 합니다. 이때 그 점을 대칭의 중심이라고 합니다.

· **점대칭도형의 성질**

(1) 각각의 대응변의 길이와 대응각의 크기가 서로 같습니다.

(2) 대칭의 중심은 대응점끼리 이은 선분을 둘로 똑같이 나누므로 각각의 대응점에서 대칭의 중심까지의 거리가 서로 같습니다.

기본 유형 익히기

1 도형의 합동

모양과 크기가 같아서 포개었을 때 완전히 겹치는 두 도형을 서로 합동이라고 합니다.

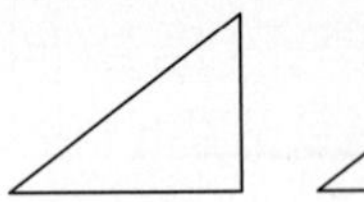

1-1 도형 가와 서로 합동인 도형을 찾아 기호를 쓰시오.

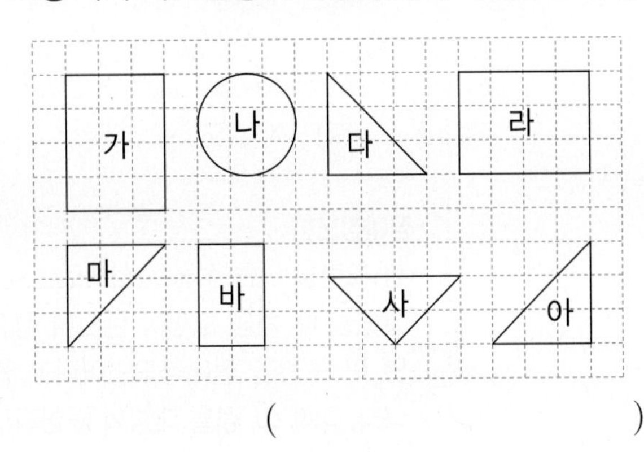

( )

1-2 서로 합동인 도형을 모두 찾아 기호를 쓰시오.

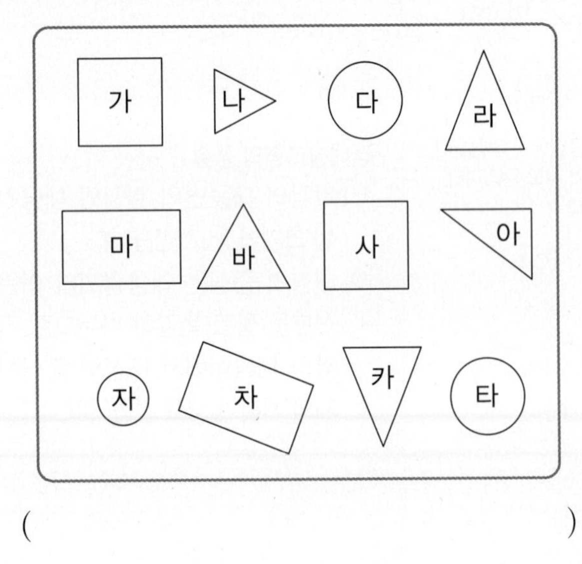

( )

1-3 주어진 도형과 서로 합동인 도형을 그려 보시오.

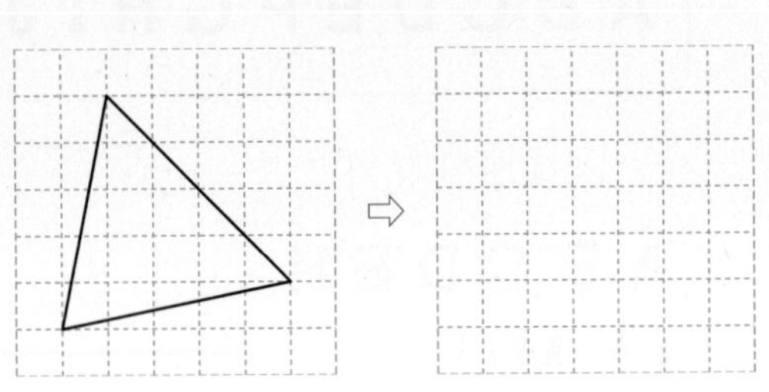

1-4 점선을 따라 잘랐을 때 잘린 모양이 모두 서로 합동인 것을 모두 찾아 기호를 쓰시오.

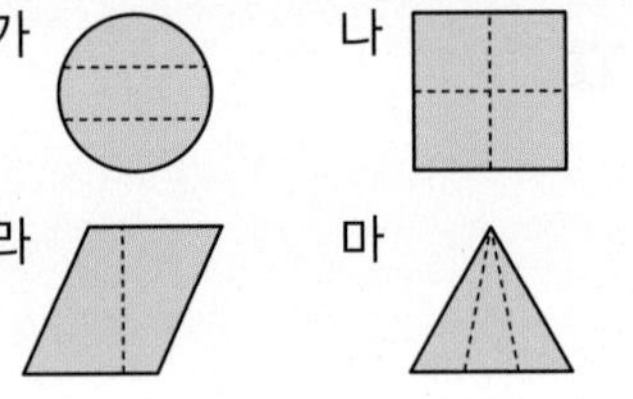

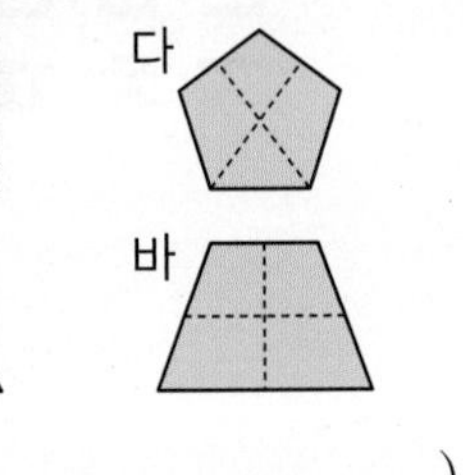

( )

서술형

1-5 두 사각형이 서로 합동이 되도록 만들려고 합니다. 어떻게 하면 되는지 방법을 설명하시오.

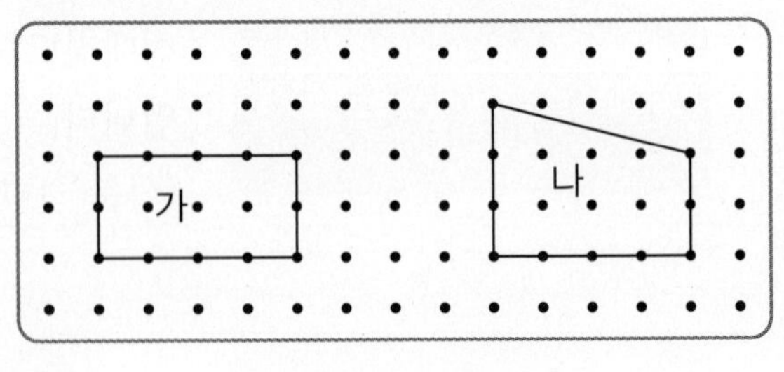

방법 ______

• 정답은 19쪽

2 합동인 도형의 성질

서로 합동인 두 도형에서
① 각각의 대응변의 길이가 서로 같습니다.
→ 포개었을 때 완전히 겹치는 변
② 각각의 대응각의 크기가 서로 같습니다.
→ 포개었을 때 완전히 겹치는 각

2-1 두 삼각형은 서로 합동입니다. 물음에 답하시오.

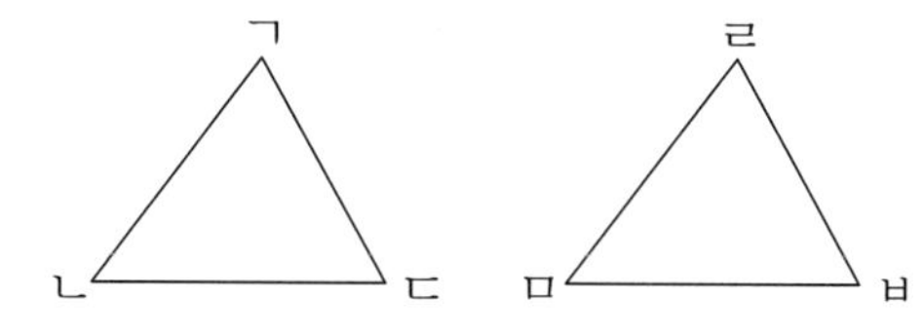

(1) 변 ㄴㄷ의 대응변은 어느 변입니까?

(　　　　　　　　)

(2) 각 ㄱㄷㄴ의 대응각은 어느 각입니까?

(　　　　　　　　)

2-2 두 사각형은 서로 합동입니다. 물음에 답하시오.

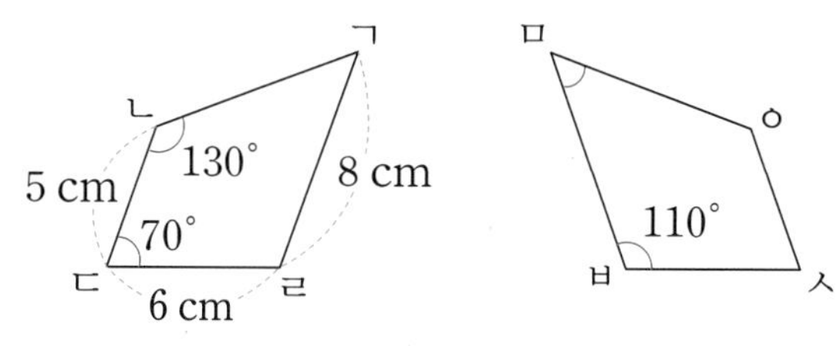

(1) 변 ㅅㅇ은 몇 cm입니까?

(　　　　　　　　)

(2) 각 ㅂㅁㅇ은 몇 도입니까?

(　　　　　　　　)

창의+융합

2-3 서윤이가 만든 삼각형 모양의 샌드위치입니다. 두 샌드위치가 서로 합동일 때 삼각형 ㄱㄴㄷ의 둘레는 몇 cm입니까?

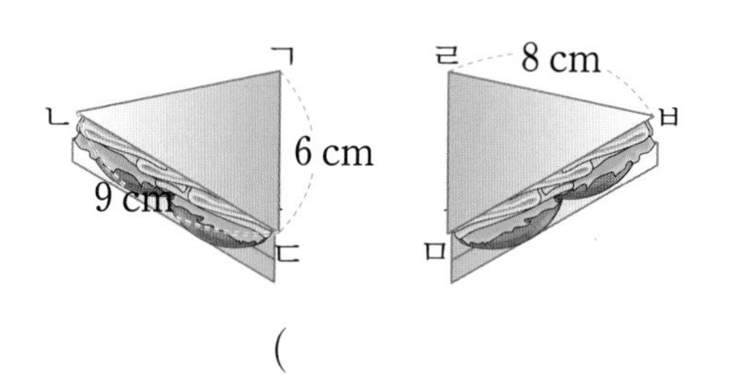

(　　　　　　　　)

2-4 두 사각형은 서로 합동입니다. 사각형 ㄱㄴㄷㄹ의 둘레가 44 cm일 때 변 ㅁㅂ은 몇 cm입니까?

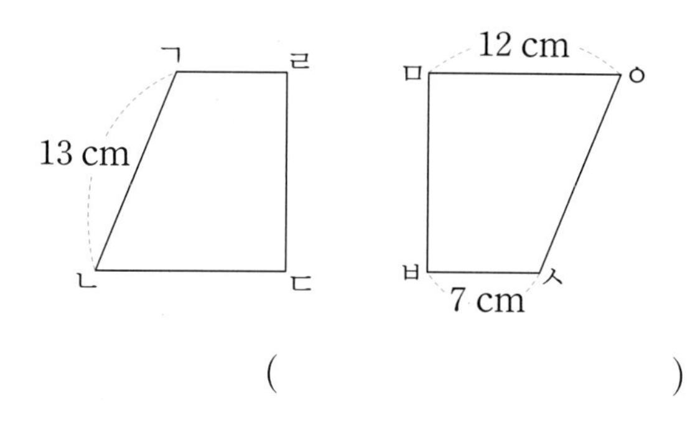

(　　　　　　　　)

2-5 직사각형 모양의 종이를 그림과 같이 접었습니다. ㉠은 몇 도입니까?

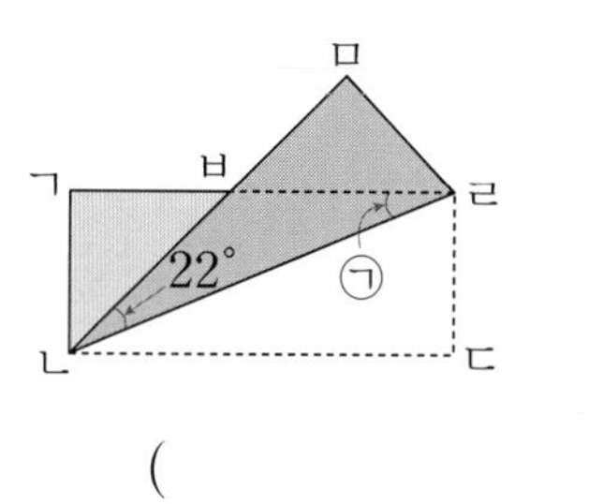

(　　　　　　　　)

뒤집거나 돌려서 완전히 겹치면 두 도형은 서로 합동입니다.

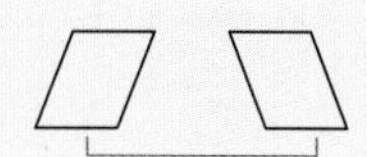
옆으로 뒤집으면 완전히 겹침.

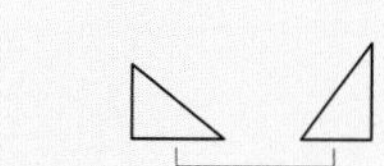
아래로 뒤집으면 완전히 겹침.

시계 반대 방향으로 90° 돌리면 완전히 겹침.

3 합동과 대칭

3 선대칭도형과 그 성질

한 직선을 따라 접어서 완전히 겹치는 도형을 선대칭도형이라고 합니다.

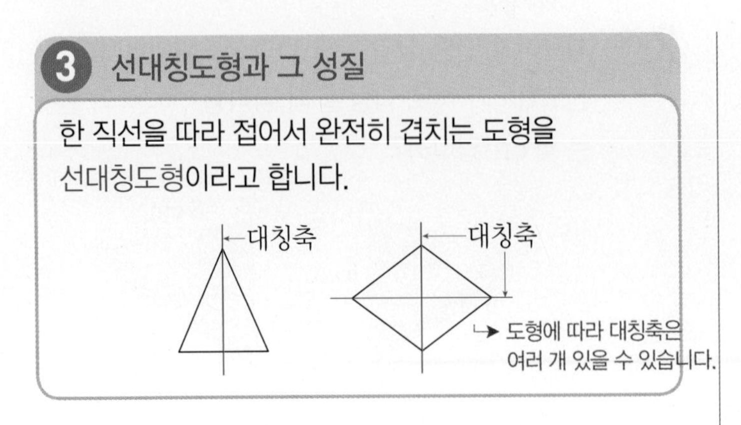

3-1 선대칭도형을 모두 찾아 ○표 하시오.

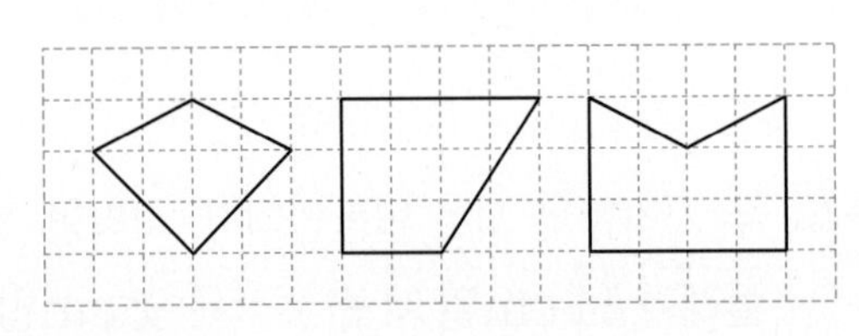

창의+융합

3-2 세계 여러 나라의 국기를 나타낸 것입니다. 선대칭이 아닌 국기를 찾아 나라의 이름을 모두 쓰시오.

(　　　　　　　　　　　　　　　　)

3-3 선대칭도형입니다. 대칭축은 몇 개입니까?

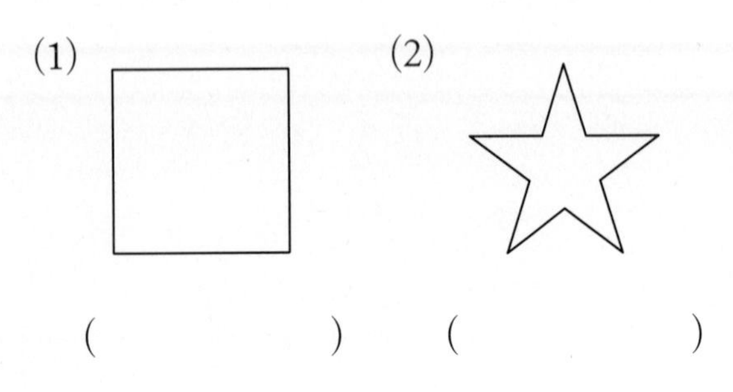

(　　　　) (　　　　)

3-4 직선 ㄱㄴ을 대칭축으로 하는 선대칭도형입니다. □ 안에 알맞은 수를 써넣으시오.

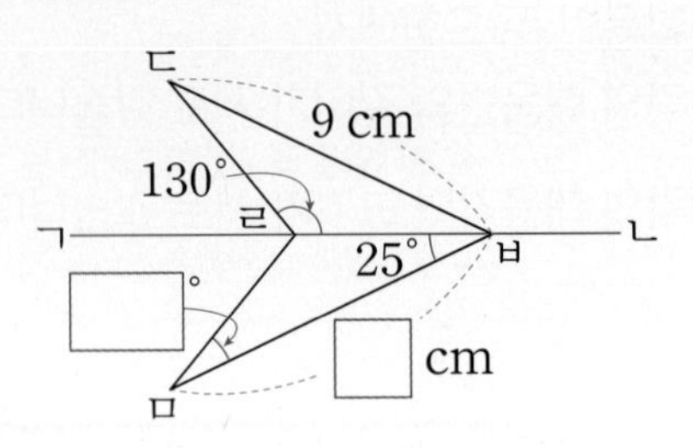

서술형

3-5 사다리꼴 ㄱㄴㄷㄹ은 직선 가를 대칭축으로 하는 선대칭도형입니다. 각 ㄹㄷㄴ은 몇 도인지 풀이 과정을 쓰고 답을 구하시오.

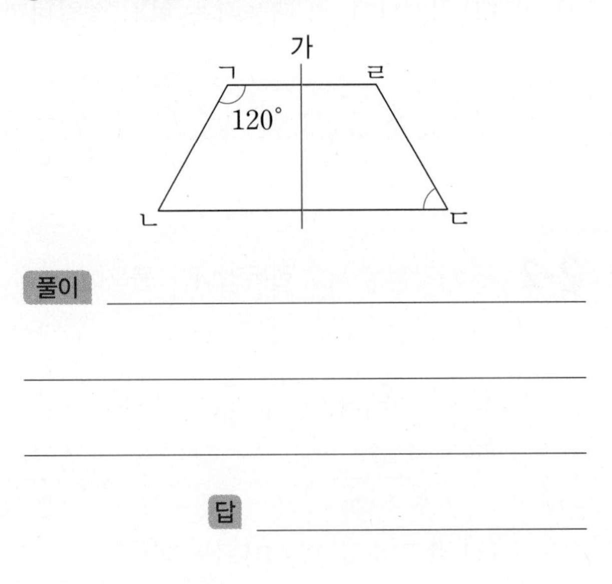

3-6 직선 ㄱㄴ을 대칭축으로 하는 선대칭도형이 되도록 그림을 완성하시오.

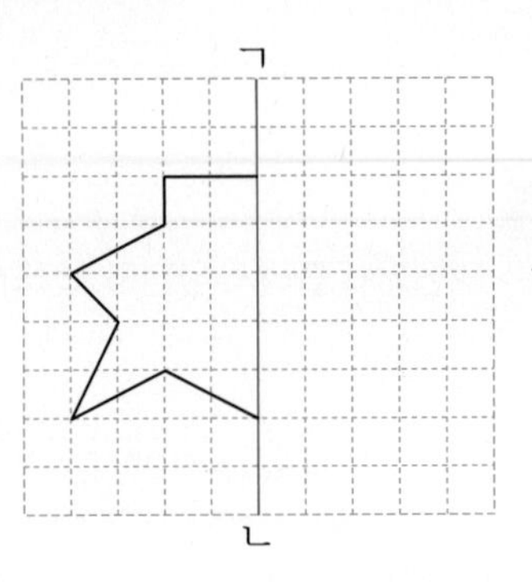

• 정답은 19~20쪽

4 점대칭도형과 그 성질

한 도형을 어떤 점을 중심으로 180° 돌렸을 때 처음 도형과 완전히 겹치면 이 도형을 점대칭도형이라고 합니다.

→ 점대칭도형에서 대칭의 중심은 항상 1개입니다.

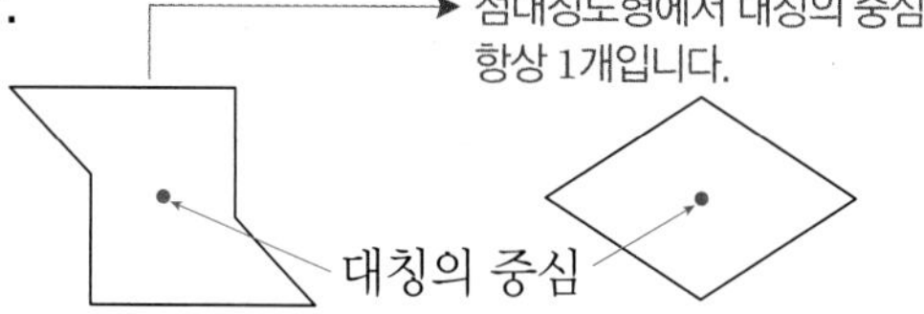

4-1 점대칭도형을 모두 찾아 대칭의 중심을 표시하시오.

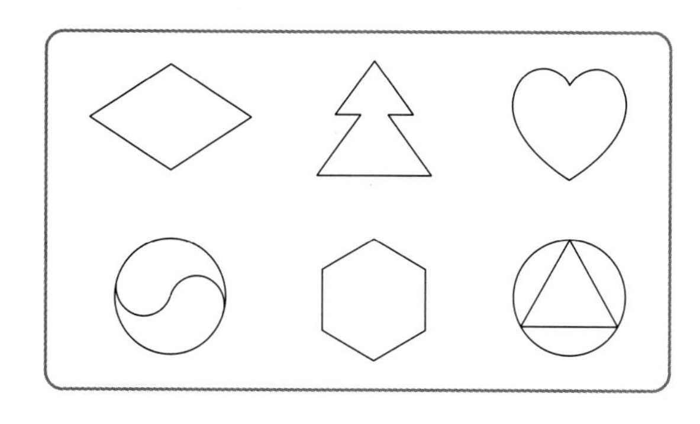

4-2 점대칭도형입니다. □ 안에 알맞은 수를 써넣으시오.

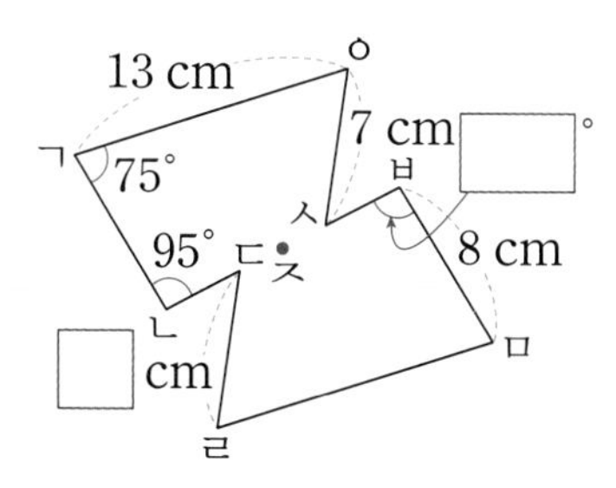

서술형

4-3 점대칭도형입니다. 이 도형의 둘레는 몇 cm인지 풀이 과정을 쓰고 답을 구하시오.

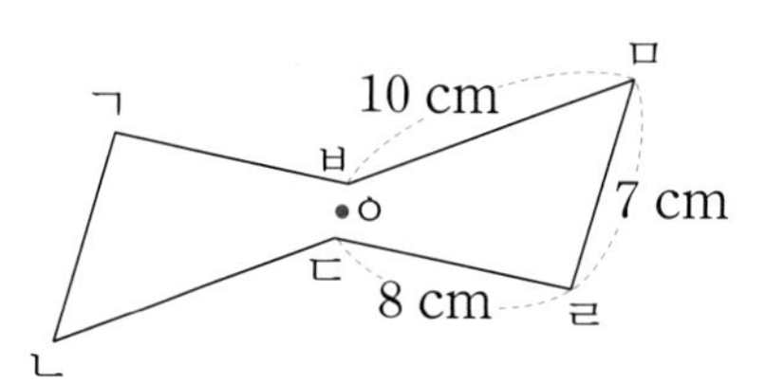

풀이 ______________________

____

____

4-4 점대칭도형이 되도록 그림을 완성하시오.

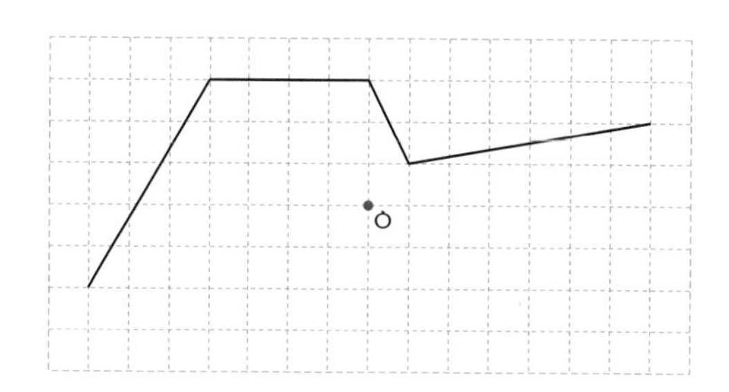

4-5 점대칭도형입니다. 각 ㄴㄷㄹ은 몇 도입니까?

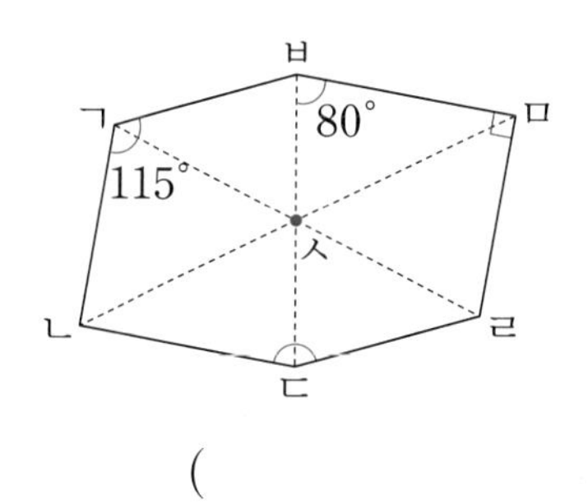

(   )

선대칭도형	점대칭도형
각각의 대응변의 길이와 대응각의 크기가 서로 같습니다.	
• 대응점끼리 이은 선분은 대칭축과 수직으로 만납니다. • 각각의 대응점에서 대칭축까지의 거리가 서로 같습니다.	각각의 대응점에서 대칭의 중심까지의 거리가 서로 같습니다.

3 합동과 대칭

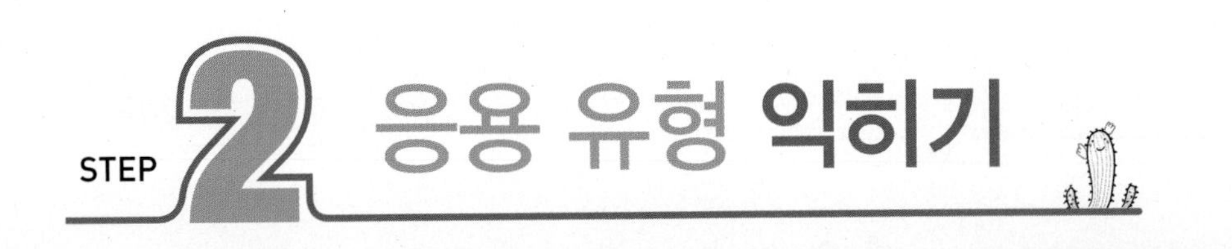

응용 1 합동인 도형 알아보기

❶ 다음은 선대칭도형인 사각형에 대각선을 그은 것입니다. /❷ 찾을 수 있는 합동인 삼각형은 모두 몇 쌍인지 알아보시오.

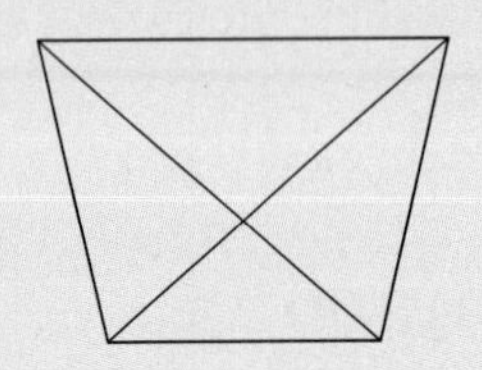

(　　　　　　　　　　)

❶ 찾을 수 있는 합동인 삼각형의 종류를 알아봅니다.

❷ 찾을 수 있는 합동인 삼각형은 모두 몇 쌍인지 알아봅니다.

예제 1-1 다음 삼각형 ㄱㄴㄷ은 정삼각형입니다. 선분 ㄱㄹ, 선분 ㄹㅁ, 선분 ㅁㅂ, 선분 ㅂㄷ의 길이가 모두 같을 때 찾을 수 있는 합동인 삼각형은 모두 몇 쌍입니까?

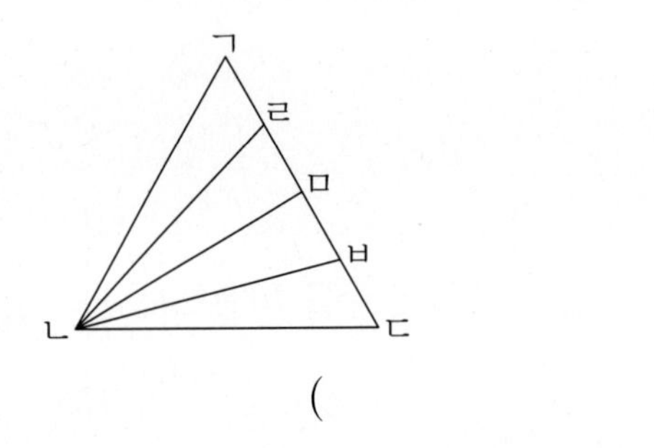

(　　　　　　　　　　)

예제 1-2 다음 정육각형에서 대각선을 모두 그었을 때 사각형 ㄱㄴㅅㅂ과 합동인 사각형은 모두 몇 개입니까? (단, 점 ㅅ은 대각선들이 만나는 점입니다.)

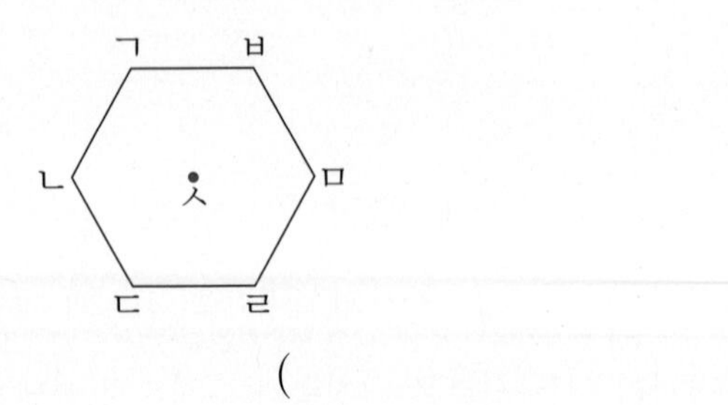

(　　　　　　　　　　)

• 정답은 22쪽

응용 2 합동인 도형의 성질 – 대응각

다음 그림과 같이 ❶ 서로 합동인 이등변삼각형을 겹치지 않게 이어 붙였습니다. /❸ 각 ㄱㄴㄷ은 몇 도인지 알아보시오.

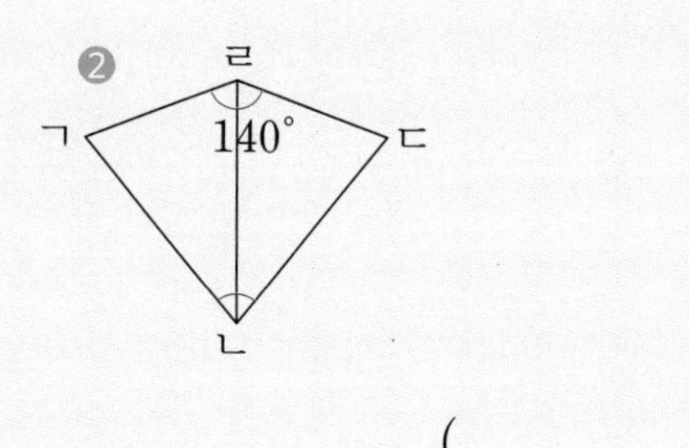

(　　　　　　　　　)

해결의 법칙

❶ 각 ㄱㄹㄴ과 각 ㄹㄱㄴ의 크기를 구해 봅니다.

❷ 각 ㄱㄴㄹ의 크기를 구해 봅니다.

❸ 각 ㄱㄴㄷ의 크기를 구해 봅니다.

예제 2-1 다음 그림과 같이 서로 합동인 이등변삼각형을 겹치지 않게 이어 붙였습니다. 각 ㄱㄴㄷ은 몇 도입니까?

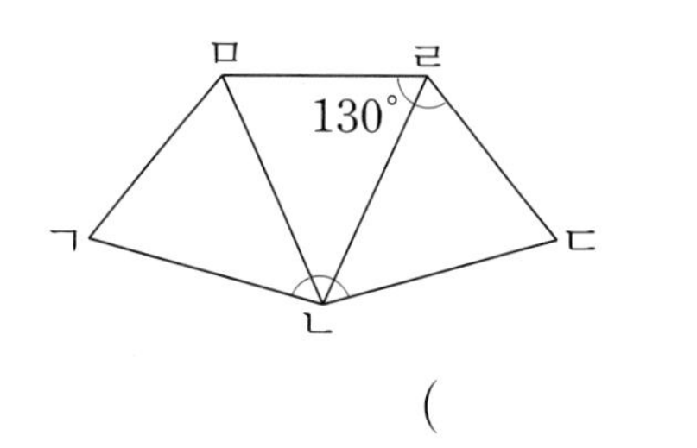

(　　　　　　　　　)

예제 2-2 다음 그림과 같이 서로 합동인 사다리꼴을 겹치지 않게 이어 붙였습니다. ㉠은 몇 도입니까?

합동인 사각형이라는데?

대응각의 크기가 같다는 거지? 대응각을 찾아보자.

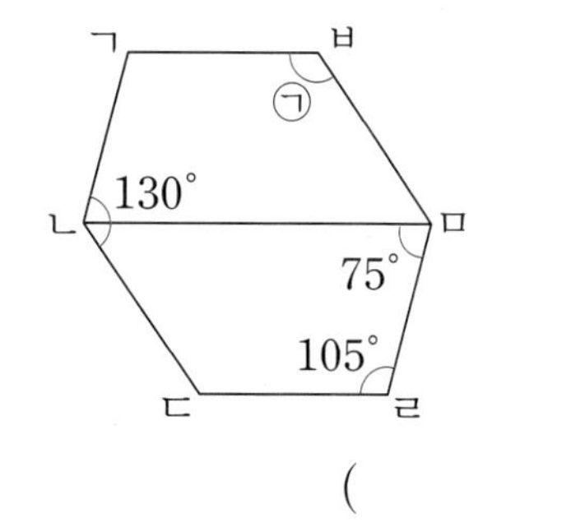

(　　　　　　　　　)

응용 3 합동인 도형의 성질 – 대응변

다음 그림과 같이 ❷ 직사각형 모양의 종이를 접었습니다. / ❸ 직사각형 ㄱㄴㄷㄹ의 넓이는 몇 cm^2인지 알아보시오.

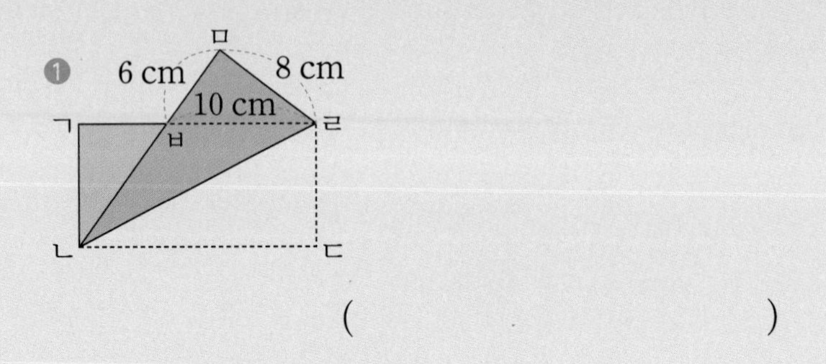

( )

❶ 접은 것을 이용하여 삼각형 ㅁㅂㄹ과 합동인 삼각형을 찾아봅니다.

❷ 변 ㄱㄹ의 길이를 구해 봅니다.

❸ 직사각형 ㄱㄴㄷㄹ의 넓이를 구해 봅니다.

예제 3-1 다음 그림과 같이 직사각형 모양의 종이를 접었습니다. 직사각형 ㄱㄴㄷㄹ의 넓이는 몇 cm^2입니까?

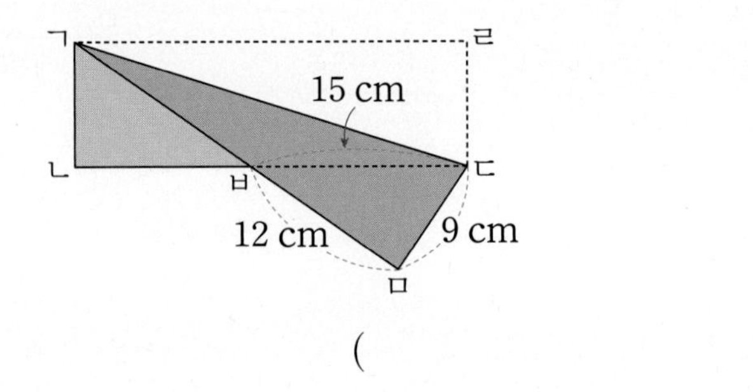

( )

예제 3-2 다음 그림과 같이 직사각형 모양의 종이를 삼각형 ㅇㅅㅂ과 삼각형 ㅁㄹㅂ이 서로 합동이 되도록 접었습니다. 직사각형 ㄱㄴㄷㄹ의 넓이는 몇 cm^2입니까?

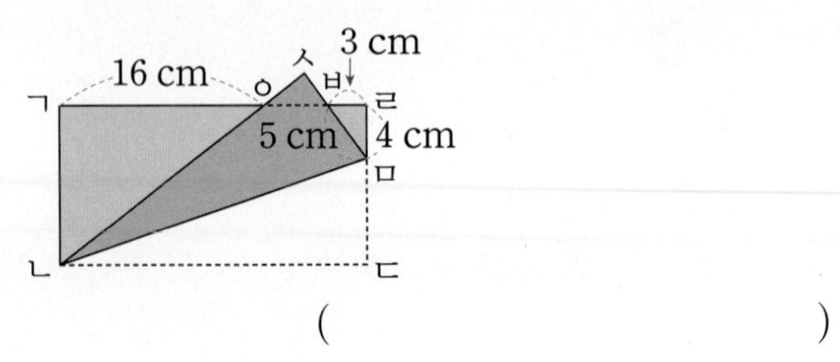

( )

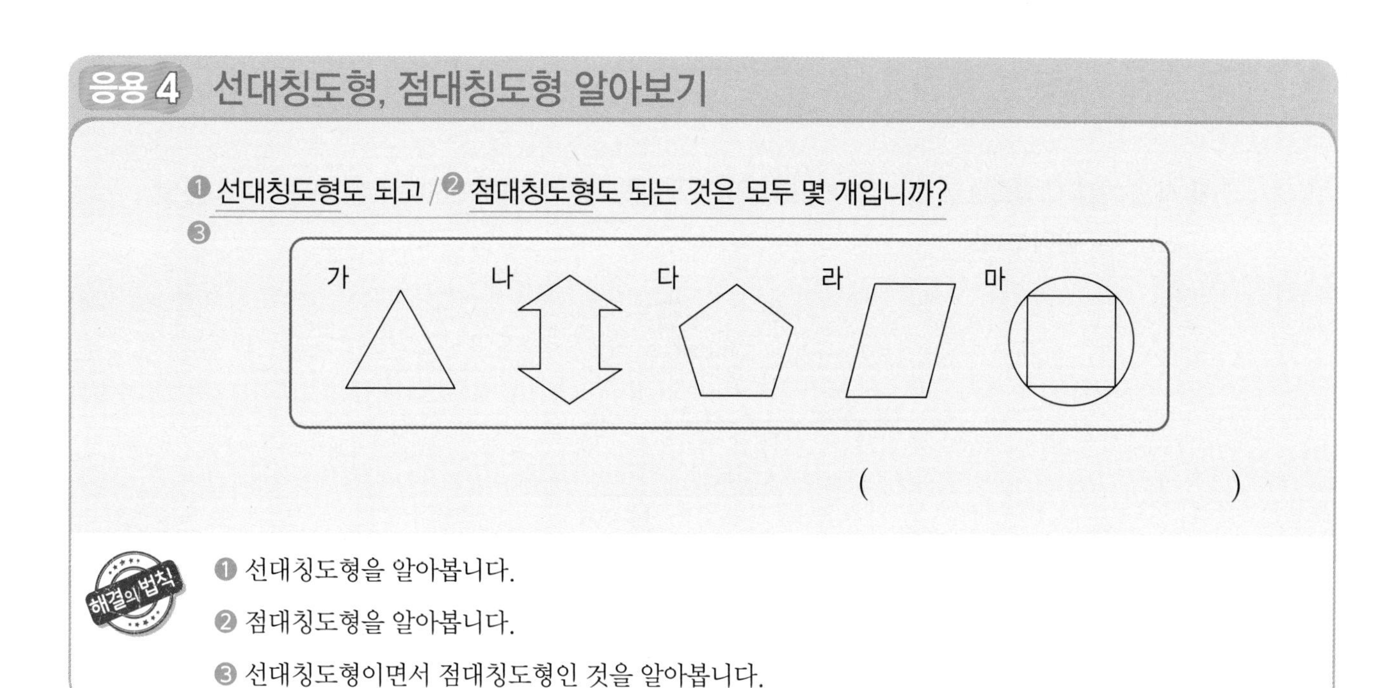

응용 4 선대칭도형, 점대칭도형 알아보기

❶ 선대칭도형도 되고 / ❷ 점대칭도형도 되는 것은 모두 몇 개입니까?
❸

( )

해결의 법칙

❶ 선대칭도형을 알아봅니다.

❷ 점대칭도형을 알아봅니다.

❸ 선대칭도형이면서 점대칭도형인 것을 알아봅니다.

예제 4-1 선대칭도 되고 점대칭도 되는 알파벳은 모두 몇 개입니까?

A B C D E F G H I J K M N O P

( )

예제 4-2 다음 수 카드 중에서 선대칭인 것을 한 번씩 모두 사용하여 가장 큰 네 자리 수를 만들고, 수 카드 중에서 점대칭인 것을 한 번씩 모두 사용하여 가장 작은 네 자리 수를 만들었을 때 두 수의 합을 구하시오.

만들 수 있는 가장 큰 수는 높은 자리부터 큰 수를!

만들 수 있는 가장 작은 수는 높은 자리부터 작은 수를!
단, 0은 제일 높은 자리에 쓸 수 없어.

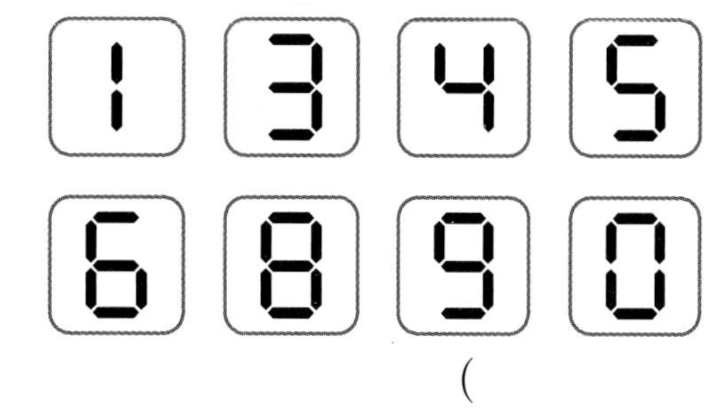

( )

3 합동과 대칭

응용 5 선대칭도형의 성질

❶ 직선 가를 대칭축으로 하는 선대칭도형입니다. / ❷ 도형의 둘레가 60 cm일 때 변 ㄱㄴ은 몇 cm인지 알아보시오.

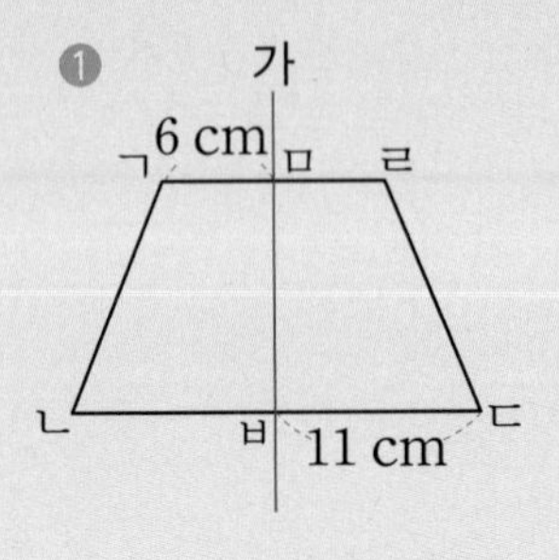

( )

❶ 선대칭도형의 성질을 이용하여 선분 ㄹㅁ, 선분 ㄴㅂ의 길이를 구해 봅니다.

❷ 변 ㄱㄴ의 길이를 구해 봅니다.

예제 5-1 직선 가를 대칭축으로 하는 선대칭도형입니다. 도형의 둘레가 72 cm일 때 선분 ㄱㅂ은 몇 cm입니까?

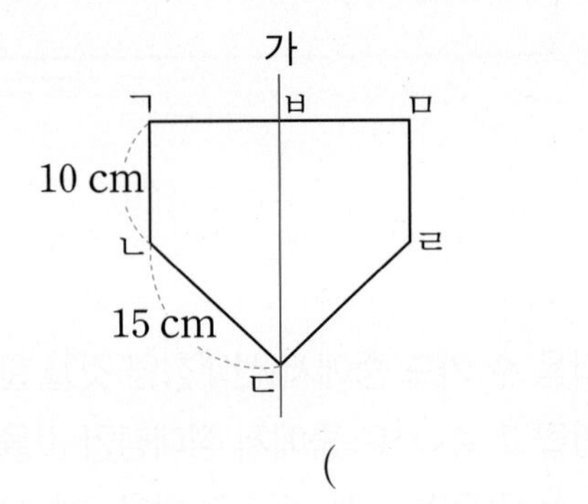

( )

예제 5-2 사각형 ㄱㄴㄷㄹ은 넓이가 42 cm^2인 선대칭도형입니다. 선분 ㄱㄷ의 길이가 7 cm일 때 선분 ㄴㄹ은 몇 cm입니까?

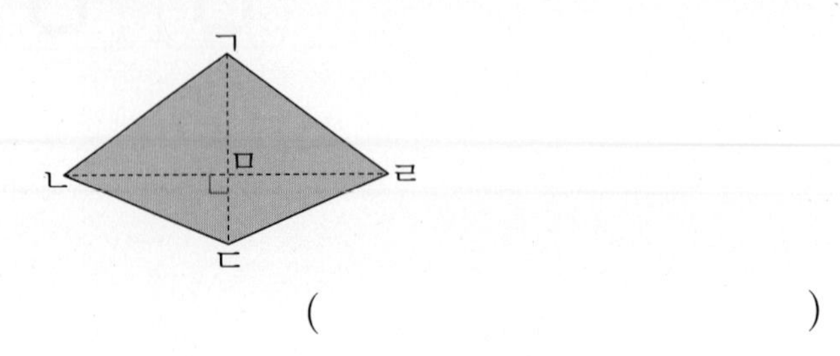

( )

응용 6 선대칭도형 그리기

❶ 직선 가를 대칭축으로 하는 선대칭도형을 완성했을 때, / ❷ 완성한 선대칭도형의 둘레는 몇 cm인지 알아보시오.

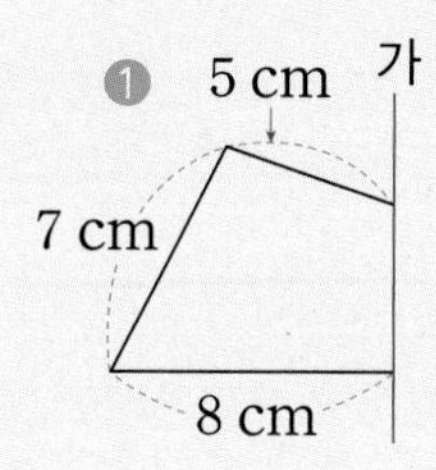

( )

해결의 법칙

❶ 선대칭도형을 완성해 봅니다.

❷ 완성한 선대칭도형의 둘레를 구해 봅니다.

예제 6 - 1 직선 가를 대칭축으로 하는 선대칭도형을 완성했을 때, 완성한 선대칭도형의 둘레는 몇 cm입니까?

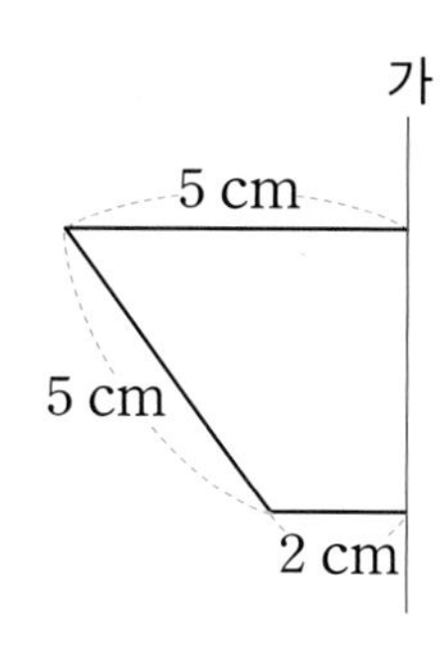

( )

예제 6 - 2 직선 가를 대칭축으로 하는 선대칭도형을 완성했을 때, 완성한 선대칭도형의 넓이는 몇 cm^2입니까?

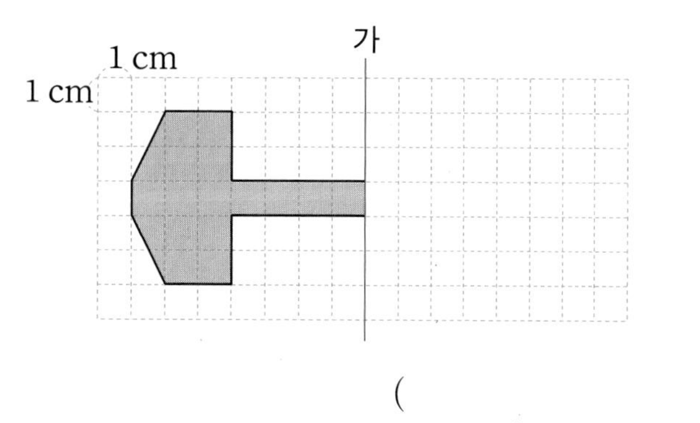

( )

3 합동과 대칭

응용 7 점대칭도형의 성질

❶❷ 점 ㅇ을 대칭의 중심으로 하는 점대칭도형입니다. 변 ㄱㅇ과 변 ㄹㅇ의 길이가 서로 같을 때 / ❸ 각 ㄱㅇㄴ은 몇 도인지 알아보시오.

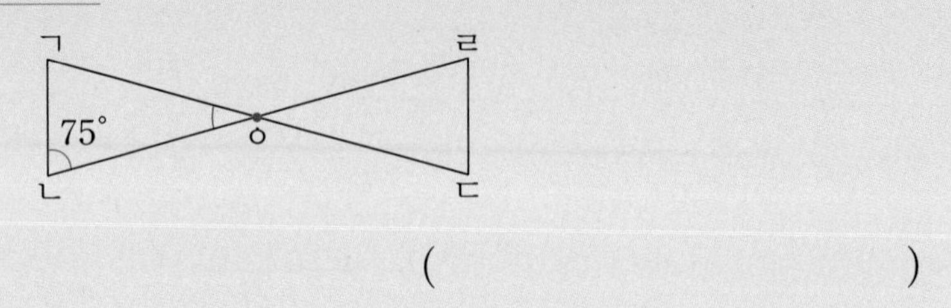

(　　　　　　　　　　)

❶ 점대칭도형의 성질을 이용하여 삼각형 ㄱㄴㅇ은 어떤 삼각형인지 알아봅니다.

❷ 각 ㄴㄱㅇ의 크기를 구해 봅니다.

❸ 각 ㄱㅇㄴ의 크기를 구해 봅니다.

예제 7-1 점 ㅇ을 대칭의 중심으로 하는 점대칭도형입니다. 변 ㄴㅇ과 변 ㄹㅇ의 길이가 서로 같을 때 각 ㄱㅇㄴ은 몇 도입니까?

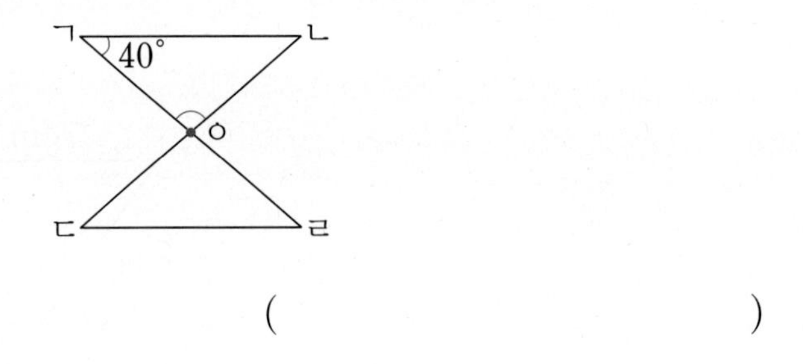

(　　　　　　　　　　)

예제 7-2 정사각형 2개로 이루어진 점대칭도형입니다. 점대칭도형의 둘레는 몇 cm입니까?

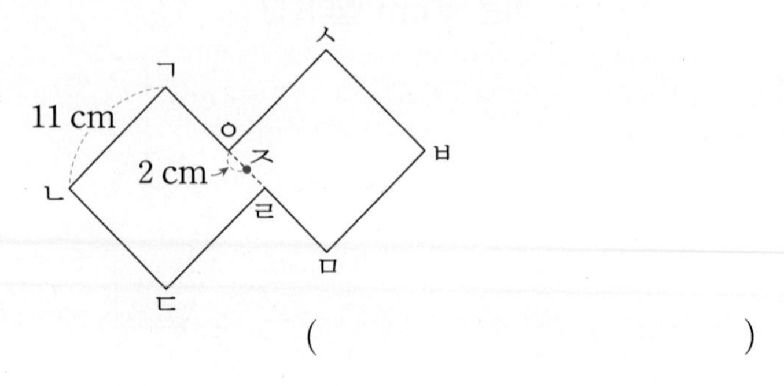

(　　　　　　　　　　)

• 정답은 22쪽

응용 8 점대칭도형 그리기

오른쪽 도형은 마름모입니다. ❶ 점 ㅇ을 대칭의 중심으로 하는 점대칭도형을 완성했을 때, /❷ 완성한 점대칭도형의 둘레는 몇 cm인지 알아보시오.

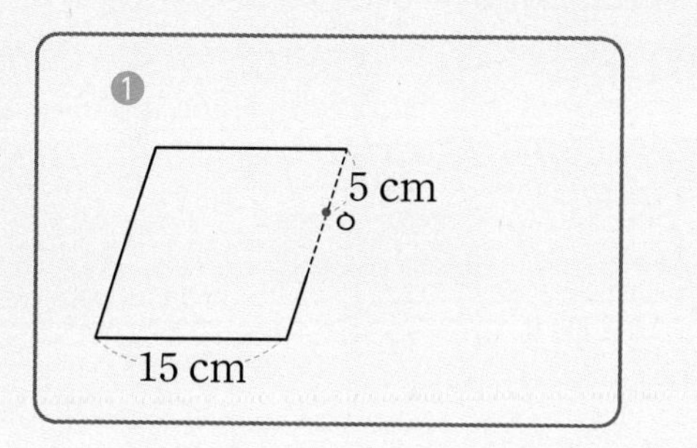

( )

❶ 점대칭도형을 완성해 봅니다.

❷ 완성한 점대칭도형의 둘레를 구해 봅니다.

예제 8-1 오른쪽 그림에서 점 ㅇ을 대칭의 중심으로 하는 점대칭도형을 완성했을 때, 완성한 점대칭도형의 둘레는 몇 cm입니까?

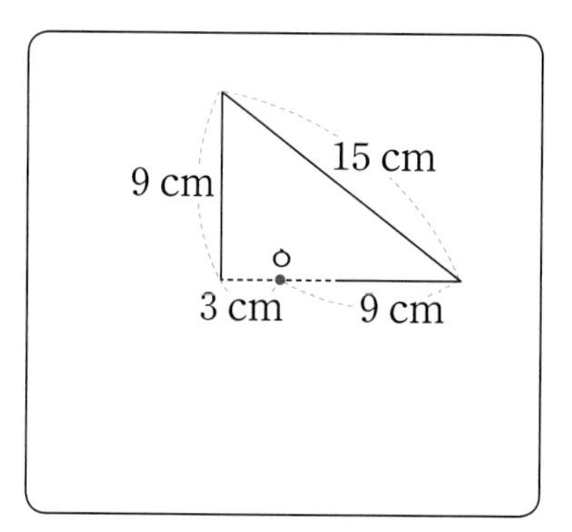

( )

예제 8-2 점 ㅇ을 대칭의 중심으로 하는 점대칭도형을 완성했을 때, 완성한 점대칭도형의 넓이는 몇 cm^2입니까?

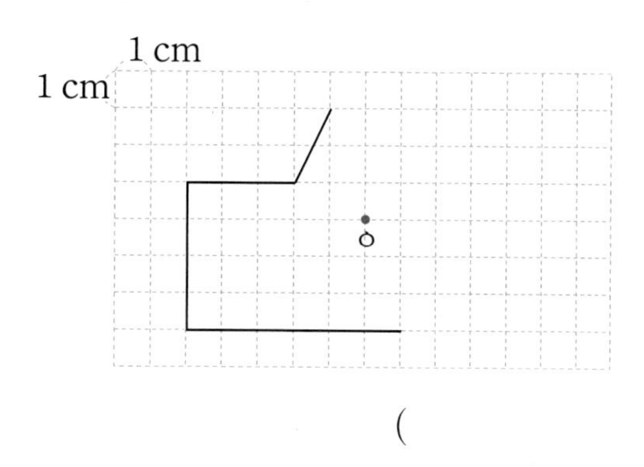

( )

3 합동과 대칭

STEP 3 응용 유형 뛰어넘기

선대칭도형

01 다음은 선대칭도형입니다. 두 도형의 대칭축은 모두 몇 개입니까?

유사

가 나

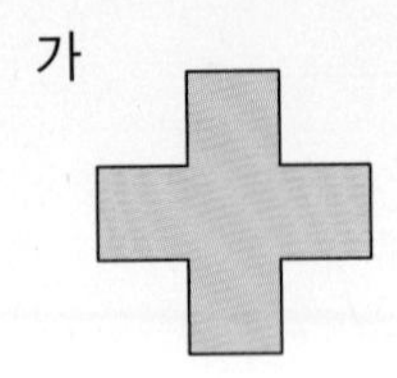

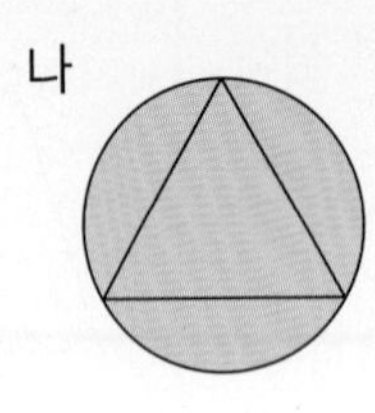

(   )

선대칭도형, 점대칭도형 창의+융합

02 선대칭도 되고 점대칭도 되는 알파벳은 모두 몇 개입니까?

유사

A H N S X

(   )

도형의 합동

03 서로 합동인 두 개의 삼각형을 겹쳐서 만든 도형입니다. ㉠의 넓이는 44 cm^2, ㉢의 넓이는 12 cm^2일 때 ㉡의 넓이는 몇 cm^2입니까?

유사

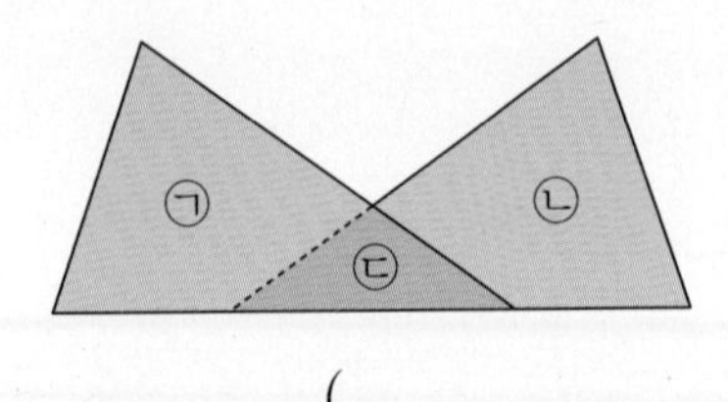

(   )

• 정답은 25쪽

유사 표시된 문제의 유사 문제가 제공됩니다.
동영상 표시된 문제의 동영상 특강을 볼 수 있어요.
QR 코드를 찍어 보세요.

합동인 도형의 성질

04 유사 서로 합동인 두 직사각형을 겹치지 않게 붙여 놓은 것입니다. 사각형 ㄱㄴㄷㅅ의 넓이는 몇 cm^2입니까?

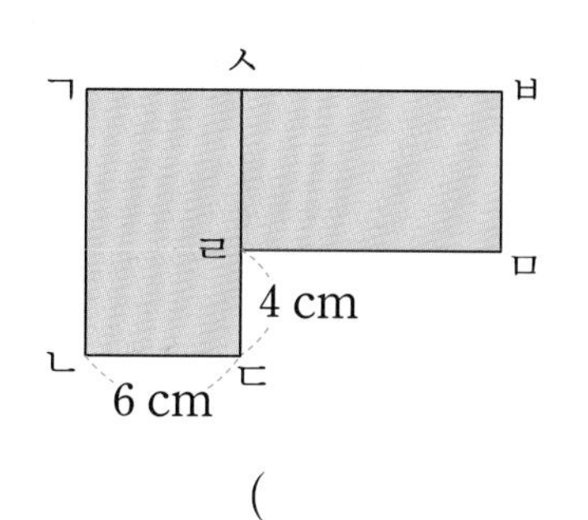

(   )

도형의 합동

창의+융합

05 유사 대화를 읽고 항상 서로 합동인 도형을 말한 사람의 이름을 쓰시오.

동수: 둘레가 같은 두 이등변삼각형은 항상 서로 합동이야.
보라: 넓이가 같은 두 정사각형은 항상 서로 합동이야.
혁이: 가로가 같은 두 직사각형은 항상 서로 합동이야.

(   )

서술형 점대칭도형의 성질

06 유사 동영상 사각형 ㄱㄴㄷㄹ과 사각형 ㅅㄴㅁㅂ은 각각 점대칭도형입니다. 각 ㄴㄷㄹ은 몇 도인지 풀이 과정을 쓰고 답을 구하시오.

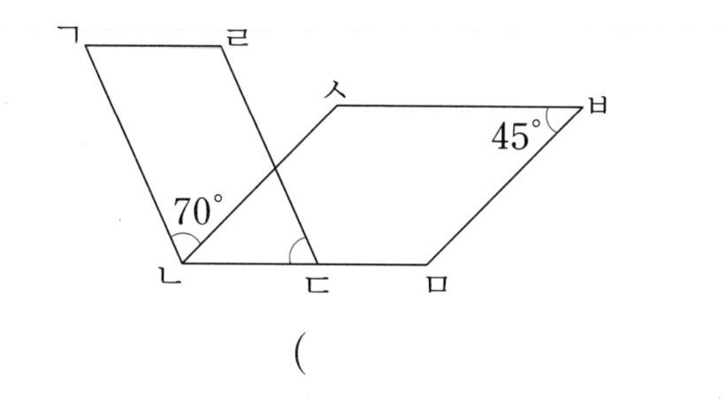

(   )

풀이

3 합동과 대칭

합동인 도형의 성질

07 삼각형 ㄱㄴㄹ과 삼각형 ㄹㄷㄱ은 서로 합동입니다. 각 ㄹㅁㄷ은 몇 도입니까?

유사 동영상

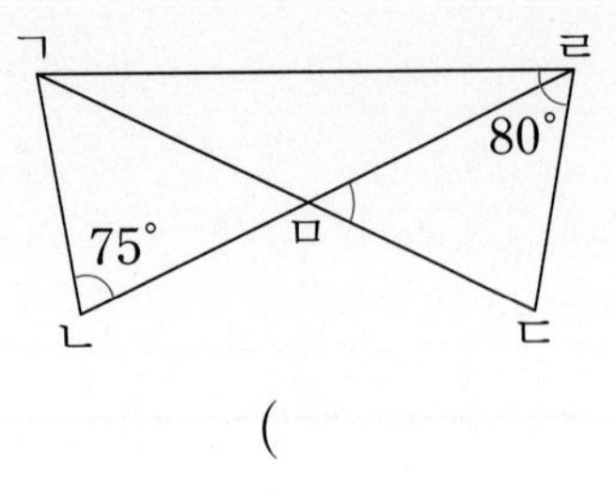

(   )

선대칭도형 그리기

08 다음 그림에서 직선 가를 대칭축으로 하는 선대칭도형을 완성했을 때, 완성한 선대칭도형의 넓이는 몇 cm^2입니까?

유사

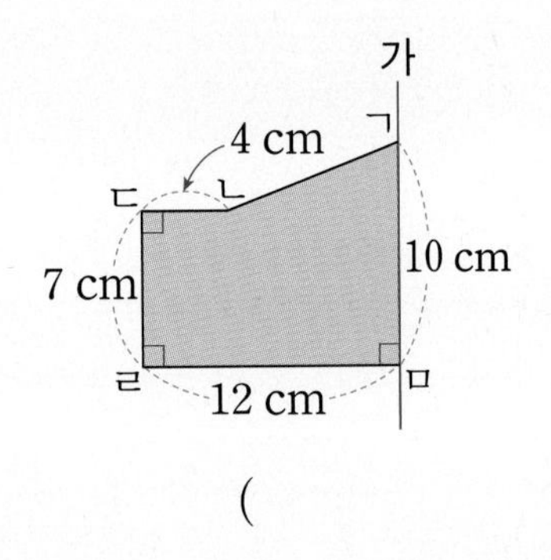

(   )

서술형 선대칭도형의 성질

09 다음 도형은 선분 ㄴㅁ과 선분 ㅅㅇ을 대칭축으로 하는 선대칭도형입니다. 도형의 둘레는 몇 cm인지 풀이 과정을 쓰고 답을 구하시오.

유사 동영상

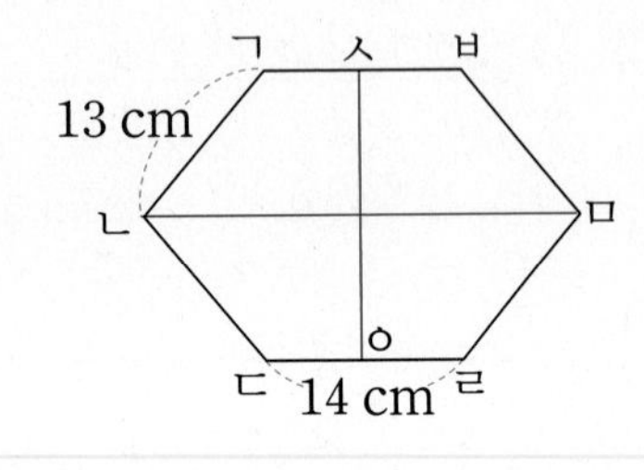

(   )

풀이

• 정답은 25쪽

유사 표시된 문제의 유사 문제가 제공됩니다.
동영상 표시된 문제의 동영상 특강을 볼 수 있어요.
QR 코드를 찍어 보세요.

합동인 도형의 성질

10 유사 동영상
오른쪽 그림에서 삼각형 ㄱㄴㅁ과 삼각형 ㅅㄴㄷ은 서로 합동입니다. ㉠은 몇 도입니까?

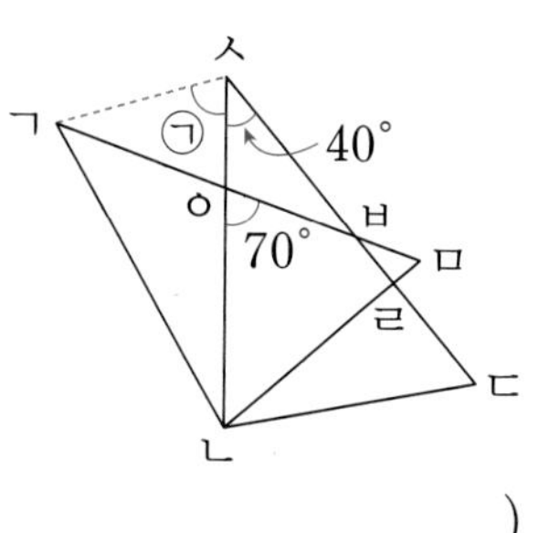

(   )

서술형 점대칭도형의 성질

11 유사 동영상
다음은 직각삼각형 2개로 이루어진 점대칭도형입니다. 변 ㄱㄴ의 길이는 변 ㄴㄷ의 길이와 같고 삼각형 ㄱㄴㅂ의 넓이는 48 cm^2입니다. 변 ㄱㄴ은 몇 cm인지 풀이 과정을 쓰고 답을 구하시오.

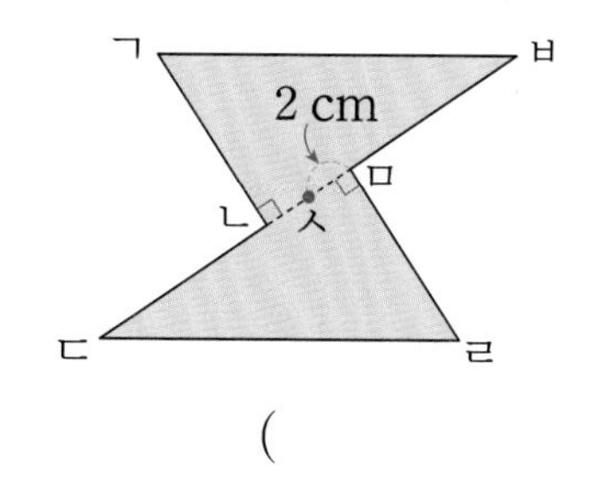

(   )

풀이

선대칭도형 그리기, 점대칭도형 그리기

12 유사 동영상
다음 그림과 같이 정사각형에서 이등변삼각형 모양을 잘라 낸 도형이 있습니다. 이 도형을 직선 가를 대칭축으로 하는 선대칭도형을 완성했을 때 겹치는 부분의 넓이와 점 ㅇ을 대칭의 중심으로 하는 점대칭도형을 완성했을 때 겹치는 부분의 넓이의 차는 몇 cm^2입니까?

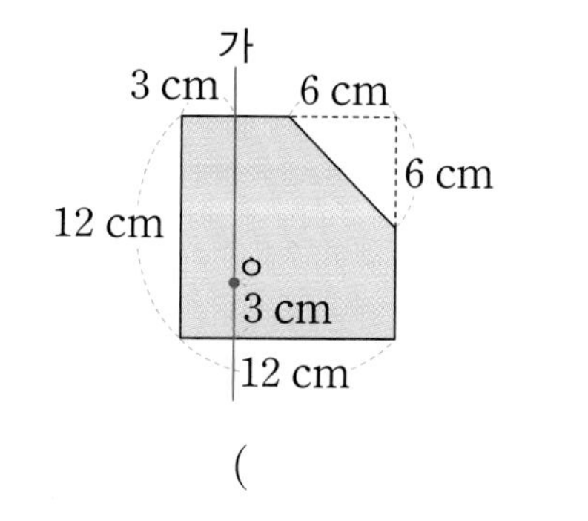

(   )

3 합동과 대칭

창의사고력

13 다음 중 선대칭도 되고 점대칭도 되는 낱자를 한 번씩만 사용하여 만들 수 있는 글자는 모두 몇 개입니까? (단, 낱자를 모두 사용하지 않아도 됩니다.)

ㅈ ㅋ ㅇ ㅍ ㅣ ㅗ ㅠ

( )

창의사고력

14 재후가 소용돌이 작품을 보고 합동인 직각삼각형 6개를 겹치지 않게 이어 붙여 그림과 같이 표현하였습니다. 육각형 ㄱㄴㄷㄹㅁㅂ의 둘레가 72 cm일 때 직각삼각형 한 개의 넓이는 몇 cm^2입니까?

⇨

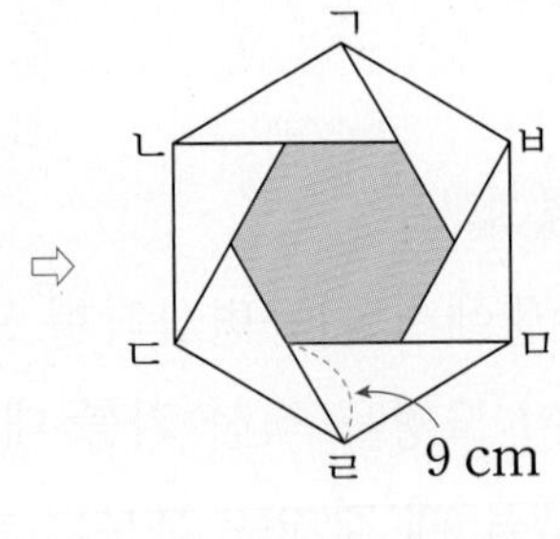

( )

점수

· 정답은 27쪽

01 도형 가와 합동인 도형은 모두 몇 개입니까?

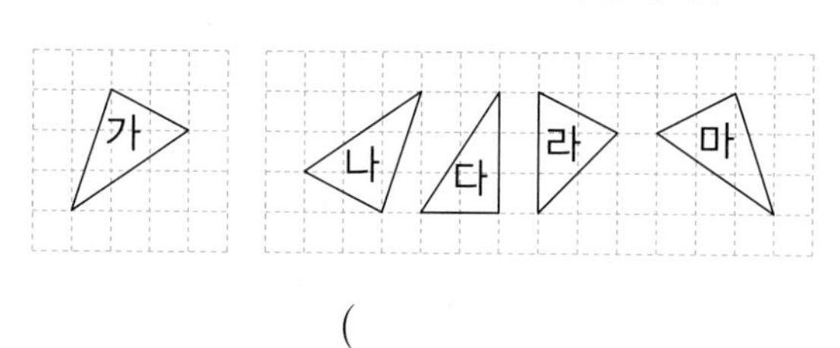

( )

02 두 삼각형은 서로 합동입니다. □ 안에 알맞은 수를 써넣으시오.

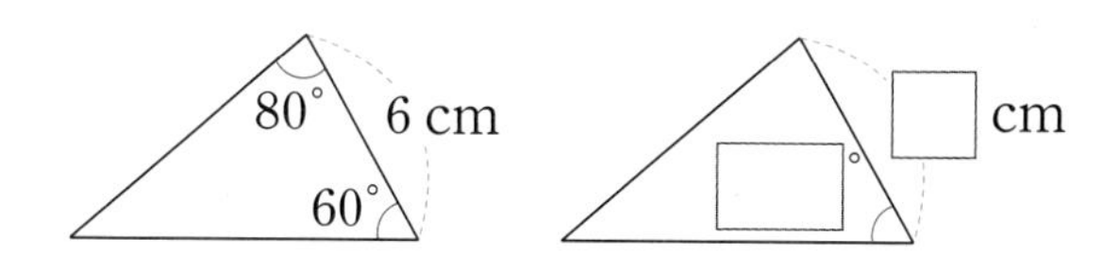

03 주어진 도형과 서로 합동인 도형을 그려 보시오.

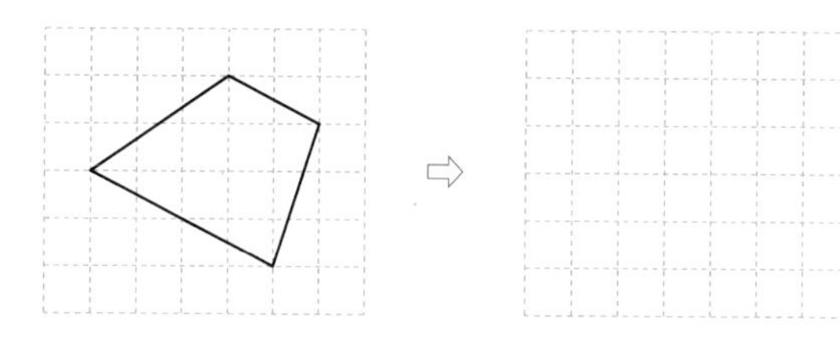

04 보기 와 같이 점대칭도형의 대칭의 중심을 찾아 표시하시오.

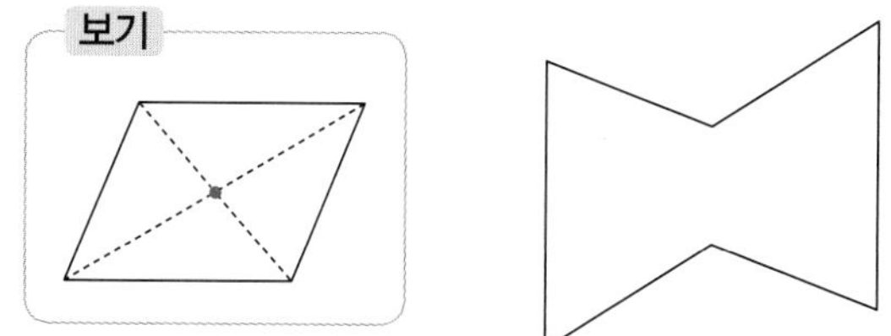

05 직선 ㄱㄴ을 대칭축으로 하는 선대칭도형입니다. □ 안에 알맞은 수를 써넣으시오.

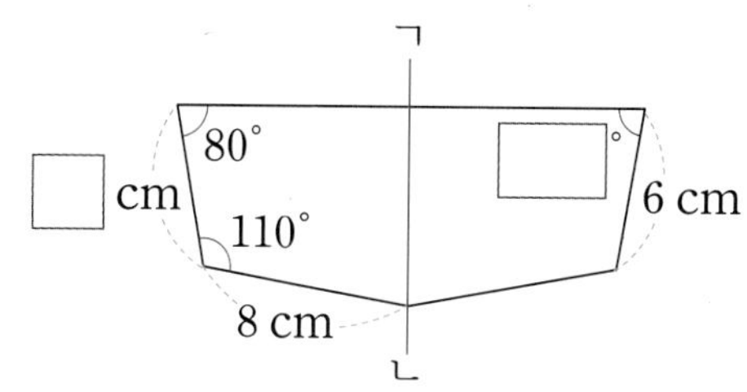

창의+융합

06 우리나라 지도에 쓰이는 기호입니다. 대칭축이 가장 많은 기호는 무엇입니까?

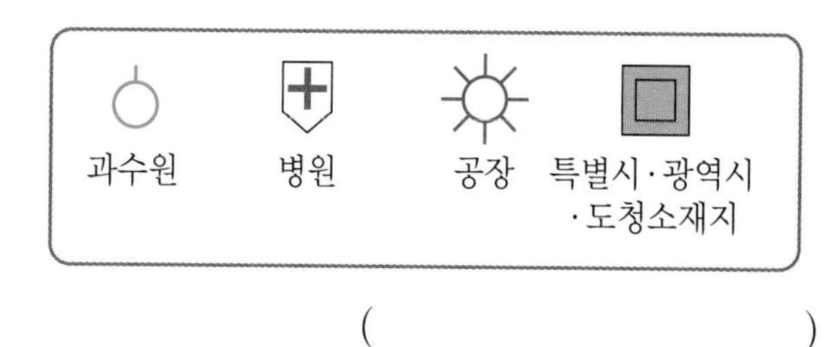

( )

서술형

07 삼각형 ㄱㄴㄷ과 삼각형 ㄱㄹㄷ은 서로 합동입니다. 각 ㄹㄱㄷ은 몇 도인지 풀이 과정을 쓰고 답을 구하시오.

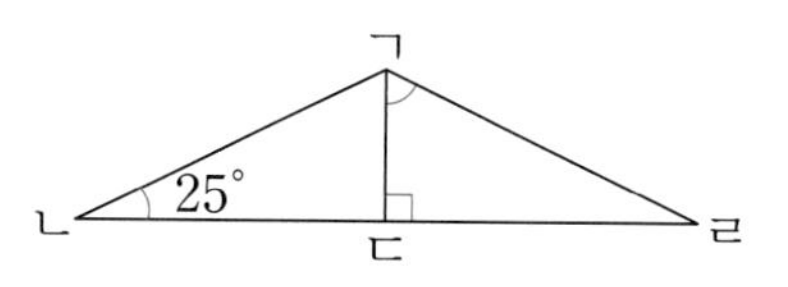

풀이

답

3 합동과 대칭

08 점대칭도형입니다. 선분 ㄱㄹ은 몇 cm입니까?

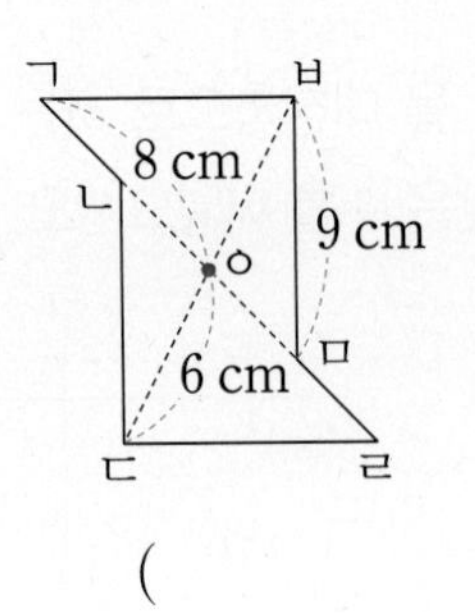

( )

09 삼각형 ㄱㄴㄷ은 정삼각형이고, 삼각형 ㄱㄴㄷ과 삼각형 ㄱㄹㅁ은 서로 합동입니다. 각 ㄴㅂㅁ은 몇 도입니까?

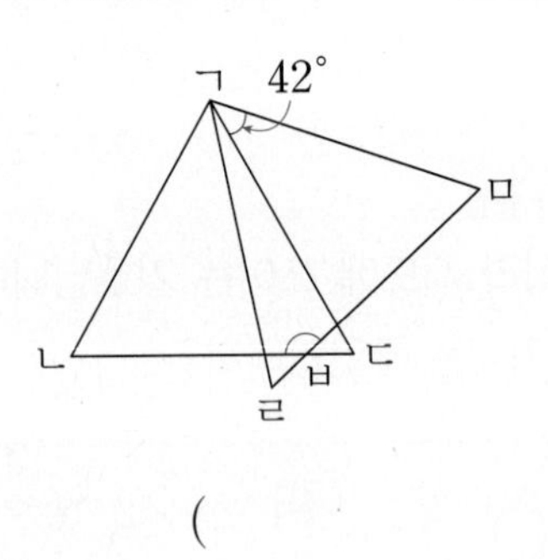

( )

10 직선 ㄱㄴ을 대칭축으로 하는 선대칭도형이 되도록 그림을 완성하시오.

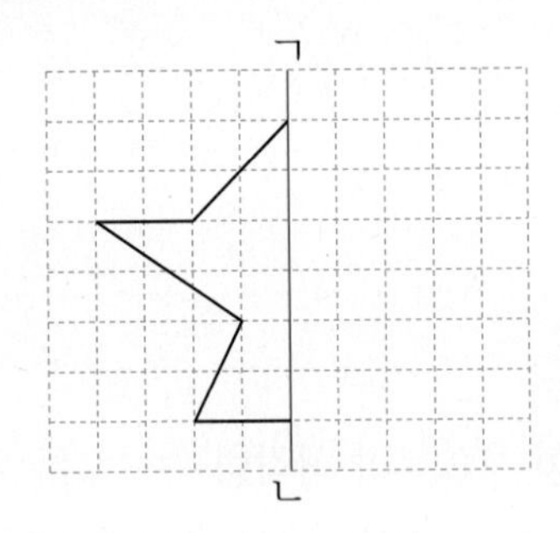

11 다음 중 옳지 않은 것은 어느 것입니까? ( )

① 서로 합동인 두 도형은 넓이가 같습니다.
② 서로 합동인 두 도형은 모양이 서로 같습니다.
③ 서로 합동인 두 도형에서 각각의 대응각의 크기가 서로 같습니다.
④ 서로 합동인 두 도형에서 각각의 대응변의 길이가 서로 같습니다.
⑤ 둘레가 같은 두 사각형은 항상 서로 합동입니다.

창의+융합

12 다음 중 점대칭인 알파벳은 모두 몇 개입니까?

C H T U Z

( )

서술형

13 정사각형 ㄱㄴㄷㄹ을 합동인 4개의 직사각형으로 나눈 것입니다. 나눈 직사각형 하나의 둘레가 30 cm일 때 정사각형 ㄱㄴㄷㄹ의 둘레는 몇 cm인지 풀이 과정을 쓰고 답을 구하시오.

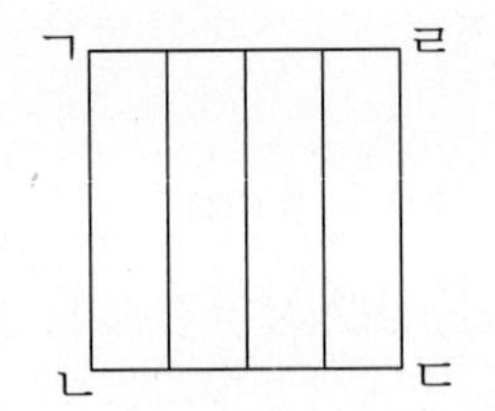

풀이 ______

______

______

______

답 ______

14 점 ㅇ을 대칭의 중심으로 하는 점대칭도형을 완성했을 때 점 ㄱ의 대응점은 점 ㅂ, 점 ㄹ의 대응점은 점 ㅁ입니다. 이때 각 ㅁㅂㄹ은 몇 도인지 구하시오. (단, 선분 ㄱㄴ과 선분 ㄹㄷ은 서로 평행합니다.)

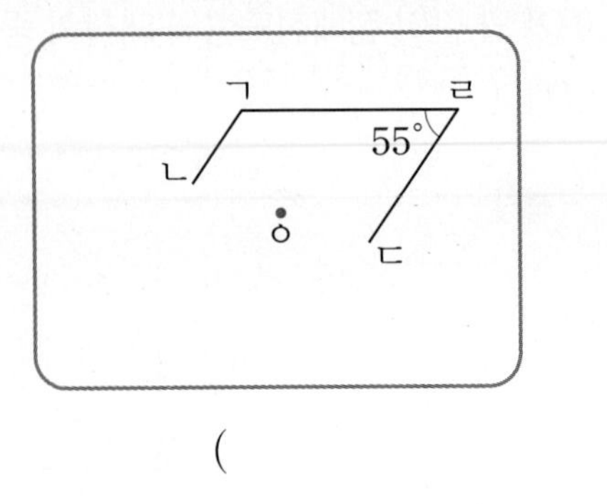

( )

15 점 ㅇ을 대칭의 중심으로 하는 점대칭도형입니다. 두 대각선의 길이의 합이 34 cm일 때 선분 ㄷㅇ은 몇 cm입니까?

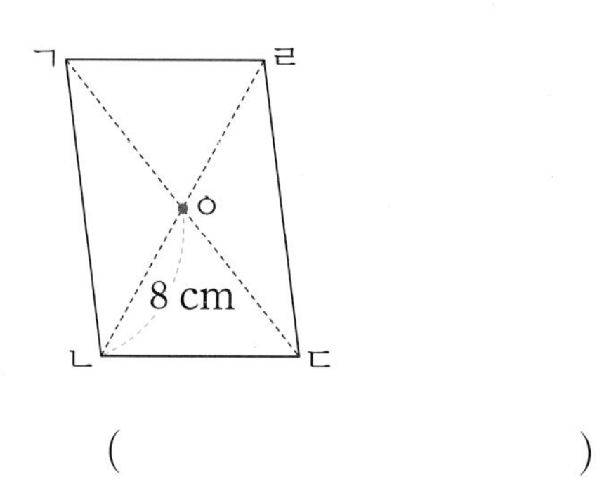

( )

16 서로 합동인 삼각형을 겹치지 않게 붙여 놓은 것입니다. 사각형 ㄱㄴㄷㄹ의 둘레가 28 cm일 때 변 ㄴㄷ은 몇 cm입니까?

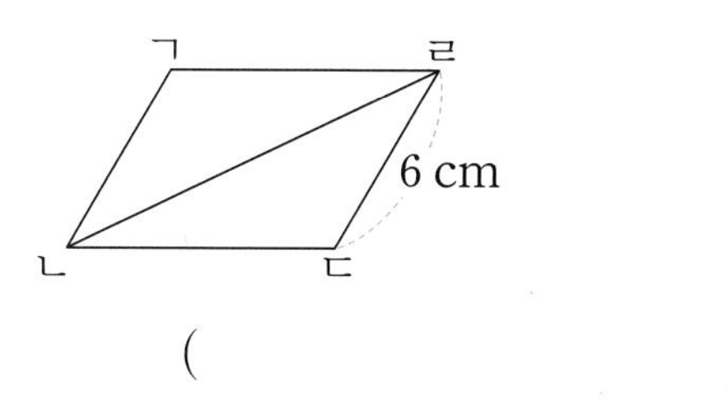

( )

17 점대칭도형의 일부분입니다. 점 ㅇ을 대칭의 중심으로 하는 점대칭도형을 완성하면 정육각형이 됩니다. 완성한 도형의 둘레는 몇 cm입니까?

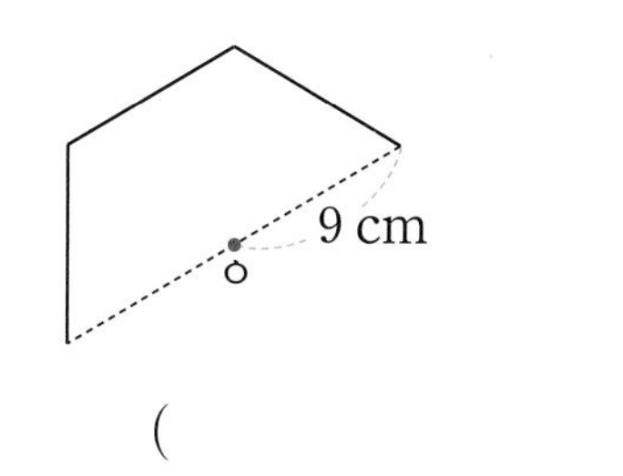

( )

18 색칠한 삼각형 4개가 모두 서로 합동일 때, 변 ㅇㅂ은 몇 cm입니까?

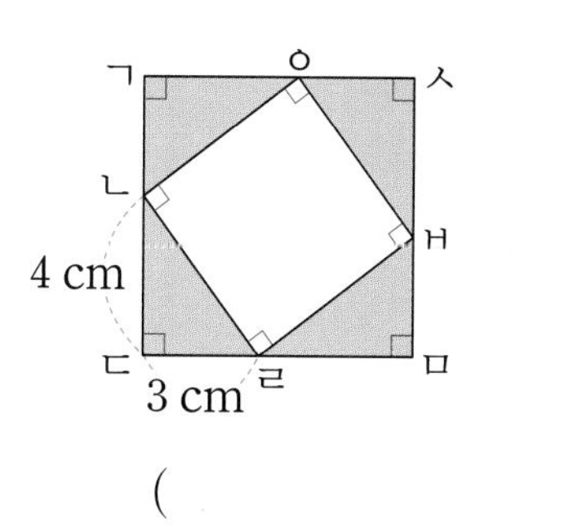

( )

19 사각형 ㄱㄴㄷㄹ은 둘레가 28 cm인 선대칭도형입니다. 삼각형 ㄴㄷㄹ의 넓이는 몇 cm^2입니까?

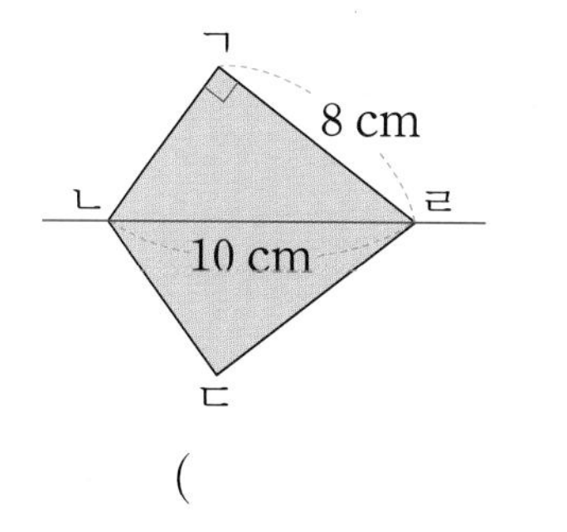

( )

서술형

20 다음 점대칭도형에서 삼각형 ㄱㄴㄷ의 둘레가 29 cm일 때, 점대칭도형의 둘레는 몇 cm인지 풀이 과정을 쓰고 답을 구하시오.

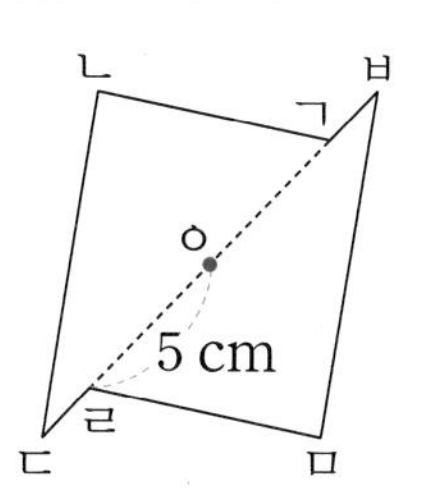

풀이 ______

답 ______

3 합동과 대칭

4 소수의 곱셈

분수와 소수의 탄생

분수는 아주 먼 옛날부터 사용했던 것으로 추정하고 있습니다.
왜냐하면 원시 시대에 음식물을 나눌 때 분수가 필요했기 때문입니다.
실제로 세계에서 가장 오래된 문화를 가진 고대 바빌로니아 문명이나 이집트 문명에도 이미 분수가 있었습니다.
바빌로니아에서는 한 단위를 60등분한 다음 그것을 또다시 60등분하는 형태의 분수를 사용했고 이집트에서는 $\frac{2}{3}$를 제외하고 $\frac{1}{2}$, $\frac{1}{3}$ 등과 같이 분자가 1인 단위분수를 사용했습니다.

〈고대 이집트 분수〉

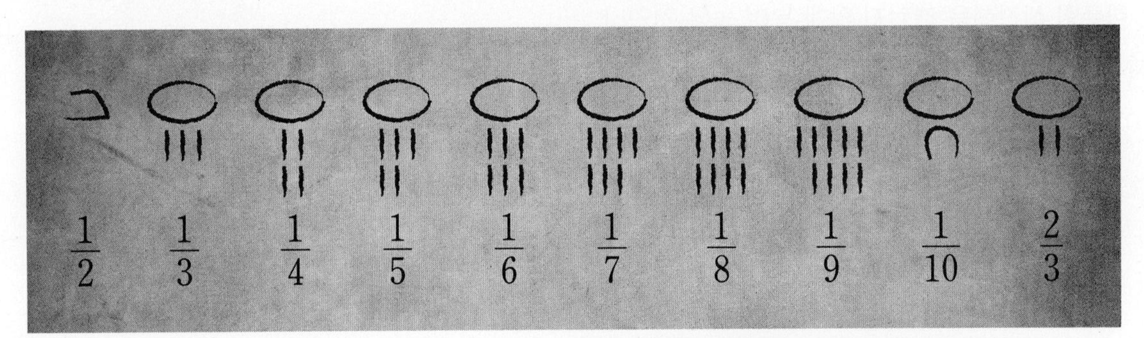

이미 배운 내용		이번에 배울 내용		앞으로 배울 내용
[4-2 소수의 덧셈과 뺄셈] • 소수의 덧셈과 뺄셈 [5-2 분수의 곱셈] • (분수)×(자연수), (자연수)×(분수) • (분수)×(분수)	▶	• (소수)×(자연수) 알아보기 • (자연수)×(소수) 알아보기 • (소수)×(소수) 알아보기 • 곱의 소수점 위치 알아보기	▶	[6-1 소수의 나눗셈] • (소수)÷(자연수), (자연수)÷(자연수) [6-2 소수의 나눗셈] • (자연수)÷(소수), (소수)÷(소수)

이에 비해 소수는 생겨난지 겨우 400년밖에 안되었습니다.
소수는 1585년 네덜란드의 스테빈이라는 사람이 '10분의 1에 관하여' 라는 책을 출판하면서 사용한 것이 처음이라고 알려져 있습니다.
스테빈은 분수의 분모에 0이 몇 개 있으며 분자가 몇 자리 수인지 동시에 알아볼 수 있도록 다음과 같이 나타냈는데 이것이 소수가 막 태어났을 때의 모습입니다.

$$\frac{5678}{10000}=5①6②7③8④$$

▲ 스테빈

분수가 소수보다 훨씬 먼저 생겨난 것을 보면 사람들은 물건을 나누는 일을 무척 중요하게 여겼던 것으로 보입니다. 분수가 물건을 정확하게 나눌 때 사용한 것이라면 소수는 물건의 양이나 길이를 재는 데 매우 유용했습니다.
예를 들어 키가 145.7 cm이고 몸무게가 38.6 kg인 사람이 있다고 해 봅시다.
소수가 없었다면 이 사람의 키는 145 cm보다는 크고 146 cm보다는 좀 작다라고 할 것이고 몸무게는 38 kg보다는 무겁고 39 kg보다는 가볍다라고 모호한 표현을 쓸 것입니다.

그러나 소수를 사용하게 되면서 이러한 수치를 정확하게 말할 수 있게 된 것입니다.

메타인지 개념학습

(소수)×(자연수)

정답 | 생각의 방향

0.4×6

❶ 0.4×6은 0.4를 (5 , 6)번 더한 것과 같습니다.

정답: 6

❷ 0.4×6을 분수의 곱셈으로 계산하려면 0.4를 분모가 10인 분수로 나타내어 계산합니다. (○ , ×)

정답: ○

생각의 방향: 분수의 곱셈으로 계산할 때 소수 한 자리 수는 분모가 10인 분수로, 소수 두 자리 수는 분모가 100인 분수로 나타내어 계산합니다.

❸ $0.4\times6=\square$

정답: 2.4

1.4×3

❹ 1.4×3을 분수의 곱셈으로 계산하려면 1.4를 분모가 (10 , 100)인 분수로 나타내어 계산합니다.

정답: 10

❺ 1.4는 0.1이 14개이므로 1.4×3은 0.1이 모두 (4.2 , 42)개입니다.

정답: 42

생각의 방향: 1.4는 0.1이 14개이므로 1.4×3은 0.1이 모두 (14×3)개입니다.

❻ $1.4\times3=\square$

정답: 4.2

(자연수)×(소수)

4×0.3

❶ 곱하는 수가 $\frac{1}{10}$배이면 계산 결과가 $\left(\frac{1}{10}\text{배}, \frac{1}{100}\text{배}\right)$입니다.

정답: $\frac{1}{10}$배

생각의 방향:

$4\times3=12$

$\frac{1}{10}$배 ↓ ↓ $\frac{1}{10}$배

$4\times0.3=1.2$

❷ $4\times0.3=\square$

정답: 1.2

5×1.5

❸ $5\times1.5=5\times(1+0.5)=(5\times1)+(5\times0.5)$로 계산할 수 있습니다. (○ , ×)

정답: ○

생각의 방향: 5×1.5를 계산할 때 1.5를 $1+0.5$로 바꾸어 계산할 수 있습니다.

❹ $5\times1.5=\square$

정답: 7.5

(소수)×(소수)

0.8×0.9

❶ $8 \times 9 = 72$

$\frac{1}{10}$배, $\frac{1}{10}$배, $\frac{1}{100}$배

$0.8 \times 0.9 = \square$

❷ $8 \times 9 = 72$ ⇨ $0.8 \times 0.9 = \square$

1.4×1.2

❸ $14 \times 12 = 168$

$\frac{1}{10}$배, $\frac{1}{10}$배, $\frac{1}{100}$배

$1.4 \times 1.2 = \square$

❹ $14 \times 12 = 168$인데 1.4에 1.2를 곱하면 1.4보다 (큰 , 작은) 값이 나와야 하므로 계산 결과는 (1.68 , 0.168)입니다.

곱의 소수점 위치

❶ 곱하는 수의 0이 하나씩 늘어날 때마다 곱의 소수점이 (왼쪽 , 오른쪽)으로 한 칸씩 옮겨집니다.

❷ 곱하는 소수의 소수점 아래 자리 수가 하나씩 늘어날 때마다 곱의 소수점이 (왼쪽 , 오른쪽)으로 한 칸씩 옮겨집니다.

❸ $3.26 \times 10 = \square$ | $3260 \times 0.1 = \square$

$3.26 \times 100 = \square$ | $3260 \times 0.01 = \square$

$3.26 \times 1000 = \square$ | $3260 \times 0.001 = \square$

정답

(소수)×(소수) ❶ 0.72 ❷ 0.72 ❸ 1.68 ❹ 큰, 1.68

곱의 소수점 위치 ❶ 오른쪽 ❷ 왼쪽 ❸ 32.6, 326, 3260 ; 326, 32.6, 3.26

생각의 방향

0.8은 8의 $\frac{1}{10}$배이고, 0.9는 9의 $\frac{1}{10}$배이므로 결과 값은 72의 $\frac{1}{100}$배가 됩니다.

소수를 자연수로 나타내어 계산한 뒤에 소수의 크기를 생각하여 소수점을 찍습니다.

1.4는 14의 $\frac{1}{10}$배이고 1.2는 12의 $\frac{1}{10}$배이므로 결과 값은 168의 $\frac{1}{100}$배가 됩니다.

1보다 큰 수를 곱하면 계산 결과는 커집니다.

소수에 10, 100, 1000을 곱하면 곱하는 수의 0의 수만큼 소수점이 오른쪽으로 한 칸씩 옮겨집니다.

자연수에 0.1, 0.01, 0.001을 곱하면 곱하는 수의 소수점 아래 자리 수만큼 소수점이 왼쪽으로 한 칸씩 옮겨집니다.

4 소수의 곱셈

비법 1 도형의 둘레 구하기

예 한 변의 길이가 0.8 m인 정삼각형의 둘레 구하기

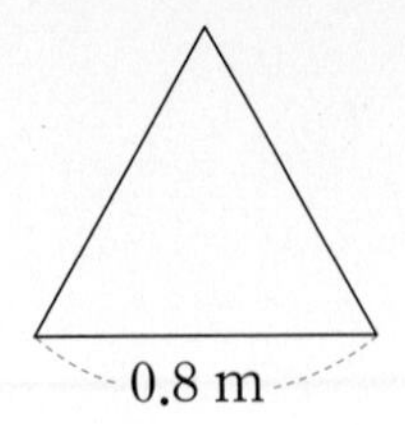

정삼각형 알아보기	⇨ 정삼각형은 세 변의 길이가 모두 같습니다.
정삼각형의 둘레 구하기	⇨ (정삼각형의 둘레)$=0.8\times3$ $=2.4$ (m)

비법 2 떨어진 공이 튀어 오르는 높이 구하기

예 떨어진 높이의 0.8배만큼 다시 튀어 오르는 공을 5 m 높이에서 떨어뜨렸을 때 세 번째로 튀어 오른 높이 구하기

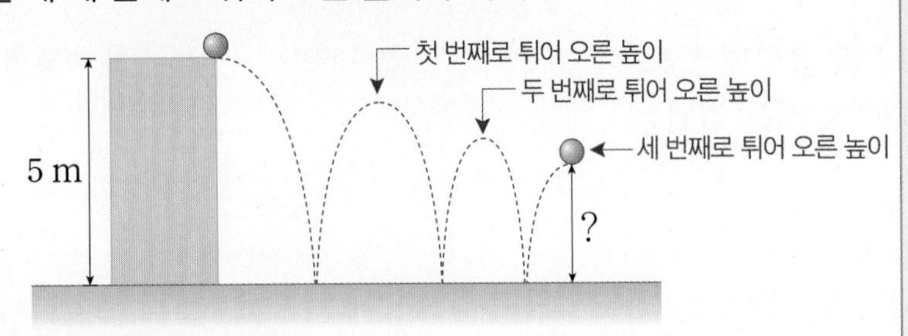

첫 번째로 튀어 오른 높이 구하기	(첫 번째로 튀어 오른 높이) $=5\times0.8=4$ (m)
⇩	
두 번째로 튀어 오른 높이 구하기	(두 번째로 튀어 오른 높이) $=4\times0.8=3.2$ (m)
⇩	
세 번째로 튀어 오른 높이 구하기	(세 번째로 튀어 오른 높이) $=3.2\times0.8=2.56$ (m)

교과서 개념

• 0.8×3의 계산

(1) 덧셈식으로 계산하기

$0.8\times3=0.8+0.8+0.8$
$=2.4$

(2) 분수의 곱셈으로 계산하기

$0.8\times3=\frac{8}{10}\times3$
$=\frac{8\times3}{10}=\frac{24}{10}=2.4$

(3) 0.1의 개수로 계산하기

$0.8\times3=0.1\times8\times3$
$=0.1\times24$

0.1이 모두 24개이므로 $0.8\times3=2.4$입니다.

• 5×0.8의 계산

(1) 분수의 곱셈으로 계산하기

$5\times0.8=5\times\frac{8}{10}$
$=\frac{5\times8}{10}=\frac{40}{10}=4$

(2) 자연수의 곱셈으로 계산하기

$5\times8=40$

$\frac{1}{10}$배 ↓ $\frac{1}{10}$배

$5\times0.8=4$

비법 3 늘린 도형의 넓이 구하기

예 직사각형의 가로와 세로를 각각 1.5배씩으로 늘린 도형의 넓이 구하기

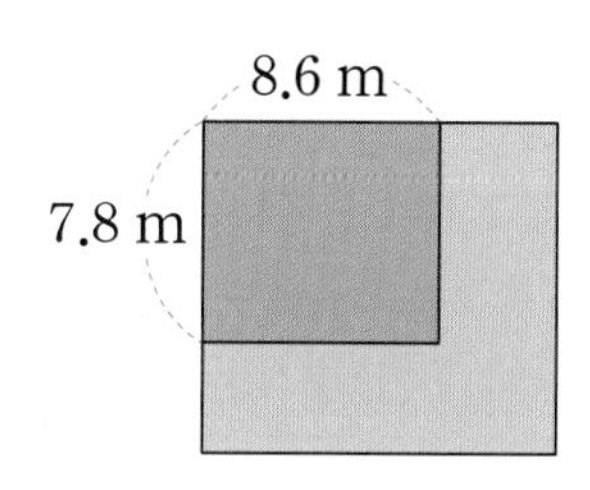

늘린 직사각형의 가로 구하기	(늘린 직사각형의 가로) $=8.6\times1.5=12.9$ (m)
⇩	
늘린 직사각형의 세로 구하기	(늘린 직사각형의 세로) $=7.8\times1.5=11.7$ (m)
⇩	
늘린 직사각형의 넓이 구하기	(늘린 직사각형의 넓이) $=12.9\times11.7=150.93$ (m^2)

비법 4 □ 안에 들어갈 수 있는 자연수 구하기

예 □ 안에 들어갈 수 있는 자연수 구하기

$2.4\times10<\square<280\times0.1$

⇨ $2.4\times10=24$, $280\times0.1=28$이므로 $24<\square<28$입니다.
따라서 □ 안에 들어갈 수 있는 자연수는 25, 26, 27입니다.

참고

• (소수) × 10, 100, 1000
- 0.28×10 ⇨ 0.28 ⇨ 2.8 (0이 1개, 오른쪽으로 1칸)
- 0.28×100 ⇨ 0.28 ⇨ 28 (0이 2개, 오른쪽으로 2칸)
- 0.28×1000 ⇨ 0.28 ⇨ 280 (0이 3개, 오른쪽으로 3칸)

• (자연수) × 0.1, 0.01, 0.001
- 28×0.1 ⇨ 28 ⇨ 2.8 (소수 한 자리 수, 왼쪽으로 1칸)
- 28×0.01 ⇨ 28 ⇨ 0.28 (소수 두 자리 수, 왼쪽으로 2칸)
- 28×0.001 ⇨ 28 ⇨ 0.028 (소수 세 자리 수, 왼쪽으로 3칸)

교과서 개념

• 8.6×1.5의 계산

(1) 분수의 곱셈으로 계산하기

$$8.6\times1.5=\frac{86}{10}\times\frac{15}{10}=\frac{1290}{100}=12.9$$

(2) 자연수의 곱셈으로 계산하기

$86\times15=1290$

$\frac{1}{10}$배, $\frac{1}{10}$배, $\frac{1}{100}$배

$8.6\times1.5=12.9$

• 곱의 소수점 위치

(1) (소수) × 10, 100, 1000
곱하는 수의 0이 하나씩 늘어날 때마다 곱의 소수점이 오른쪽으로 한 칸씩 옮겨집니다.

(2) (자연수) × 0.1, 0.01, 0.001
곱하는 소수의 소수점 아래 자리 수가 하나씩 늘어날 때마다 곱의 소수점이 왼쪽으로 한 칸씩 옮겨집니다.

4 소수의 곱셈

STEP 1 기본 유형 익히기

1 (소수)×(자연수) (1)

• 0.3×3 계산하기

방법 1 0.1의 개수로 계산하기

$0.3\times3=0.1\times3\times3=0.1\times9$

0.1이 모두 9개이므로 $0.3\times3=0.9$입니다.

방법 2 분수의 곱셈으로 계산하기

$0.3\times3=\frac{3}{10}\times3=\frac{3\times3}{10}=\frac{9}{10}=0.9$

방법 3 자연수의 곱셈으로 계산하기

$3\times3=9$ → $\frac{1}{10}$배, $\frac{1}{10}$배 → $0.3\times3=0.9$

$$\begin{array}{r} 0.3 \\ \times\ \ 3 \\ \hline 0.9 \end{array}$$

1-1 계산을 하시오.

(1) 0.8×7

(2) 0.24×4

창의+융합

1-2 참외의 무게는 모두 몇 kg입니까?

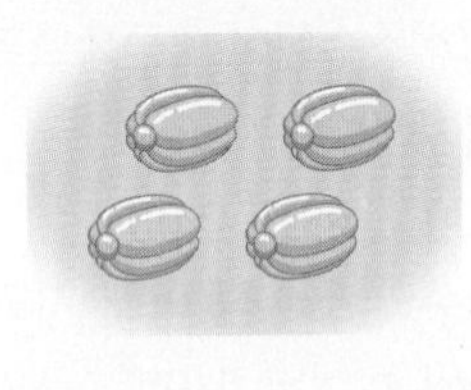

(　　　　　　　　)

1-3 주스를 승재는 0.4 L씩, 의건이는 0.3 L씩 매일 마십니다. 승재와 의건이가 2주일 동안 마시는 주스의 양은 모두 몇 L입니까?

(　　　　　　　　)

2 (소수)×(자연수) (2)

• 1.6×2 계산하기

방법 1 0.1의 개수로 계산하기

$1.6\times2=0.1\times16\times2=0.1\times32$

0.1이 모두 32개이므로 $1.6\times2=3.2$입니다.

방법 2 분수의 곱셈으로 계산하기

$1.6\times2=\frac{16}{10}\times2=\frac{16\times2}{10}=\frac{32}{10}=3.2$

방법 3 자연수의 곱셈으로 계산하기

$16\times2=32$ → $\frac{1}{10}$배, $\frac{1}{10}$배 → $1.6\times2=3.2$

$$\begin{array}{r} 1.6 \\ \times\ \ 2 \\ \hline 3.2 \end{array}$$

2-1 계산을 하시오.

(1) 2.6×7

(2) 9.12×6

2-2 계산 결과의 크기를 비교하여 ○ 안에 >, =, <를 알맞게 써넣으시오.

8.4×7 ○ 6.7×9

2-3 길이가 1.8 m인 색 테이프가 8개 있습니다. 이 색 테이프를 겹치지 않게 길게 이어 붙였다면 전체 길이는 몇 m입니까?

(　　　　　　　　)

3 (자연수)×(소수) (1)

• 5×0.7 계산하기

방법 1 분수의 곱셈으로 계산하기

$$5\times0.7=5\times\frac{7}{10}=\frac{5\times7}{10}=\frac{35}{10}=3.5$$

방법 2 자연수의 곱셈으로 계산하기

$5\times7=35$ → $\frac{1}{10}$배, $\frac{1}{10}$배 → $5\times0.7=3.5$

$$\begin{array}{r} 5 \\ \times\ 0.7 \\ \hline 3.5 \end{array}$$

4 (자연수)×(소수) (2)

• 4×1.4 계산하기

방법 1 분수의 곱셈으로 계산하기

$$4\times1.4=4\times\frac{14}{10}=\frac{4\times14}{10}=\frac{56}{10}=5.6$$

방법 2 자연수의 곱셈으로 계산하기

$4\times14=56$ → $\frac{1}{10}$배, $\frac{1}{10}$배 → $4\times1.4=5.6$

$$\begin{array}{r} 4 \\ \times\ 1.4 \\ \hline 5.6 \end{array}$$

3-1 계산을 하시오.

(1) 9×0.7

(2) 21×0.08

3-2 평행사변형의 넓이는 몇 m^2입니까?

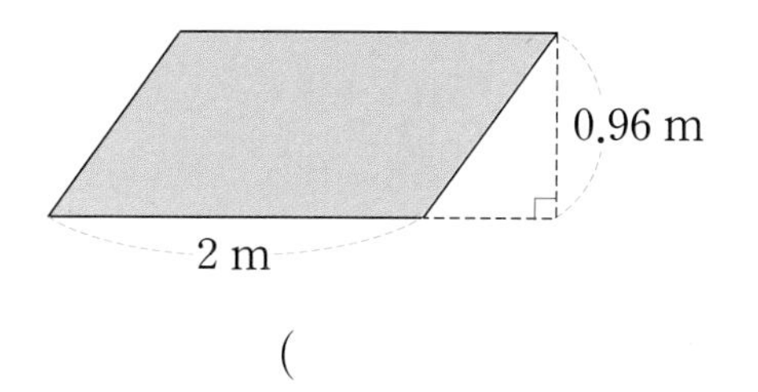

(　　　　　　)

서술형

3-3 윤석이는 물을 어제는 17 L 사용했고, 오늘은 어제의 0.7배만큼 사용했습니다. 윤석이가 오늘 사용한 물은 몇 L인지 식을 쓰고 답을 구하시오.

식 ______________________

답 ______________

4-1 계산을 하시오.

(1) 4×1.9

(2) 9×2.83

4-2 계산 결과가 가장 큰 것을 찾아 기호를 쓰시오.

㉠ 4×1.98　㉡ 2×4.18　㉢ 3×2.01

(　　　　　　)

4-3 한 시간에 64 km를 달리는 자동차를 타고 1시간 45분 동안 달린 거리는 몇 km입니까?

(　　　　　　)

(자연수)×(소수)를 분수의 곱셈으로 계산할 때 소수 두 자리 수는 분모가 100인 분수로 나타내어 계산해야 합니다.

바른 계산 $5\times0.74=5\times\frac{74}{100}=\frac{370}{100}=3.7$

잘못된 계산 $5\times0.74=5\times\frac{74}{10}=\frac{370}{10}=37$

5 (소수)×(소수) (1)

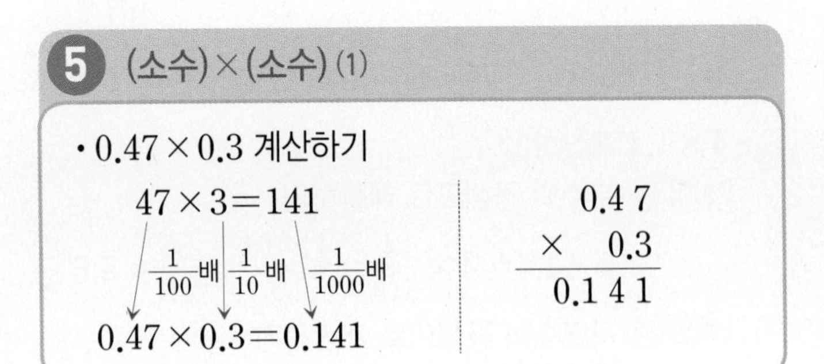

• 0.47×0.3 계산하기

$47 \times 3 = 141$ → ($\frac{1}{100}$배, $\frac{1}{10}$배, $\frac{1}{1000}$배) → $0.47 \times 0.3 = 0.141$

$$\begin{array}{r} 0.47 \\ \times \ \ 0.3 \\ \hline 0.141 \end{array}$$

5-1 계산을 하시오.

(1) 0.46×0.8

(2) 0.7×0.28

5-2 소영이는 계산기로 0.48×0.5를 계산하려고 두 수를 눌렀는데 수 하나의 소수점 위치를 잘못 눌러서 2.4가 되었습니다. 소영이가 계산기에 누른 두 수를 쓰시오.

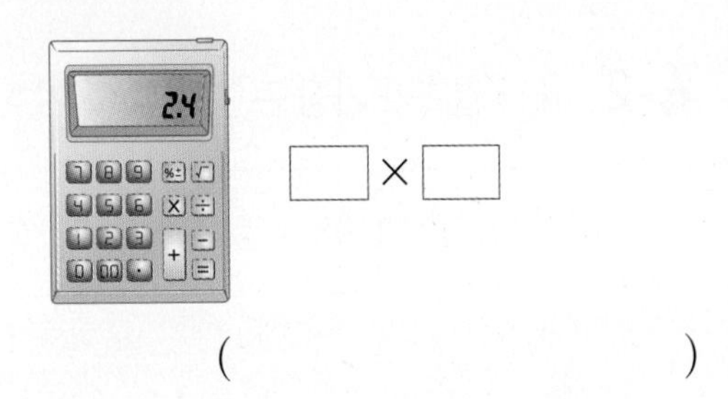

$\square \times \square$

(　　　　　　)

서술형

5-3 둘레가 900 m인 원 모양의 호수가 있습니다. 연주가 호수의 둘레를 따라 한 바퀴의 0.68배만큼 걸었다면 연주가 걸은 거리는 몇 km인지 풀이 과정을 쓰고 답을 구하시오.

풀이 ______

답 ______

6 (소수)×(소수) (2)

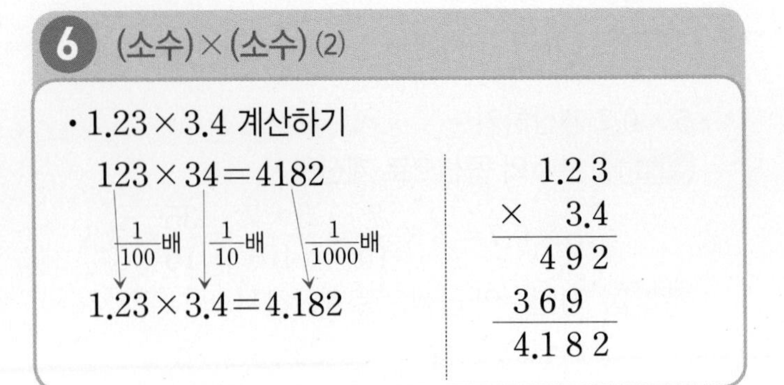

• 1.23×3.4 계산하기

$123 \times 34 = 4182$ → ($\frac{1}{100}$배, $\frac{1}{10}$배, $\frac{1}{1000}$배) → $1.23 \times 3.4 = 4.182$

$$\begin{array}{r} 1.23 \\ \times \ \ 3.4 \\ \hline 492 \\ 369\ \ \\ \hline 4.182 \end{array}$$

6-1 계산을 하시오.

(1) 2.7×1.8

(2) 4.28×3.6

6-2 계산 결과가 큰 것부터 차례로 기호를 쓰시오.

㉠ 5.2×5.8	㉡ 8.46×3.7
㉢ 4.53×6.5	㉣ 7.9×4.1

(　　　　　　)

6-3 가장 큰 수와 가장 작은 수의 곱을 구하시오.

6.81　7.09　7.45　6.22

(　　　　　　)

창의+융합

6-4 서윤이가 몬드리안의 빨강, 파랑, 노랑의 구성을 보고 그린 그림입니다. 노란색 직사각형과 정사각형의 넓이의 차는 몇 cm^2입니까?

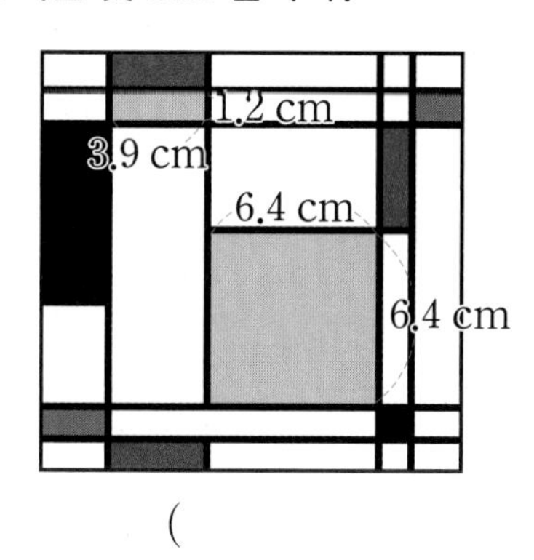

(　　　　　　　　　　)

7 곱의 소수점 위치

- 곱하는 수의 0이 하나씩 늘어날 때마다 곱의 소수점을 오른쪽으로 한 칸씩 옮깁니다.
- 곱하는 소수의 소수점 아래 자리 수가 하나씩 늘어날 때마다 곱의 소수점을 왼쪽으로 한 칸씩 옮깁니다.
- 소수끼리의 곱셈에서 곱하는 두 수의 소수점 아래 자리 수를 더한 것과 결과 값의 소수점 아래 자리 수가 같습니다.

7-1 보기 를 이용하여 계산을 하시오.

보기

$0.8 \times 62 = 49.6$

(1) 0.8×6200

(2) 0.008×62

7-2 □ 안에 알맞은 수가 다른 것을 찾아 기호를 쓰시오.

㉠ $310 \times \square = 3.1$　　㉡ $54 \times \square = 0.54$
㉢ $72 \times \square = 0.072$　　㉣ $9 \times \square = 0.09$

(　　　　　　　　　　)

7-3 보기 를 이용하여 □ 안에 알맞은 수를 써넣으시오.

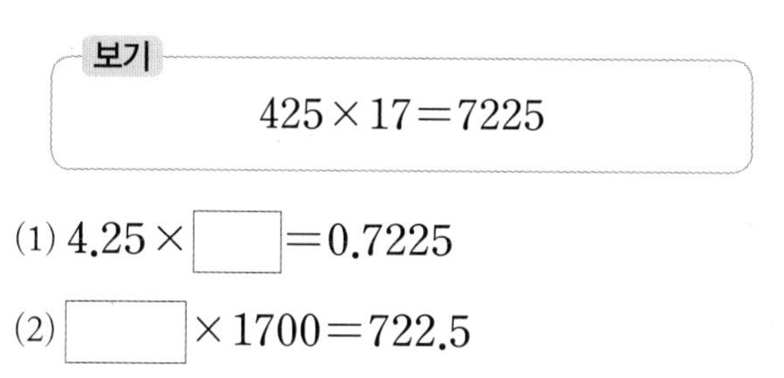

보기

$425 \times 17 = 7225$

(1) $4.25 \times \square = 0.7225$

(2) $\square \times 1700 = 722.5$

서술형

7-4 어떤 수에 8을 곱해야 할 것을 잘못하여 0.08을 곱했습니다. 바르게 계산한 값은 잘못 계산한 값의 몇 배인지 풀이 과정을 쓰고 답을 구하시오.

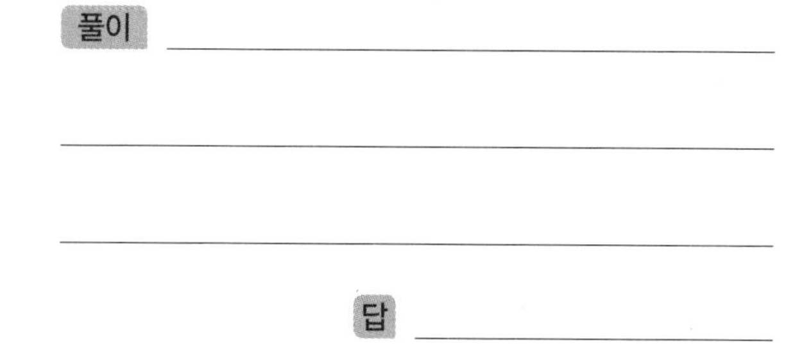

풀이 ______________________

답 ______________

해결의 창

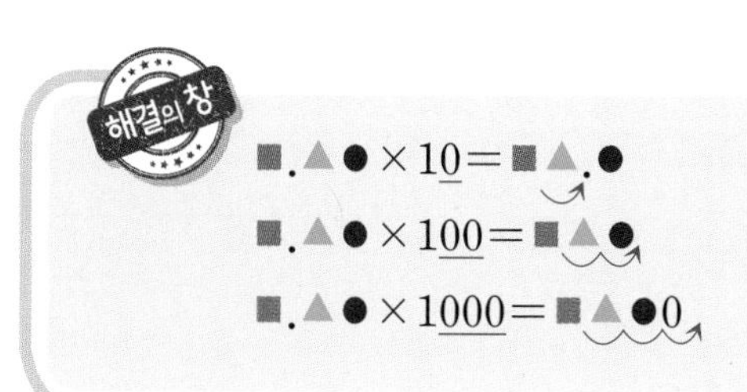

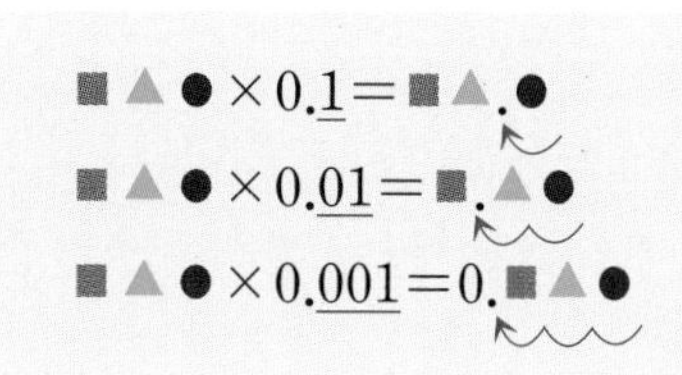

4 소수의 곱셈

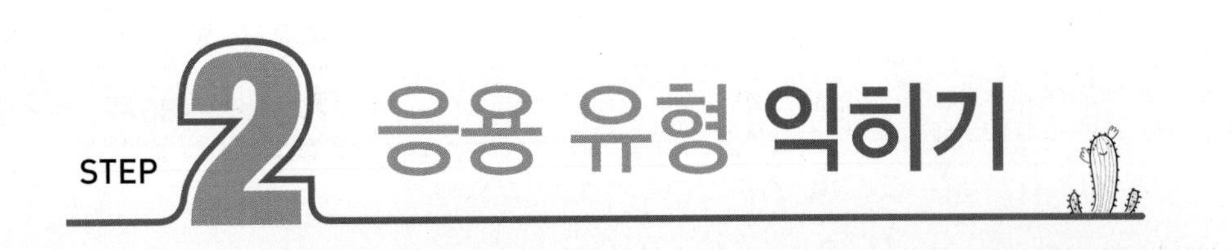

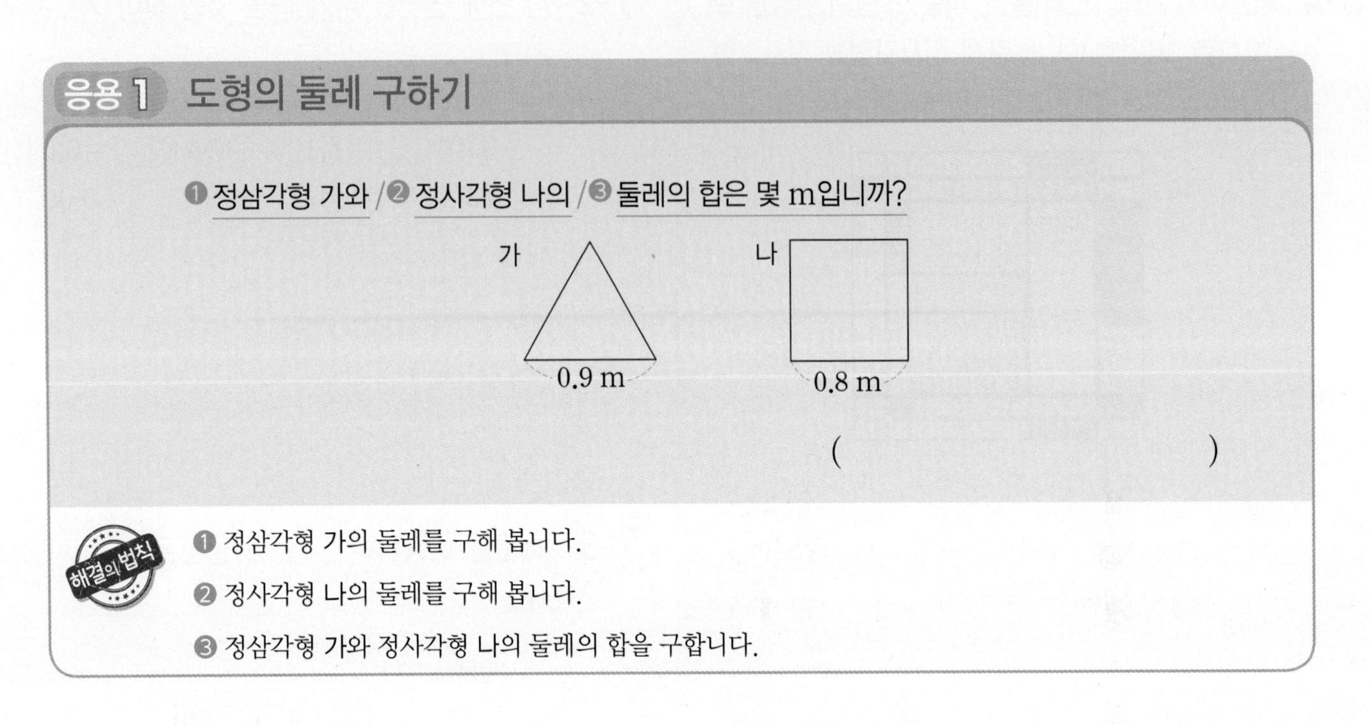

해결의 법칙

❶ 정삼각형 가의 둘레를 구해 봅니다.

❷ 정사각형 나의 둘레를 구해 봅니다.

❸ 정삼각형 가와 정사각형 나의 둘레의 합을 구합니다.

예제 1 - 1 마름모 가와 직사각형 나의 둘레의 합은 몇 m입니까?

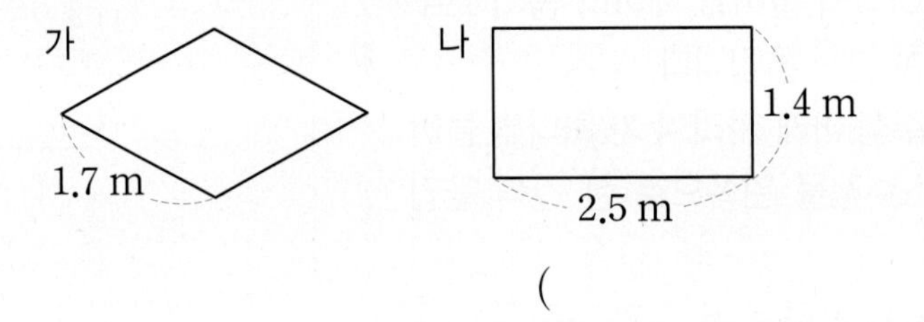

( )

예제 1 - 2 정오각형 가와 정칠각형 나의 둘레의 차는 몇 m입니까?

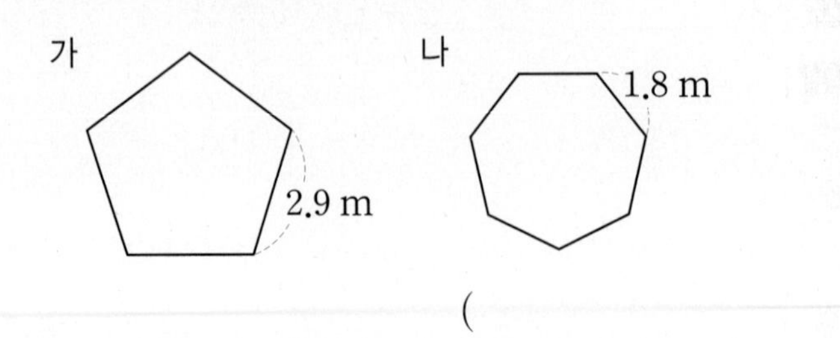

( )

응용 2 몇 배인지 구하기

❶ ㉠은 / ❷ ㉡의 / ❸ 몇 배인지 구하시오.

( )

❶ 등호(=)의 양쪽에 있는 수의 소수점 위치를 비교하여 ㉠을 구해 봅니다.

❷ ❶과 같은 방법으로 ㉡을 구해 봅니다.

❸ ㉠은 ㉡의 몇 배인지 구해 봅니다.

예제 2-1 ㉠은 ㉡의 몇 배입니까?

㉠ $\times 6.8 = 0.068$ $0.4701 \times$ ㉡ $= 47.01$

( )

예제 2-2 □ 안에 알맞은 수 중 가장 큰 수는 가장 작은 수의 몇 배입니까?

㉠ $146 \times \square = 1.46$ ㉡ $\square \times 46.8 = 4680$ ㉢ $32.6 \times \square = 0.0326$

( )

응용 3 크기 비교에서 □ 안에 들어갈 수 구하기

❸ □ 안에 들어갈 수 있는 자연수는 모두 몇 개인지 알아보시오.

❶ $4.83 \times 10 < \square <$ ❷ 0.527×100

( )

해결의 법칙

❶ 4.83×10의 값을 구해 봅니다.

❷ 0.527×100의 값을 구해 봅니다.

❸ □ 안에 들어갈 수 있는 자연수를 구해 봅니다.

예제 3-1 □ 안에 들어갈 수 있는 자연수는 모두 몇 개입니까?

$0.0834 \times 100 < \square < 1.18 \times 10$

( )

예제 3-2 □ 안에 들어갈 수 있는 자연수를 모두 구하시오.

$0.56 \times 100 < \square < 6.08 \times 10$

( )

예제 3-3 □ 안에 들어갈 수 있는 자연수의 합을 구하시오.

$0.485 \times 10 < \square < 0.114 \times 100$

( )

응용 4 시간을 소수로 나타내어 계산하기

❷ 한 시간에 86.7 km를 달리는 자동차가 있습니다. 같은 빠르기로 이 자동차가 / ❶ 2시간 12분 동안 / ❷ 달리는 거리는 몇 km입니까?

( )

❶ 2시간 12분이 몇 시간인지 소수로 나타내어 봅니다.

❷ 2시간 12분 동안 달리는 거리를 구해 봅니다.

예제 4-1

2시간 18분을 소수로 어떻게 나타내지?

60분＝1시간임을 이용해 봐.

어떤 애벌레는 한 시간에 13.4 m를 기어갑니다. 같은 빠르기로 이 애벌레가 2시간 18분 동안 기어가는 거리는 몇 m입니까?

( )

예제 4-2

한 시간에 94.5 km를 달리는 자동차가 있습니다. 이 자동차가 1 km를 달리는 데 0.14 L의 휘발유가 필요하다면 같은 빠르기로 4시간 15분 동안 달리는 데 필요한 휘발유는 몇 L입니까?

( )

응용 5 (자연수)×(소수)의 활용

❶ 윤호의 몸무게는 52 kg입니다. 미라의 몸무게는 윤호의 몸무게의 0.9배이고, / ❷ 경수의 몸무게는 윤호의 몸무게의 1.2배입니다. / ❸ 윤호, 미라, 경수 세 사람의 몸무게의 합은 몇 kg입니까?

( )

❶ 윤호의 몸무게를 이용하여 미라의 몸무게를 구해 봅니다.

❷ 윤호의 몸무게를 이용하여 경수의 몸무게를 구해 봅니다.

❸ 세 사람의 몸무게의 합을 구해 봅니다.

예제 5-1 민범이의 몸무게는 48 kg입니다. 윤석이의 몸무게는 민범이의 몸무게의 1.4배이고, 지현이의 몸무게는 민범이의 몸무게의 0.8배입니다. 민범, 윤석, 지현 세 사람의 몸무게의 합은 몇 kg입니까?

( )

예제 5-2 보라는 3월에 5600원을 저금했습니다. 다음을 읽고 보라가 5월에 저금한 금액은 3월에 저금한 금액보다 얼마나 더 많은지 구하시오.

> 보라: 4월에는 3월 저금액의 1.25배, 5월에는 4월 저금액의 0.9배를 저금했어.

( )

• 정답은 32쪽

응용 6 (소수)×(소수)의 활용

❶ 1분 동안 각각 3.6 L와 4.2 L의 물이 나오는 2개의 수도가 있습니다. / ❸ 2개의 수도를 동시에 틀어 / ❷ 12분 30초 동안 / ❸ 받은 물의 양은 모두 몇 L입니까?

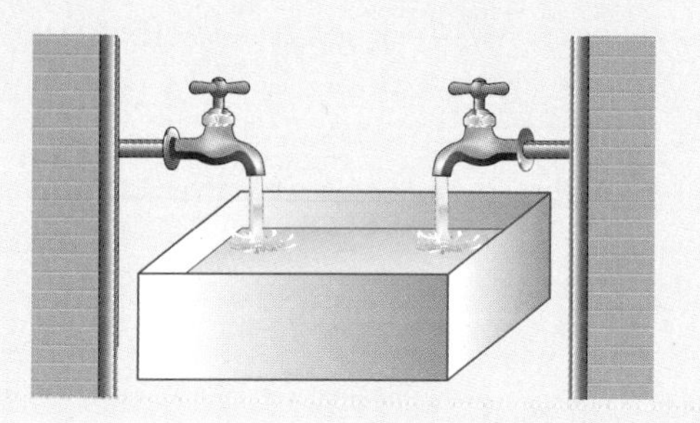

(   )

❶ 2개의 수도에서 1분 동안 나오는 물의 양의 합을 구해 봅니다.

❷ 12분 30초는 몇 분인지 소수로 나타내어 봅니다.

❸ 12분 30초 동안 받은 물의 양을 구해 봅니다.

예제 6-1 1분 동안 각각 2.9 L와 5.7 L의 물이 나오는 2개의 수도가 있습니다. 2개의 수도를 동시에 틀어 13분 45초 동안 받은 물의 양은 모두 몇 L입니까?

(   )

예제 6-2 ㉮ 자동차와 ㉯ 자동차는 일정한 빠르기로 각각 1분에 2.13 km, 2.67 km씩 달립니다. 두 자동차가 같은 지점에서 동시에 출발하여 서로 반대 방향으로 달린다면 4분 15초 후에 두 자동차 사이의 거리는 몇 km입니까?

(   )

응용 7 도형의 넓이 구하기

❶ 평행사변형과 / ❷ 직사각형의 / ❸ 넓이의 차는 몇 cm^2입니까?

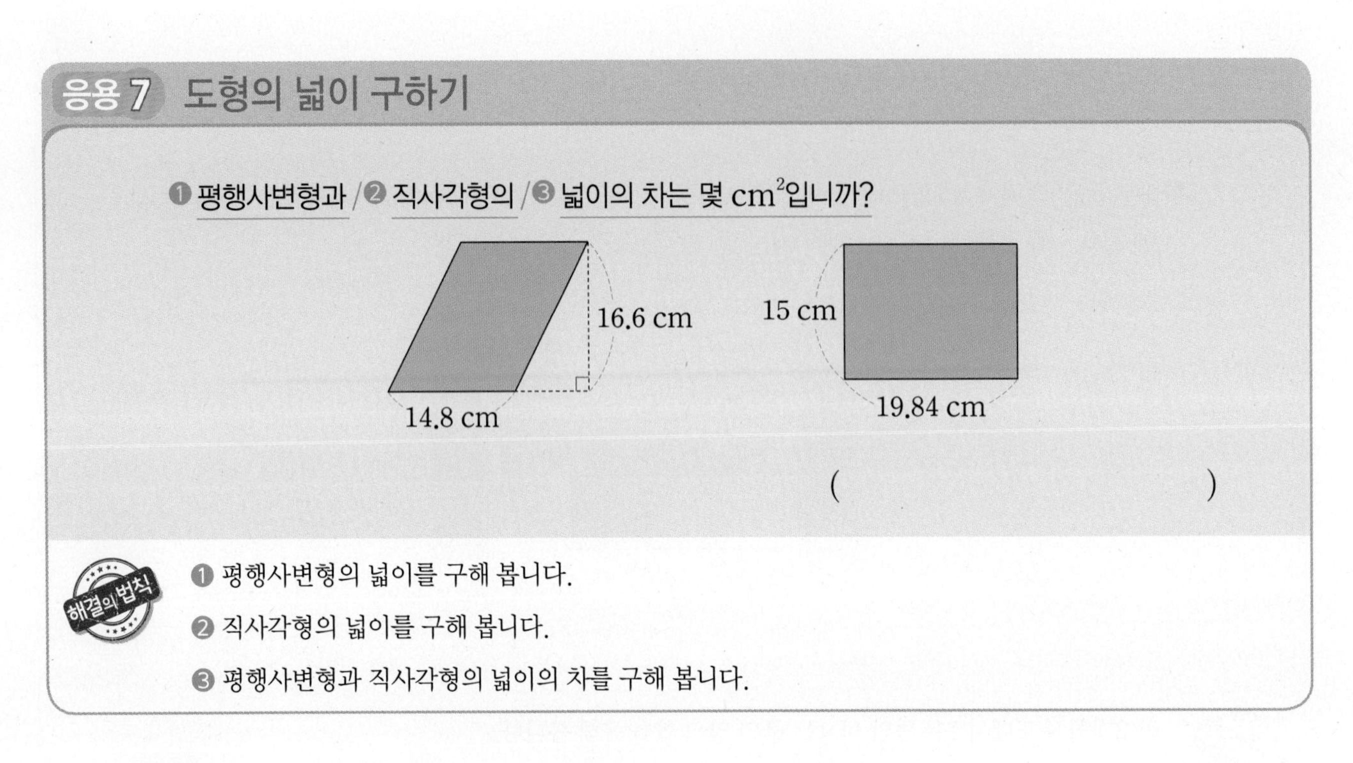

(　　　　　　　　)

해결의 법칙

❶ 평행사변형의 넓이를 구해 봅니다.

❷ 직사각형의 넓이를 구해 봅니다.

❸ 평행사변형과 직사각형의 넓이의 차를 구해 봅니다.

예제 7-1 정사각형과 평행사변형의 넓이의 차는 몇 cm^2입니까?

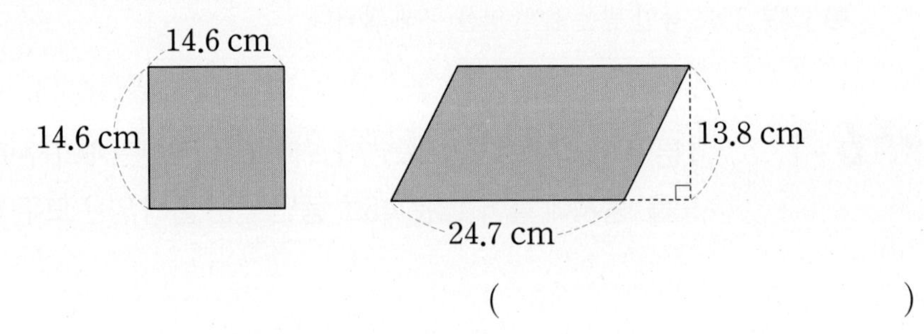

(　　　　　　　　)

예제 7-2 사각형 ㄱㄴㄷㄹ이 정사각형일 때 색칠한 부분의 넓이는 몇 cm^2입니까?

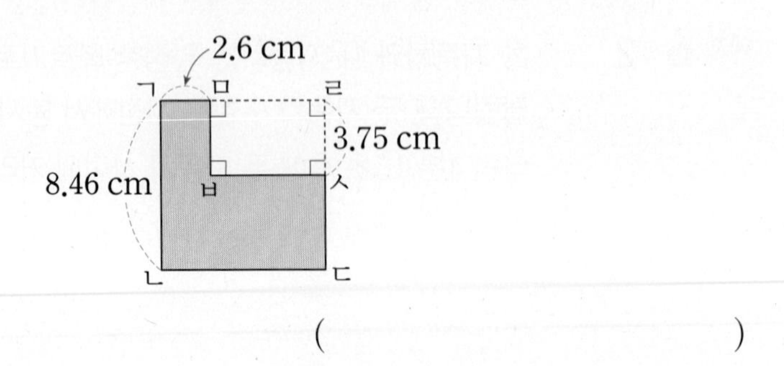

(　　　　　　　　)

응용 8 떨어진 공이 튀어 오르는 높이 구하기

❶❷ 떨어진 높이의 0.65배만큼 다시 튀어 오르는 공이 있습니다. 이 공을 8 m 높이에서 떨어뜨렸을 때 /❸ 세 번째로 튀어 오른 높이는 몇 m입니까?

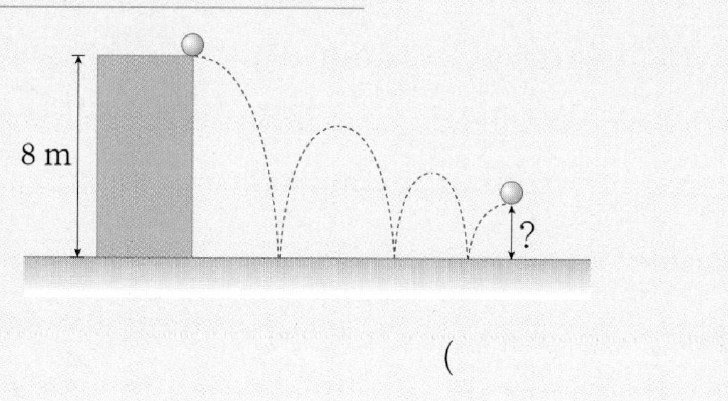

( )

❶ 첫 번째로 튀어 오른 높이를 구해 봅니다.
❷ 두 번째로 튀어 오른 높이를 구해 봅니다.
❸ 세 번째로 튀어 오른 높이를 구해 봅니다.

예제 8-1 떨어진 높이의 0.5배만큼 다시 튀어 오르는 공이 있습니다. 이 공을 10 m 높이에서 떨어뜨렸을 때 세 번째로 튀어 오른 높이는 몇 m입니까?

( )

예제 8-2 떨어진 높이의 0.75배만큼 다시 튀어 오르는 공이 있습니다. 이 공을 4.6 m 높이에서 떨어뜨렸을 때 세 번째로 땅에 닿을 때까지 공이 움직인 거리는 모두 몇 m입니까?

( )

응용 유형 뛰어넘기

(자연수)×(소수)

01 □ 안에 들어갈 수 있는 자연수는 모두 몇 개입니까?

유사

$80 \times 5.5 < \square < 86 \times 5.3$

(　　　　　　　　　　)

곱의 소수점 위치

02 ㉮는 ㉯의 몇 배입니까?

유사

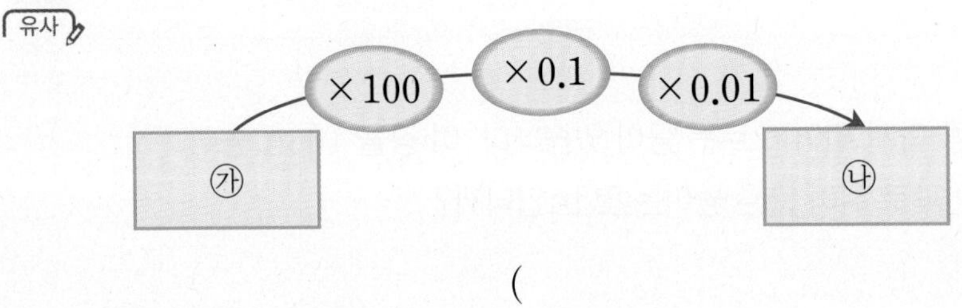

(　　　　　　　　　　)

곱의 소수점 위치

03 3.85와 6.8의 곱은 100과 어떤 수의 곱과 같습니다. 어떤 수는 얼마입니까?

유사

(　　　　　　　　　　)

유사 표시된 문제의 유사 문제가 제공됩니다.
동영상 표시된 문제의 동영상 특강을 볼 수 있어요.
QR 코드를 찍어 보세요.

(소수)×(자연수)

04 유사 동영상 소연이네 음식점에서는 하루에 밀가루를 13.6 kg씩 사용합니다. 밀가루 1 kg의 값이 1000원일 때 소연이네 음식점에서 2주일 동안 사용하는 밀가루의 값은 모두 얼마입니까?

( )

서술형 (소수)×(자연수)

05 유사 혜미와 혁오의 대화를 읽고 바르게 계산하면 얼마인지 풀이 과정을 쓰고 답을 구하시오.

혜미: 혁오야, 너 수학 시험에서 마지막 문제 왜 틀렸니?
혁오: 어떤 수에 15를 곱해야 할 것을 잘못하여 15로 나누었어.
혜미: 아, 그래서 답을 0.7이라고 잘못 썼구나.

( )

풀이

(소수)×(소수) 창의+융합

06 유사 신문 기사를 읽고 자기 부상 열차가 통과한 터널의 길이는 몇 km인지 구하시오.

자기 부상 열차 시범 운행

○○시에서는 도시의 외곽을 순환하는 도시형 자기 부상 열차의 개통을 앞두고 시범 운행을 했다. 길이가 250 m인 자기 부상 열차는 시범 운행에서 1분에 1.56 km를 달리는 빠르기로 터널을 완전히 통과하는 데 3분 15초가 걸렸다.

( )

4 소수의 곱셈

(소수)×(소수) 창의+융합

07 유사 19세기까지 유럽에서는 수도원이나 수녀원에서 병든 사람을 치료하고 보호하였기 때문에 병원 마크가 십자가를 의미합니다. 오른쪽 병원 마크의 넓이는 몇 cm^2입니까?

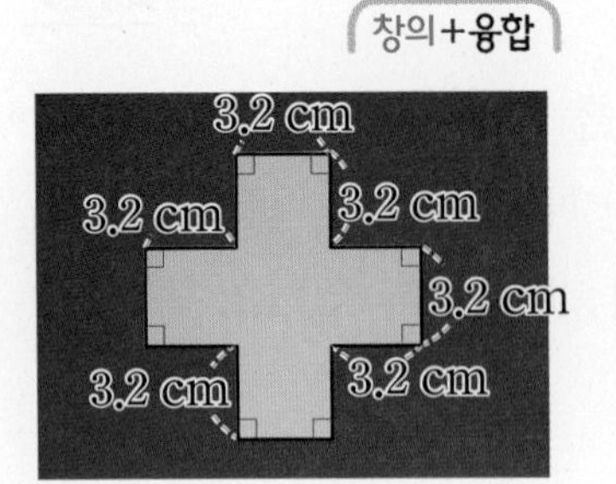

(   )

(소수)×(소수)

08 유사 동영상 식용유 3.2 L가 들어 있는 병의 무게를 재어 보았더니 5.24 kg이었습니다. 그중에서 식용유 250 mL를 사용한 후 무게를 재어 보았더니 4.86 kg이 되었습니다. 빈 병의 무게는 몇 kg입니까?

(   )

서술형 (소수)×(소수)

09 유사 동영상 가로가 0.98 m, 세로가 0.32 m인 직사각형 모양의 종이 5장을 0.14 m씩 겹치도록 한 줄로 길게 이어 붙였습니다. 이어 붙인 종이의 전체 넓이는 몇 m^2인지 풀이 과정을 쓰고 답을 구하시오.

0.98 m 0.98 m 0.98 m
0.32 m ……
0.14 m 0.14 m

(   )

풀이

• 정답은 35쪽

유사 표시된 문제의 유사 문제가 제공됩니다.
동영상 표시된 문제의 동영상 특강을 볼 수 있어요.
QR 코드를 찍어 보세요.

(소수)×(소수)

10 유사 동영상

보기 의 식에 5개의 수 5, 4, 6, 2, 9를 모두 한 번씩 써넣어 (가장 큰 소수 세 자리 수)×(가장 작은 소수 두 자리 수)를 만들어야 할 것을 잘못하여 (가장 작은 소수 세 자리 수)×(가장 큰 소수 두 자리 수)를 만들었습니다. 바르게 식을 세워 계산한 값과 잘못 식을 세워 계산한 값의 합을 구하시오.

보기

0.□□□×0.□□

(　　　　　　　　)

서술형 (자연수)×(소수)

11 유사 동영상

아버지의 몸무게는 혜정이의 몸무게의 1.8배이고, 어머니의 몸무게는 혜정이의 몸무게의 1.15배입니다. 혜정이의 몸무게가 45 kg이라면 아버지의 몸무게는 어머니의 몸무게보다 몇 kg 더 무거운지 풀이 과정을 쓰고 답을 구하시오.

(　　　　　　　　)

풀이

(소수)×(소수)

12 유사 동영상

30분에 45.2 km를 달리는 택시와 20분에 26.2 km를 달리는 버스가 있습니다. 이와 같은 빠르기로 택시와 버스가 같은 지점에서 동시에 출발하여 같은 방향으로 달린다면 3시간 15분 후 택시와 버스 사이의 거리는 몇 km입니까?

(　　　　　　　　)

4 소수의 곱셈

창의사고력

13 다음과 같이 0.8을 27번 곱했을 때 소수 27째 자리 숫자를 구하시오.

$$0.8=0.8$$
$$0.8\times0.8=0.64$$
0.8을 3번 곱함. — $0.8\times0.8\times0.8=0.512$
0.8을 4번 곱함. — $0.8\times0.8\times0.8\times0.8=0.4096$
⋮

( )

창의사고력

14 소리는 기온이 10 ℃일 때 1초에 337 m를 가고 기온이 15 ℃일 때 1초에 340 m를 갑니다. 기온이 올라감에 따라 소리의 빠르기가 일정하게 빨라진다고 할 때, 기온이 22 ℃일 때 번개를 보고 나서 5초 후에 천둥 소리를 들었다면 천둥 소리를 들은 곳은 번개가 친 곳으로부터 몇 m 떨어져 있습니까?

( )

점수

· 정답은 37쪽

01 보기 와 같이 계산하시오.

보기

$$0.9\times4=\frac{9}{10}\times4=\frac{9\times4}{10}=\frac{36}{10}=3.6$$

(1) 1.2×6

(2) 8×0.49

02 $54\times37=1998$을 이용하여 □ 안에 알맞은 수를 써넣으시오.

(1) $54\times3.7=$ □

(2) $54\times0.37=$ □

(3) $54\times0.037=$ □

03 계산을 하시오.

(1)
$$\begin{array}{r} 3.2\,1 \\ \times\ \ 1.5 \\ \hline \end{array}$$

(2)
$$\begin{array}{r} 2.0\,8 \\ \times\ 0.4\,3 \\ \hline \end{array}$$

04 빈 곳에 알맞은 수를 써넣으시오.

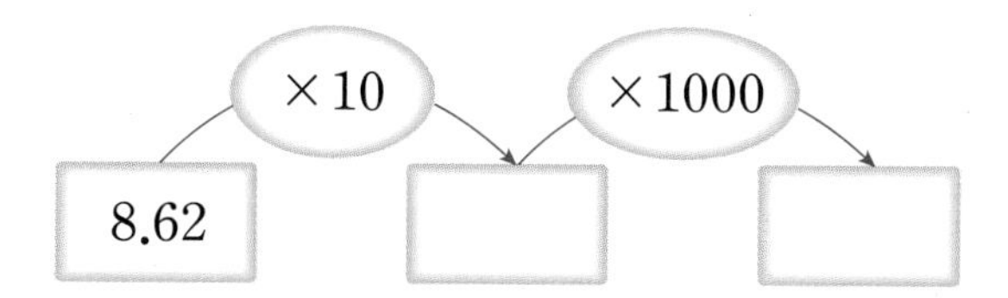

05 가장 큰 수와 가장 작은 수의 곱을 구하시오.

0.82 0.74 0.34 0.9

( )

06 유림이는 하루에 2 L의 물을 마십니다. 상호는 유림이의 0.86배를 마신다면 상호가 하루에 마시는 물은 몇 L입니까?

( )

서술형

07 계산에서 잘못된 곳을 찾아 이유를 쓰고 바르게 계산하시오.

$$\begin{array}{r} 9.5\,2 \\ \times\ \ 0.8 \\ \hline 7\,6.1\,6 \end{array}$$

⇨ □

이유 ____________________

08 □ 안에 알맞은 수를 구하시오.

$8300 \times 0.01 = 8.3 \times \square$

(　　　　　　　　)

09 계산 결과가 작은 것부터 차례로 기호를 쓰시오.

㉠ 63×0.07　㉡ 0.92×7.5
㉢ 3.5×2.4　㉣ 2.38×3.55

(　　　　　　　　)

10 □ 안에 들어갈 수 있는 자연수는 모두 몇 개입니까?

$9.2 \times 6 < \square < 85 \times 0.71$

(　　　　　　　　)

서술형

11 민영이는 매일 우유를 1.9 L씩 마십니다. 민영이가 3주일 동안 마시는 우유의 양은 모두 몇 L인지 풀이 과정을 쓰고 답을 구하시오.

풀이 ______________________

____

____

____

답 ______________

12 도형 ㉮는 한 변의 길이가 1.8 m인 정삼각형이고, 도형 ㉯는 한 변의 길이가 도형 ㉮의 둘레와 같은 정사각형입니다. 도형 ㉯의 둘레는 몇 m입니까?

(　　　　　　　　)

13 재훈이는 일정한 빠르기로 1분 동안 120 m를 걸을 수 있습니다. 재훈이는 1.8시간 동안 몇 km를 걸을 수 있습니까?

(　　　　　　　　)

14 그림과 같이 길이가 15.7 cm인 색 테이프 12장을 1.8 cm씩 겹치게 한 줄로 길게 이어 붙였습니다. 이어 붙인 색 테이프의 전체 길이는 몇 cm입니까?

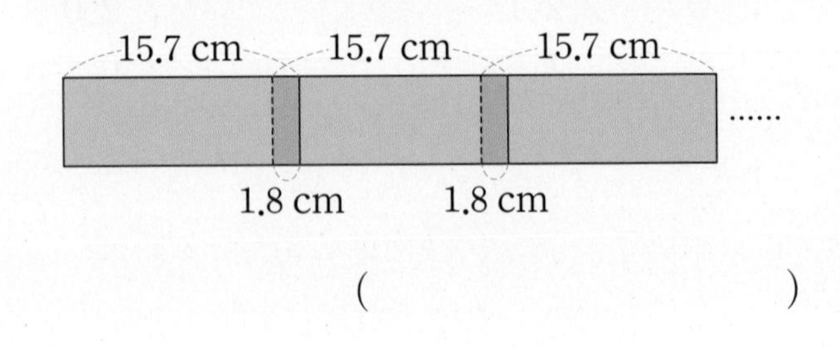

(　　　　　　　　)

창의+융합

15 떨어진 높이의 0.7배만큼 튀어 오르는 공이 있습니다. 그림과 같은 계단에서 공을 떨어뜨린다면 ㉠은 몇 m입니까?

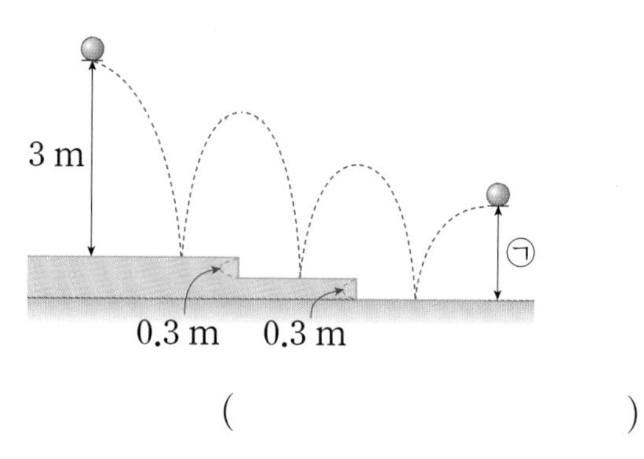

( )

16 가로가 세로의 1.4배인 직사각형이 있습니다. 이 직사각형의 세로가 2.8 cm일 때 둘레와 넓이를 각각 구하시오.

2.8 cm

둘레 ( )
넓이 ( )

17 4장의 수 카드 [4], [6], [7], [8]을 모두 한 번씩 사용하여 다음 계산 결과를 가장 크게 하려고 합니다. 이때의 계산 결과 값은 얼마입니까?

□.□×□.□

( )

서술형

18 민희가 길이가 14 cm인 초에 불을 붙였더니 1분에 1.5 cm씩 줄어들었습니다. 5분 18초 후 남은 초의 길이는 몇 cm인지 풀이 과정을 쓰고 답을 구하시오.

풀이

답

창의+융합

19 세 사람의 대화를 읽고 혁이와 동수가 걸은 거리의 합은 몇 km인지 구하시오.

( )

20 어떤 수를 0.36으로 나눈 후 0.5를 더했더니 1.30이 되었습니다. 어떤 수와 1.5의 곱을 구하시오.

( )

5 직육면체

우리 주위에 직육면체 모양인 것이 얼마나 많이 있는지 알고 있나요?
집 안에서 볼 수 있는 냉장고, 세탁기 등의 가전제품과 침대, 옷장 등의 가구들은 대부분 직육면체 모양이라는 것을 알 수 있을 거예요. 그럼 집 밖에는 어떤 직육면체 모양들이 있는지 지금부터 알아보러 갈까요?

사진에서 볼 수 있는 것과 같이 학교, 아파트 등과 같은 건물들은 대부분 직육면체 모양으로 된 것이 많답니다.

이처럼 직육면체 모양의 건물들이 많은 이유는 직육면체 모양으로 건물을 지을 때 효율적으로 공사를 하고 보다 안전한 건물을 지을 수 있기 때문이랍니다.

이미 배운 내용	이번에 배울 내용	앞으로 배울 내용
[3-1 평면도형] • 직사각형 알아보기 [4-2 사각형] • 수직과 평행 알아보기	• 직육면체와 정육면체 알아보기 • 직육면체의 겨냥도 알아보고 그리기 • 정육면체와 직육면체의 전개도 이해하고 그리기	[6-1 각기둥과 각뿔] • 각기둥과 각뿔 알아보기 [6-1 직육면체의 부피와 겉넓이] • 직육면체의 부피와 겉넓이 계산하기

또 어떤 직육면체 모양이 있을까요?

물건을 포장하는 데 사용하는 상자나 담벼락을 쌓는 데 사용하는 벽돌도 직육면체 모양으로 된 것이 많답니다.

이렇게 직육면체 모양의 상자나 벽돌이 많은 이유는 상자나 벽돌을 직육면체로 만들었을 때 운반하기 편하고, 쌓기가 편리하기 때문이랍니다. 이 외에도 생활 속에서 직육면체 모양으로 된 것들이 많이 있어요.

각설탕과 두부도 직육면체 모양이에요.

우리 주위에 있는 직육면체 모양들을 찾아보았어요.

지금부터 본격적으로 직육면체에 대해서 알아보러 갈까요?

▼ 직육면체 모양의 컨테이너가 실려 있는 화물선

메타인지 개념학습

정답

생각의 방향

직사각형 6개로 둘러싸인 도형

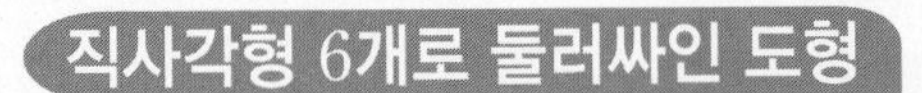

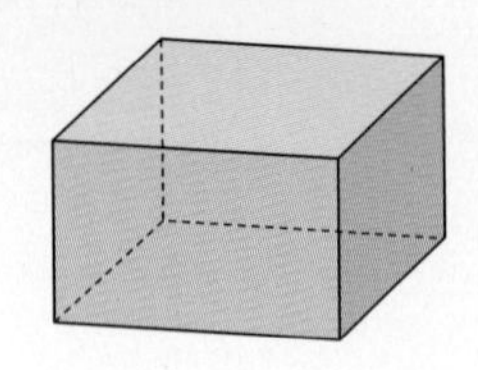

❶ 위 그림과 같이 직사각형 (4 , 6)개로 둘러싸인 도형을 직육면체라고 합니다.

정답: 6

❷ 직육면체에서 선분으로 둘러싸인 부분을 면이라고 합니다. (○ , ×)

정답: ○

❸ 면과 면이 만나는 선분을 (모서리 , 꼭짓점)(이)라고 합니다.

정답: 모서리

❹ 모서리와 모서리가 만나는 점을 (모서리 , 꼭짓점)(이)라고 합니다.

정답: 꼭짓점

• 직육면체의 구성 요소

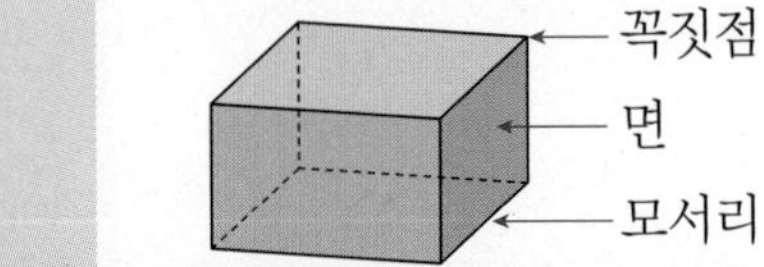

정사각형 6개로 둘러싸인 도형

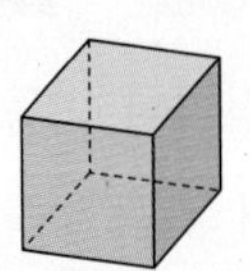

❶ 정사각형 (4 , 6)개로 둘러싸인 도형을 정육면체라고 합니다.

정답: 6

❷ 정육면체는 직육면체라고 말할 수 있습니다. (○ , ×)

정답: ○

• 정사각형은 직사각형이므로 정육면체는 직육면체입니다.

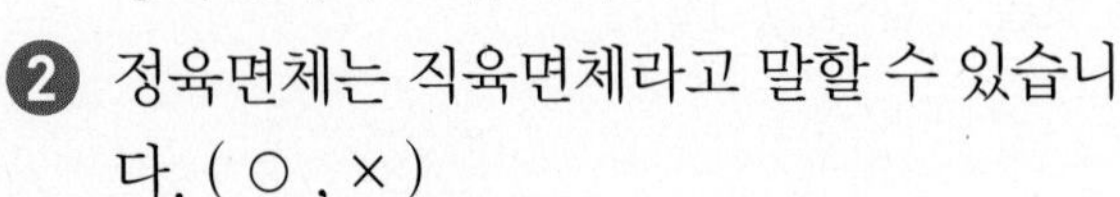

직육면체의 성질

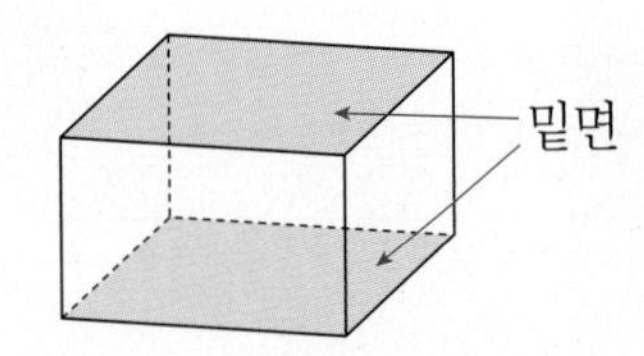

❶ 위 그림과 같이 직육면체에서 색칠한 두 면처럼 계속 늘여도 만나지 않는 두 면을 서로 평행하다고 하고 이 두 면을 직육면체의 (밑면 , 옆면)이라고 합니다.

정답: 밑면

❷ 직육면체에서 평행한 면이 (3 , 6)쌍 있습니다.

정답: 3

• 직육면체에서 서로 마주 보는 면은 서로 만나지 않으므로 평행합니다.

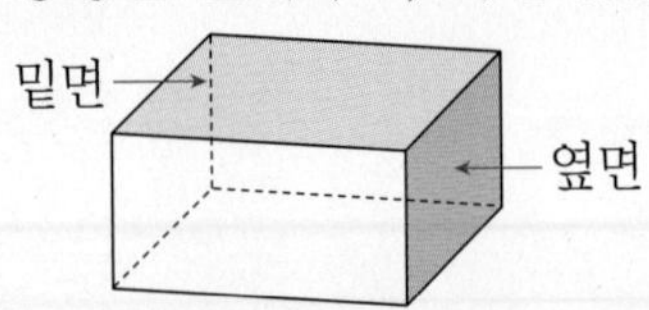

❸ 위 그림과 같이 직육면체에서 밑면과 수직인 면을 직육면체의 옆면이라고 합니다. (○ , ×)

정답: ○

❹ 직육면체에서 한 면과 수직인 면은 ☐개입니다.

정답: 4

• 직육면체에서 밑면과 수직인 면은 옆면입니다.

정답

생각의 방향

직육면체의 겨냥도

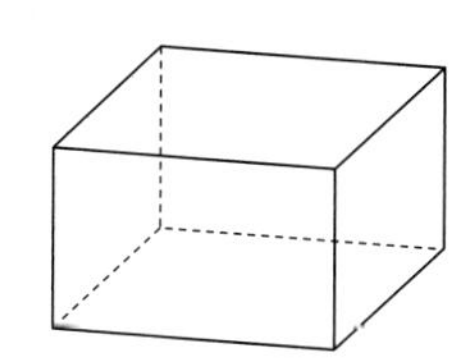
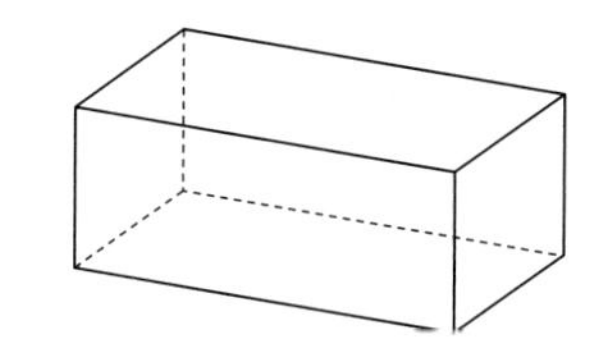

❶ 위 그림과 같이 직육면체의 겨냥도는 직육면체 모양을 잘 알 수 있도록 나타낸 그림입니다. (○ , ×)

❷ 직육면체의 겨냥도에서는 보이는 모서리는 (실선 , 점선)으로, 보이지 않는 모서리는 (실선 , 점선)으로 그립니다.

❸ 직육면체에서 보이는 면은 □개, 보이지 않는 면은 □개입니다.

❹ 직육면체에서 보이는 모서리는 □개, 보이지 않는 모서리는 □개입니다.

정답: ○ / 실선, 점선 / 3, 3 / 9, 3

• 직육면체의 겨냥도는 보이는 모서리는 실선으로, 보이지 않는 모서리는 점선으로 그립니다.

• 직육면체에서 보이는 꼭짓점은 7개, 보이지 않는 꼭짓점은 1개입니다.

정육면체의 전개도

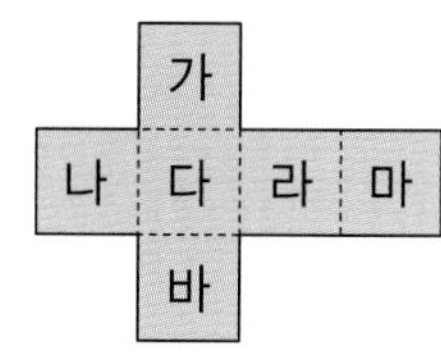

❶ 정육면체의 전개도는 정육면체의 모서리를 잘라서 펼친 그림입니다. (○ , ×)

❷ 정육면체의 전개도를 접었을 때 면 가와 평행한 면은 면 □입니다.

정답: ○ / 바

• 정육면체의 전개도에서 잘린 모서리는 실선으로, 잘리지 않는 모서리는 점선으로 표시합니다.

직육면체의 전개도

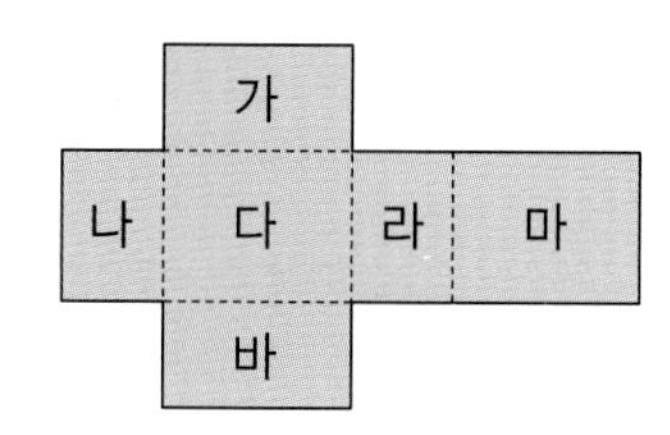

❶ 직육면체의 전개도를 접었을 때 면 다와 평행한 면은 면 □입니다.

❷ 직육면체의 전개도를 접었을 때 면 나와 수직인 면은 면 가, 면 다, 면 마, 면 □입니다.

정답: 마 / 바

• 직육면체의 전개도를 접었을 때 평행한 면은 3쌍 있습니다.

5 직육면체

비법 1 주사위에서 수직인 면의 눈의 수 구하기

㉮ 서로 평행한 두 면의 눈의 수의 합이 7인 주사위에서 4의 눈이 그려진 면과 수직인 면의 눈의 수의 합 구하기

4의 눈이 그려진 면과 평행한 면의 눈의 수 구하기	⇨ 4의 눈이 그려진 면과 평행한 면의 눈의 수는 3입니다.
4의 눈이 그려진 면과 수직인 면의 눈의 수 구하기	⇨ 3과 4를 제외한 수인 1, 2, 5, 6입니다.
4의 눈이 그려진 면과 수직인 면의 눈의 수의 합 구하기	⇨ $1+2+5+6=14$

비법 2 전개도에 알맞게 색칠하기

㉮ 정육면체의 전개도를 접었을 때 파란색이 색칠된 면과 평행한 면의 색 구하기

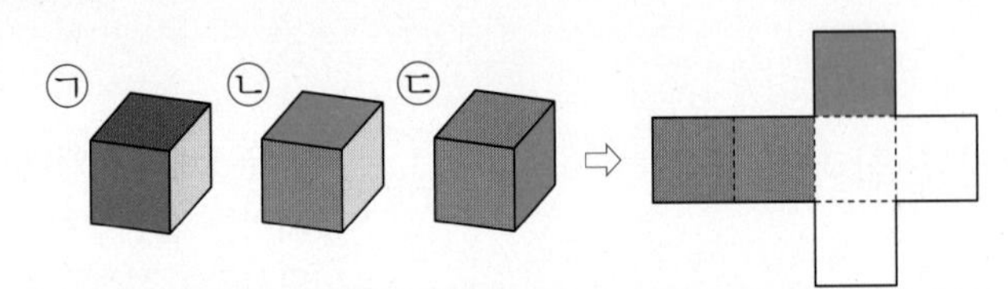

① ㉡과 ㉢에서 노란색과 마주 보는 면의 색은 주황색입니다.
② ㉠과 ㉡에서 초록색과 마주 보는 면의 색은 보라색입니다.
③ 따라서 파란색과 마주 보는 면의 색은 분홍색입니다.

비법 3 직육면체에서 모든 모서리 길이의 합 구하기

㉮ 전개도를 접어서 만든 직육면체의 모든 모서리 길이의 합 구하기

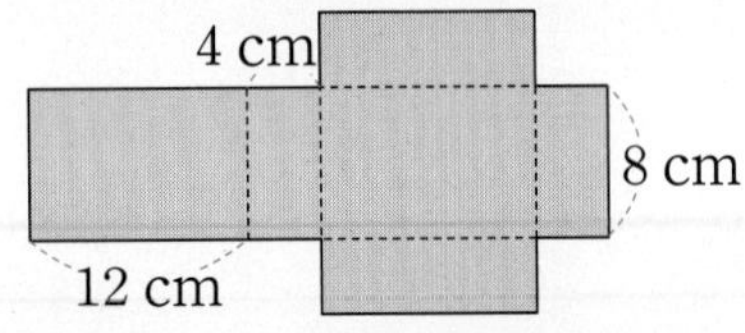

① 전개도를 접어서 만든 직육면체에서 길이가 다른 세 모서리의 길이의 합 ⇨ $12+4+8=24$ (cm)
② 전개도를 접어서 만든 직육면체에서 모든 모서리 길이의 합 ⇨ $24\times4=96$ (cm)

교과서 개념

- 직육면체에서 계속 늘여도 만나지 않는 두 면을 직육면체의 밑면이라고 합니다.
- 직육면체에서 밑면과 수직인 면을 직육면체의 옆면이라고 합니다.
- 직육면체에서 옆면은 밑면을 제외한 모든 면입니다.
- 직육면체에서 평행한 면은 서로 마주 보는 면입니다.
- 직육면체의 전개도를 잘라서 펼친 그림을 직육면체의 전개도라고 합니다.
- 직육면체에는 길이가 같은 모서리가 4개씩 3쌍 있습니다.

비법 4 사용한 끈의 길이 구하기

예 그림과 같이 직육면체 모양의 선물 상자를 끈으로 묶었습니다. 매듭의 길이가 40 cm일 때 선물 상자를 포장하는 데 사용한 끈의 길이 구하기

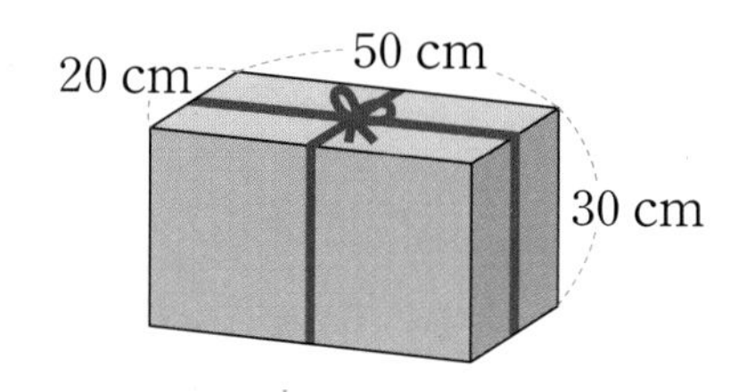

각 모서리의 길이와 평행한 끈의 개수 알아보기	⇨	50 cm 2개, 20 cm 2개, 30 cm 4개입니다.
끈의 길이의 합 구하기	⇨	$50 \times 2 + 20 \times 2 + 30 \times 4$ $= 260$ (cm)
선물 상자를 포장 하는 데 사용한 끈의 길이 구하기	⇨	(끈의 길이의 합)+(매듭의 길이) $= 260 + 40 = 300$ (cm)

비법 5 직육면체의 전개도에 선 그리기

예 왼쪽과 같이 직육면체의 면에 선을 그었습니다. 이 직육면체의 전개도가 오른쪽과 같을 때 전개도에 나타나는 선을 그려 넣기

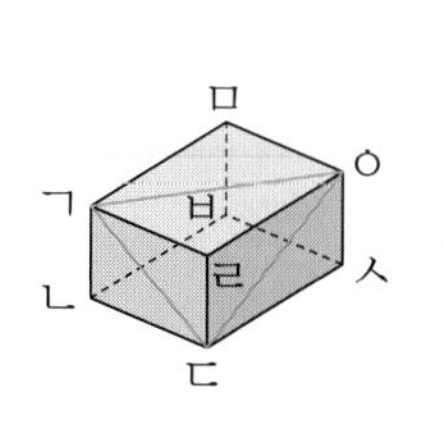

⇨
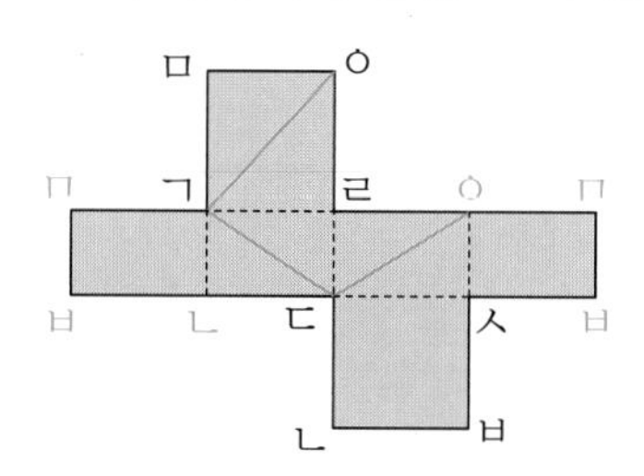

직육면체에서 각각의 선은 어떤 꼭짓점끼리 이은 것인지 알아보기	⇨	점 ㄱ과 점 ㅇ, 점 ㄷ과 점 ㄱ, 점 ㄷ과 점 ㅇ을 이은 것입니다.
전개도에서 직육면체의 각 꼭짓점의 기호를 나타내어 선을 그려 넣기	⇨	전개도에서 각 꼭짓점을 구한 후 선이 지나간 자리에 그려 넣습니다.

교과서 개념

- 직육면체에서 평행한 모서리의 길이는 서로 같습니다.
- 직육면체의 전개도에서 잘린 모서리는 실선으로, 잘리지 않은 모서리는 점선으로 표시합니다.

5 직육면체

기본 유형 익히기

1 직사각형 6개로 둘러싸인 도형

• 직육면체: 직사각형 6개로 둘러싸인 도형

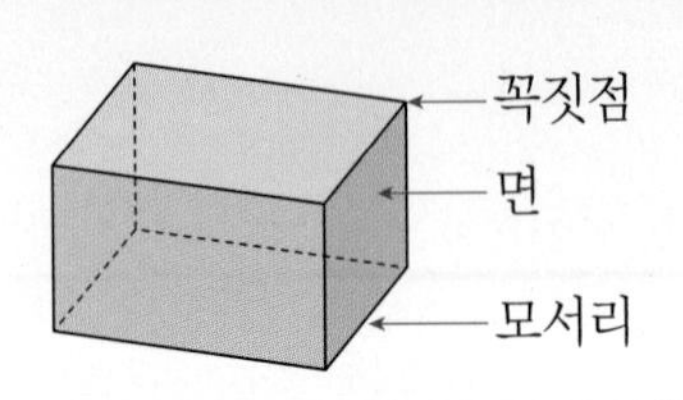

1-1 직육면체는 어느 것입니까? ·························· (　　　)

① 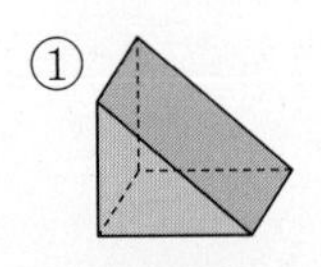　② 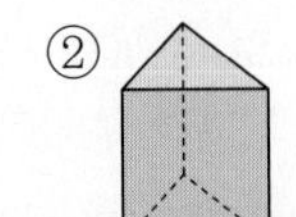　③ 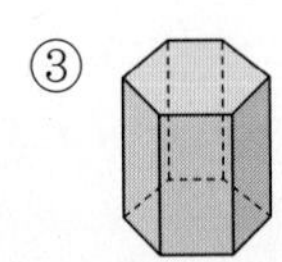

④ 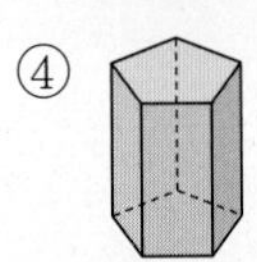　⑤ 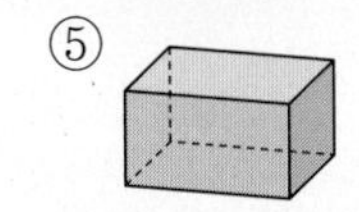

1-2 경미는 미술 시간에 직육면체 모양의 상자의 면 1개에 물감을 빈틈없이 칠한 후 종이 위에 찍었습니다. 종이에 찍힌 모양은 어떤 도형입니까?

(　　　　　　　　　　)

1-3 다음 설명 중 틀린 것을 찾아 기호를 쓰시오.

㉠ 직육면체에서 면과 면이 만나는 선분을 모서리라고 합니다.
㉡ 직육면체에서 모서리와 모서리가 만나는 점을 면이라고 합니다.

(　　　　　　　　　　)

서술형

1-4 직육면체에서 면의 수, 모서리의 수, 꼭짓점의 수를 모두 더하면 몇 개인지 풀이 과정을 쓰고 답을 구하시오.

풀이 ______________________________

____

____

답 ______________

2 정사각형 6개로 둘러싸인 도형

• 정육면체: 정사각형 6개로 둘러싸인 도형

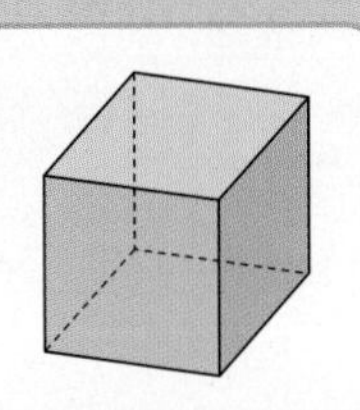

2-1 직육면체와 정육면체를 보고 표를 완성하시오.

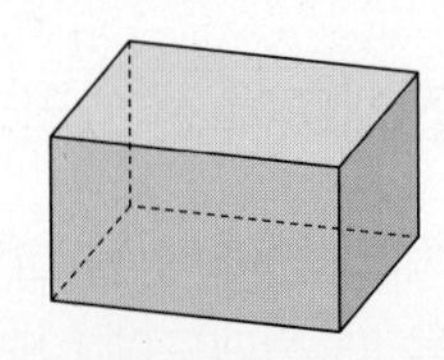　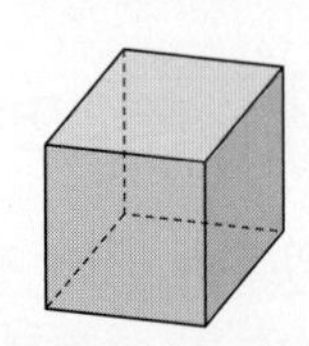

	직육면체	정육면체
면의 수(개)	6	
모서리의 수(개)		
꼭짓점의 수(개)		

2-2 오른쪽 정육면체에서 모서리 ㉮와 길이가 같은 모서리는 ㉮를 포함하여 모두 몇 개입니까?

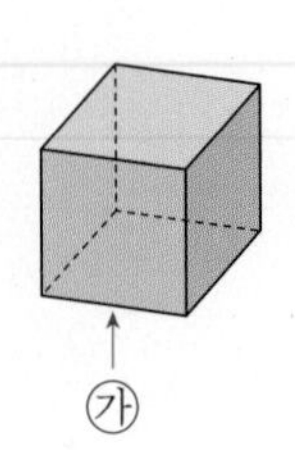

(　　　　　　　　　　)

창의+융합

2-3 다음과 같이 소금을 녹인 물에서 정육면체 모양의 소금 결정체를 얻었습니다. 한 모서리의 길이가 2 mm인 소금 결정체 하나의 모든 모서리의 길이의 합은 몇 mm입니까?

(　　　　　　　　　　)

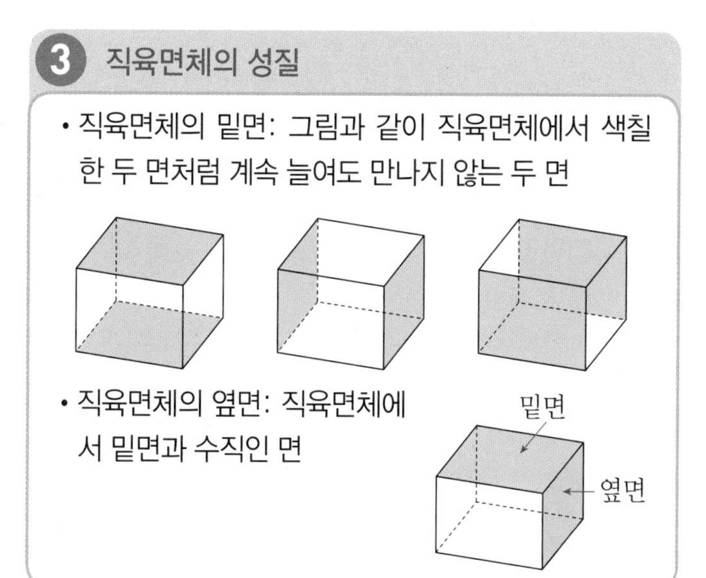

3-1 직육면체에서 색칠한 면과 평행한 면을 찾아 빗금을 그어 보시오.

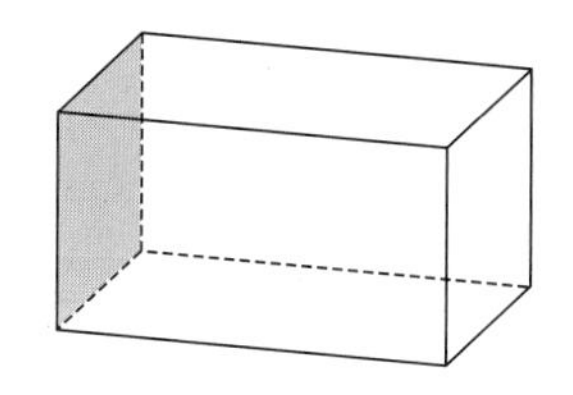

3-2 직육면체를 보고 물음에 답하시오.

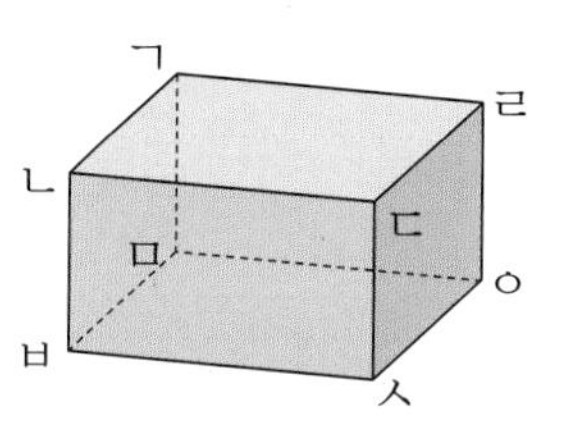

(1) 직육면체에서 평행한 면을 찾아 쓰시오.

면 ㄱㄴㄷㄹ과 (　　　　　　　　　　)

면 ㄱㅁㅇㄹ과 (　　　　　　　　　　)

면 ㄱㄴㅂㅁ과 (　　　　　　　　　　)

(2) 면 ㄴㅂㅅㄷ과 수직인 면을 모두 찾아 쓰시오.

(　　　　　　　　　　)

3-3 대화를 읽고 직육면체에 대하여 잘못된 설명을 한 사람을 찾아 이름을 쓰시오.

(　　　　　　　　　　)

3-4 오른쪽 직육면체에서 색칠한 면과 평행한 면의 모서리 길이의 합은 몇 cm입니까?

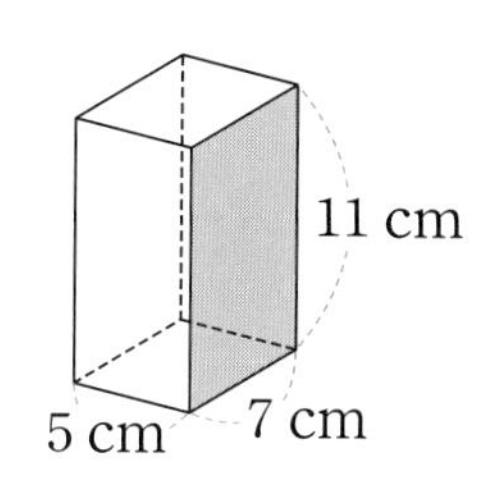

(　　　　　　　　　　)

• 직육면체: 직사각형 6개로 둘러싸인 도형

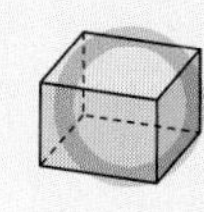

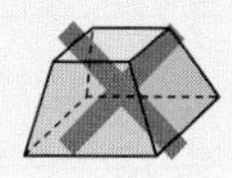

5 직육면체

4 직육면체의 겨냥도

• 직육면체의 겨냥도: 직육면체 모양을 잘 알 수 있도록 나타낸 그림

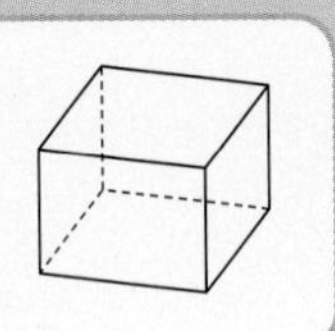

4-1 직육면체의 겨냥도를 바르게 그린 것을 찾아 기호를 쓰시오.

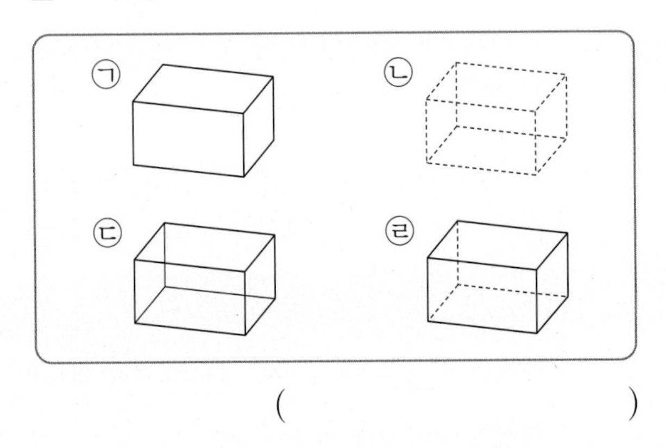

( )

4-2 직육면체의 겨냥도를 보고 표를 완성하시오.

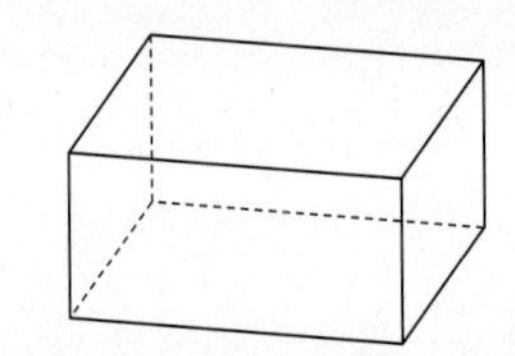

	보이는 부분	보이지 않는 부분
면의 수(개)	3	
모서리의 수(개)		
꼭짓점의 수(개)		

서술형

4-3 오른쪽 직육면체의 겨냥도를 잘못 그린 것입니다. 그 이유를 설명해 보시오.

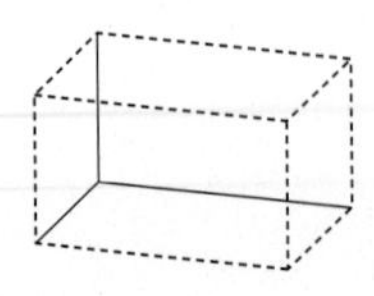

이유 ______________________

____

창의+융합

4-4 연주는 도마 위에 놓여 있는 직육면체 모양의 두부를 보고 겨냥도를 그리려고 합니다. 빈 곳에 알맞게 그려 보시오.

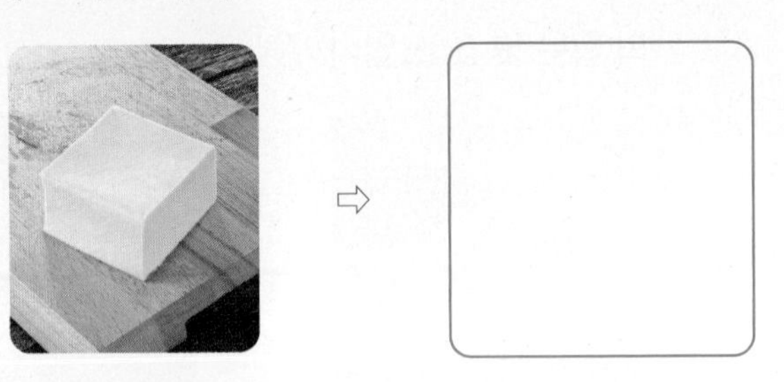

5 정육면체의 전개도

• 정육면체의 전개도: 정육면체의 모서리를 잘라서 펼친 그림

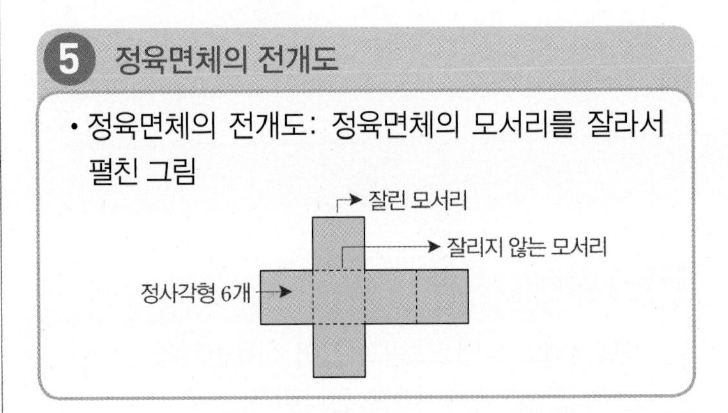

5-1 정육면체의 전개도를 바르게 그린 것을 찾아 기호를 쓰시오.

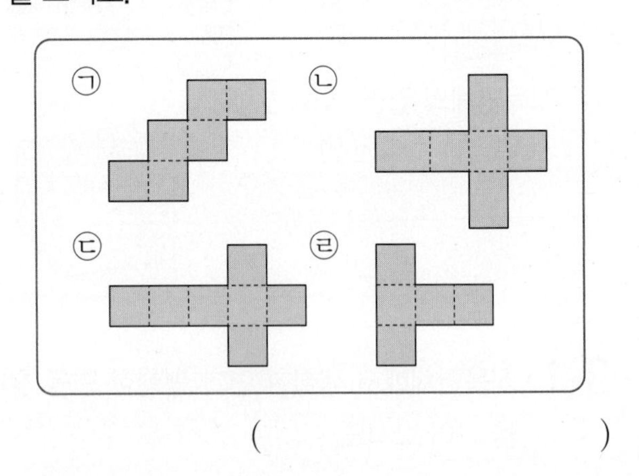

( )

5-2 정육면체의 전개도를 접었을 때 면 가와 평행한 면을 찾아 쓰시오.

가
나 다 라 마
바

( )

5-3 한 모서리의 길이가 2 cm인 서로 다른 모양의 정육면체의 전개도를 2가지 그려 보시오.

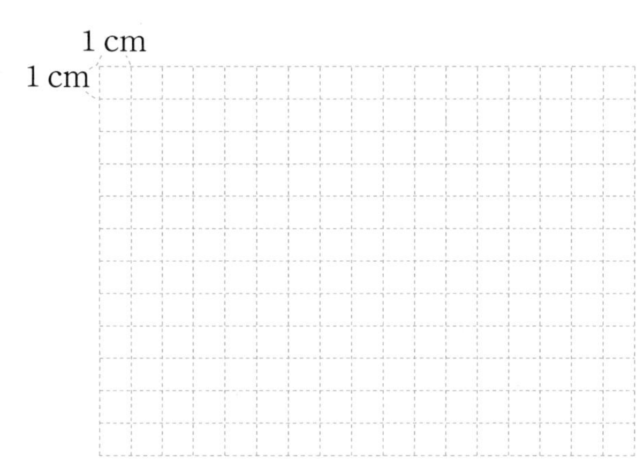

6 직육면체의 전개도

• 직육면체의 전개도: 직육면체의 모서리를 잘라서 펼친 그림

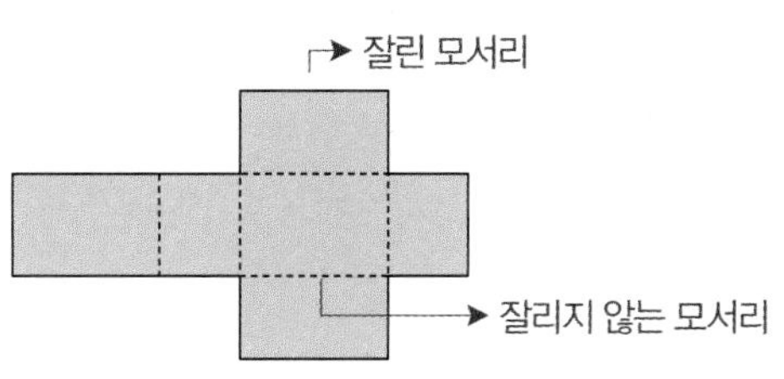

6-1 직육면체의 전개도를 접었을 때 면 마와 수직인 면을 모두 찾아 쓰시오.

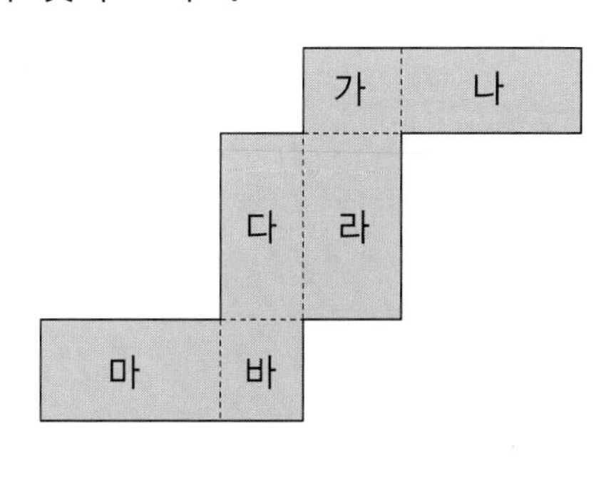

(　　　　　　　　)

서술형

6-2 다음은 직육면체의 전개도를 잘못 그린 것입니다. 그 이유를 설명해 보시오.

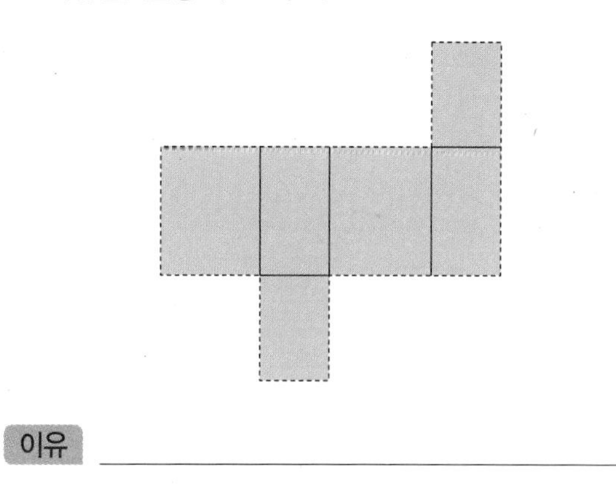

이유 ______________________

____

6-3 오른쪽 직육면체의 전개도를 그려 보시오.

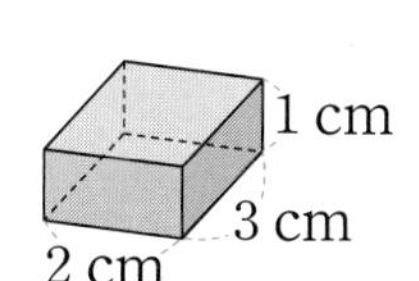

6-4 다음 직사각형 중에서 3개를 골라 2번씩 사용하여 직육면체를 만들려고 합니다. 필요 없는 직사각형을 찾아 기호를 쓰시오.

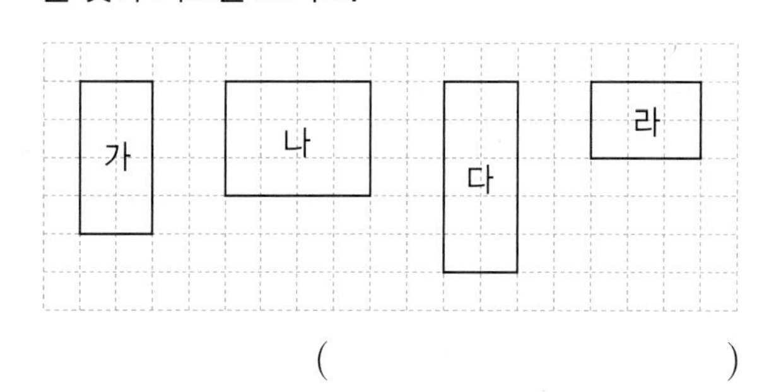

(　　　　　　　　)

• 정육면체의 전개도는 정육면체의 모서리를 잘라서 펼친 그림이므로 6개의 면이 모두 합동입니다.

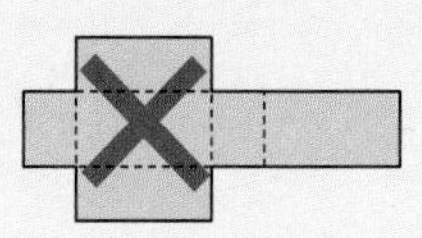

바른 정육면체의 전개도

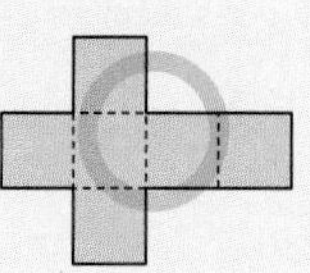

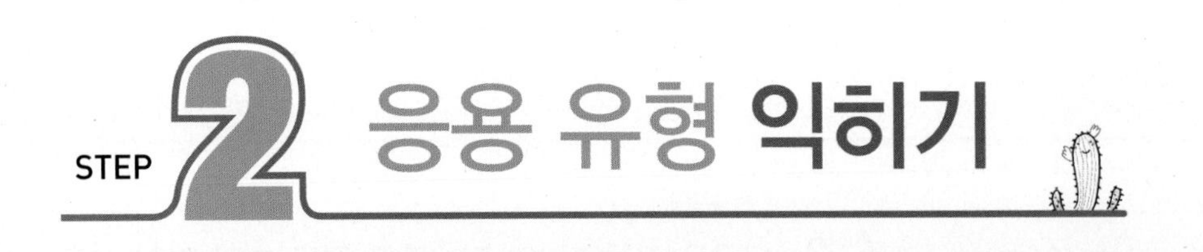

응용 1 주사위에서 수직인 면의 눈의 수 구하기

❶ 서로 평행한 두 면의 눈의 수의 합이 7인 주사위에서 3의 눈이 그려진 면과 / ❷ 수직인 면의 눈의 / ❸ 수를 모두 더하면 얼마입니까?

(　　　　　　　　　　)

❶ 3의 눈이 그려진 면과 평행한 면의 눈의 수를 구해 봅니다.

❷ 3의 눈이 그려진 면과 수직인 면의 눈의 수를 모두 구해 봅니다.

❸ 3의 눈이 그려진 면과 수직인 면의 눈의 수의 합을 구해 봅니다.

예제 1-1 오른쪽 주사위는 서로 평행한 두 면의 눈의 수의 합이 7입니다. ㉠에 올 수 있는 눈의 수를 모두 더하면 얼마입니까?

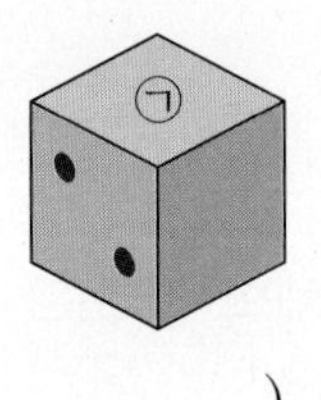

(　　　　　　　　　　)

예제 1-2 다음은 1부터 6까지의 수가 쓰여 있는 정육면체를 세 방향에서 본 그림입니다. 2가 쓰여 있는 면과 평행한 면에 쓰여 있는 수를 구하시오. (단, 수가 쓰여 있는 방향은 생각하지 않습니다.)

(　　　　　　　　　　)

응용 2 전개도에 알맞게 색칠하기

❶ 정육면체 모양의 상자의 면 6개를 서로 다른 색으로 색칠하였습니다. / ❷ 전개도의 빈 곳에 알맞게 색칠해 보시오.

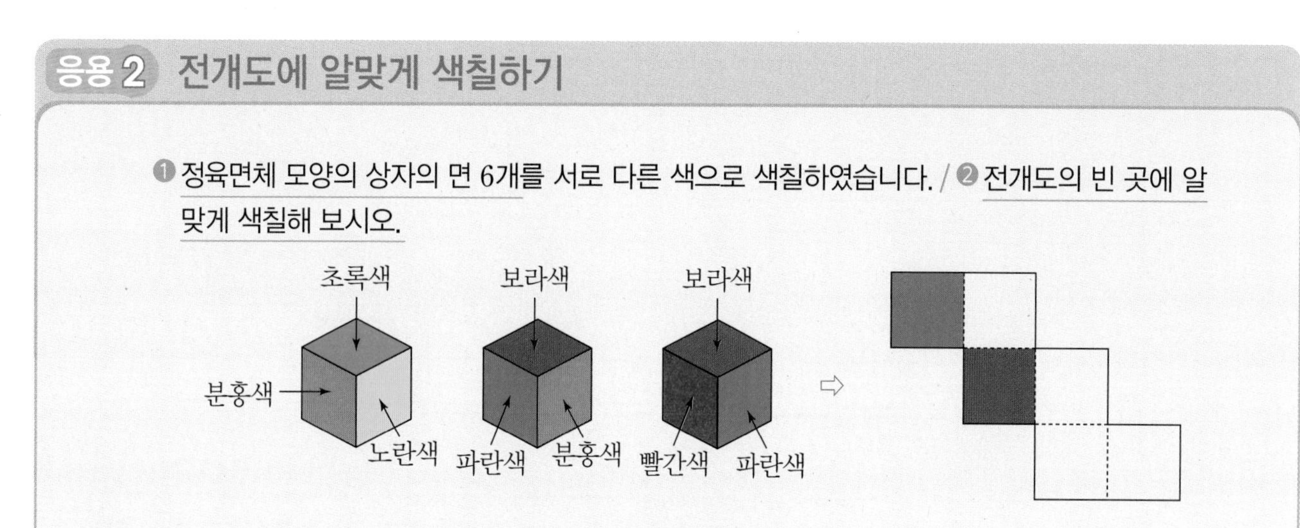

❶ 정육면체의 면 6개에 색칠된 색깔들을 구해 봅니다.

❷ 주어진 정육면체에서 서로 마주 보는 면을 구해 봅니다.

예제 2-1 정육면체 모양의 상자의 면 6개를 서로 다른 색으로 색칠하였습니다. 전개도의 빈 곳에 알맞게 색칠해 보시오.

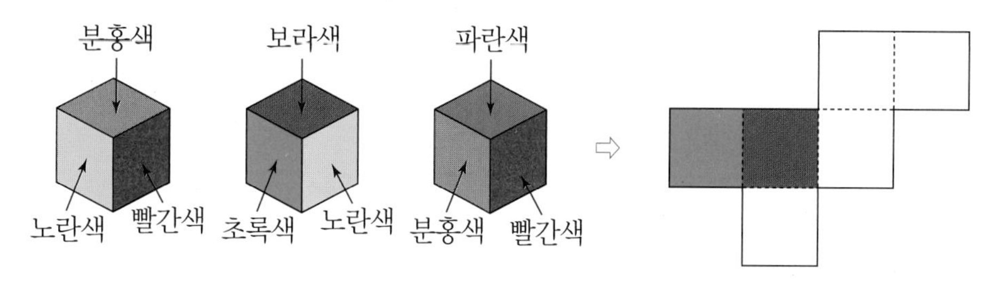

예제 2-2 정육면체 모양의 상자의 면 6개를 서로 다른 색으로 색칠하였습니다. 밑에 놓인 면을 바꿔가면서 본 상자의 모습이 다음과 같을 때, 파란색으로 색칠된 면과 평행한 면의 색깔은 무엇입니까?

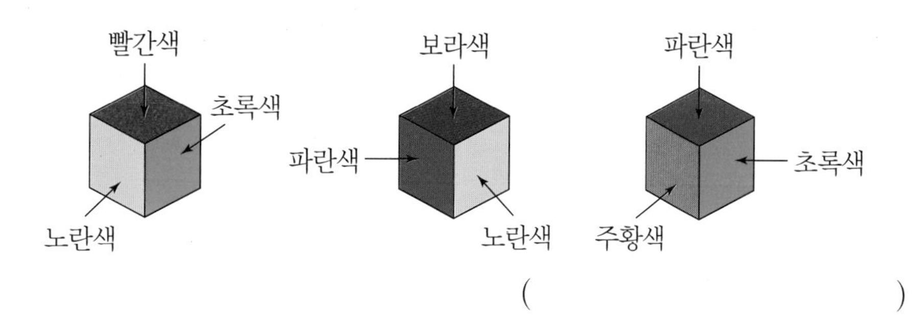

(　　　　　　　　)

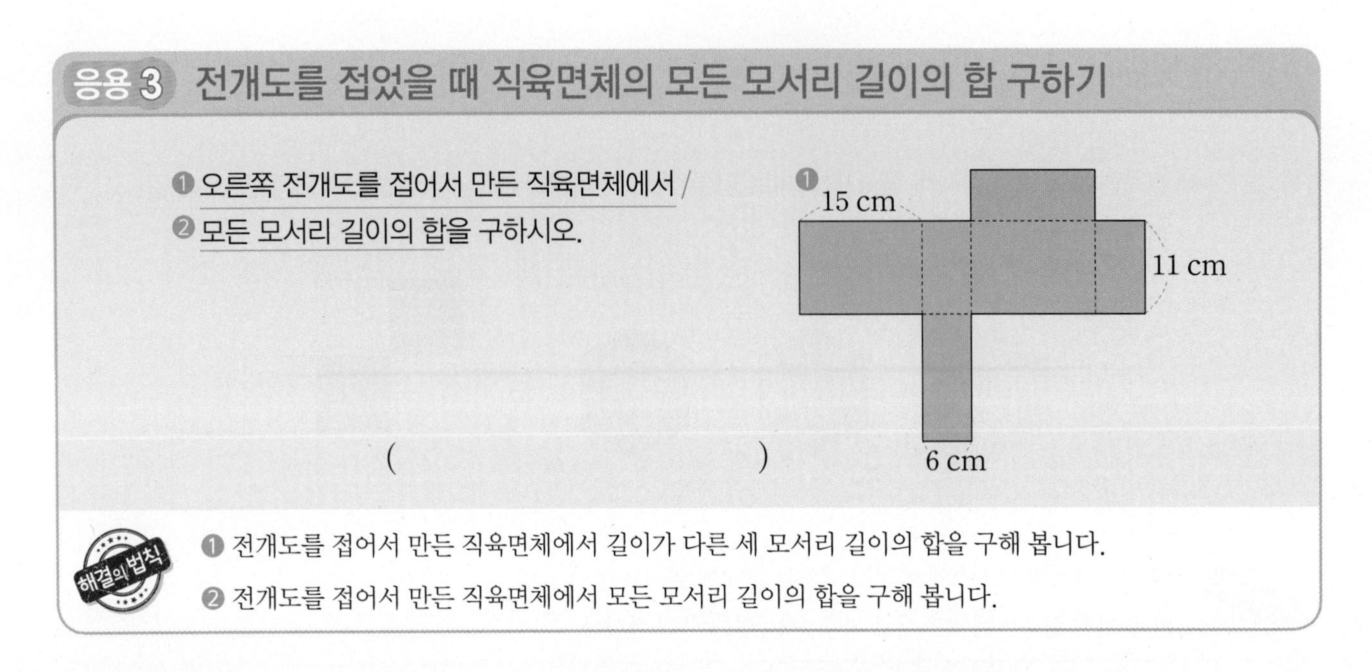

응용 3 전개도를 접었을 때 직육면체의 모든 모서리 길이의 합 구하기

❶ 오른쪽 전개도를 접어서 만든 직육면체에서 /
❷ 모든 모서리 길이의 합을 구하시오.

(　　　　　　　　　　)

해결의 법칙

❶ 전개도를 접어서 만든 직육면체에서 길이가 다른 세 모서리 길이의 합을 구해 봅니다.

❷ 전개도를 접어서 만든 직육면체에서 모든 모서리 길이의 합을 구해 봅니다.

예제 3 - 1 전개도를 접어서 만든 직육면체에서 모든 모서리 길이의 합을 구하시오.

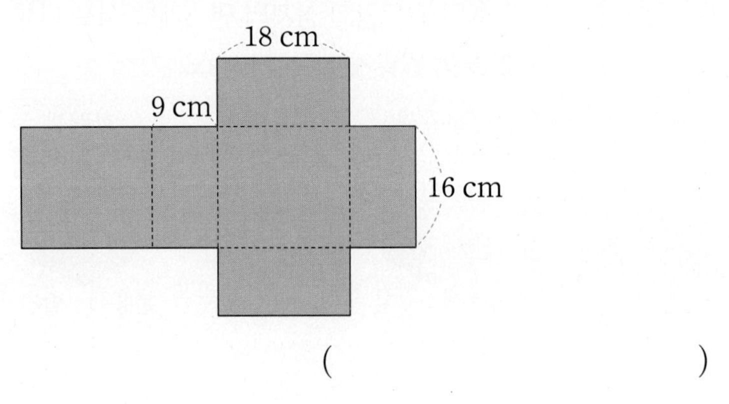

(　　　　　　　　　　)

예제 3 - 2 다음 그림은 모든 모서리 길이의 합이 192 cm인 직육면체 모양의 상자를 잘라 만든 전개도입니다. 선분 ㅌㅍ의 길이는 몇 cm인지 구하시오.

직육면체에는 길이가 같은 모서리가 4개씩 3쌍이야.

구하고자 하는 선분을 □cm로 놓고 식을 세워 봐.

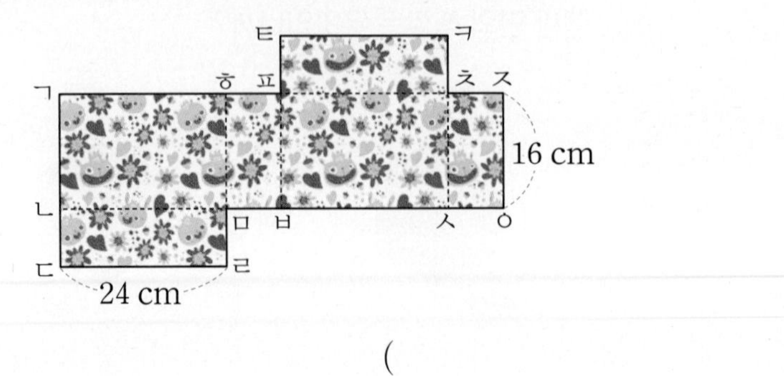

(　　　　　　　　　　)

응용 4 직육면체에서 한 모서리의 길이 구하기

❶ 직육면체에서 모든 모서리 길이의 합은 112 cm입니다. / ❷ □ 안에 알맞은 수를 구하시오.

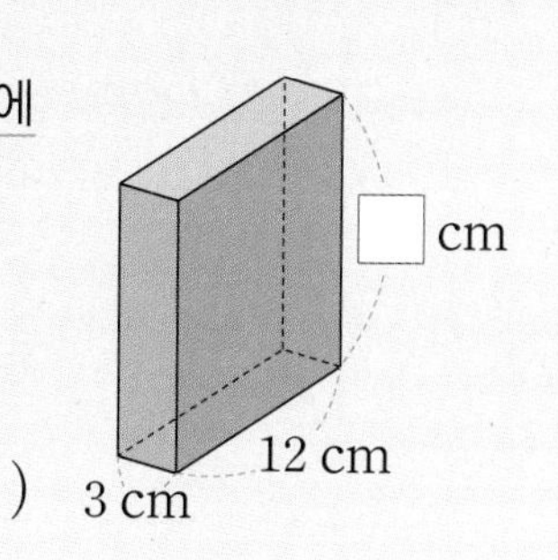

(　　　　　　　　　　　　)

❶ 직육면체에서 모든 모서리 길이의 합을 □를 사용하여 식을 써 봅니다.

❷ ❶에서 쓴 식을 이용하여 □ 안의 수를 구해 봅니다.

예제 4-1 직육면체에서 모든 모서리 길이의 합은 968 cm입니다. □ 안에 알맞은 수를 구하시오.

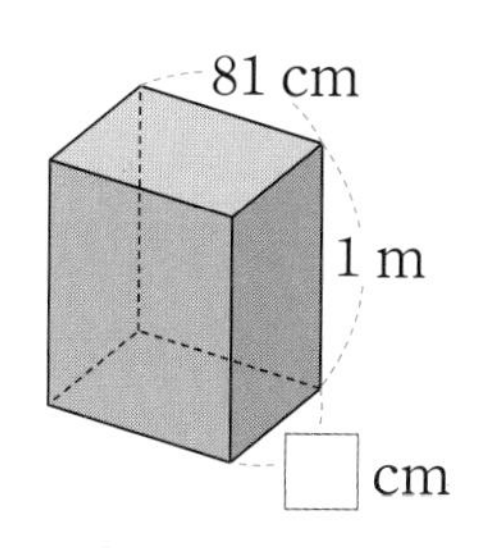

(　　　　　　　　　　　　)

예제 4-2 보이지 않는 모서리의 길이의 합이 27 cm인 직육면체의 겨냥도입니다. 이 직육면체와 모든 모서리 길이의 합이 같은 정육면체를 만들었습니다. 만든 정육면체의 한 면의 넓이를 구하시오.

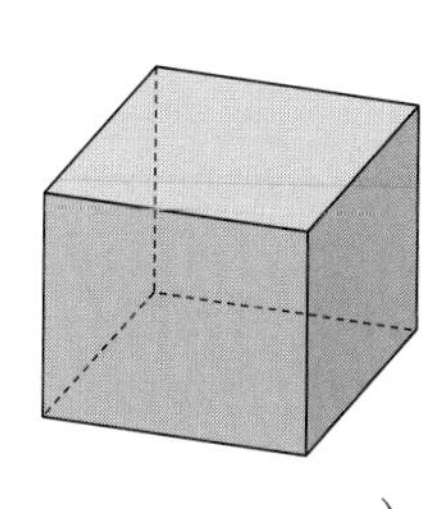

(　　　　　　　　　　　　)

응용 5 사용한 끈의 길이 구하기

❶ 직육면체 모양의 상자를 끈으로 묶었습니다. / ❸ 매듭의 길이는 17 cm이고, / ❷ 매듭 이외의 부분은 1번씩만 감았다면 / ❸ 상자를 묶는 데 사용한 끈의 길이는 모두 몇 cm인지 구하시오.

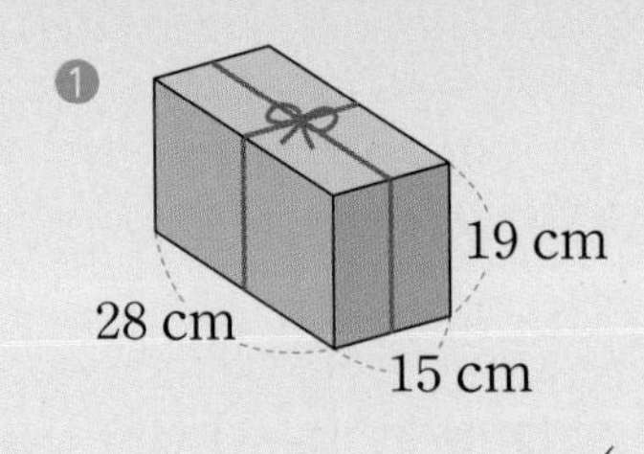

( )

❶ 각 모서리 길이와 평행한 끈의 개수를 알아봅니다.

❷ ❶의 끈의 길이의 합을 구해 봅니다.

❸ ❷와 매듭으로 사용한 끈의 길이의 합을 구해 봅니다.

예제 5-1

직육면체 모양의 상자를 끈으로 묶었습니다. 매듭의 길이는 22 cm이고, 매듭 이외의 부분은 1번씩만 감았습니다. 상자를 묶는 데 사용한 끈의 길이는 모두 몇 cm인지 구하시오.

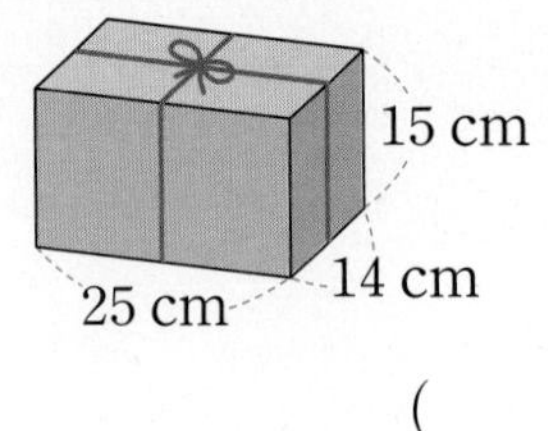

( )

예제 5-2

각 모서리 길이와 평행한 끈의 길이의 개수를 알아야 해.

매듭의 길이를 빼는 것을 기억해.

직육면체 모양의 상자를 묶는 데 사용한 끈의 길이는 모두 93 cm입니다. 매듭 이외의 부분은 1번씩만 감았고 매듭으로 17 cm를 사용했다면 모서리 ㉮의 길이는 몇 cm인지 구하시오.

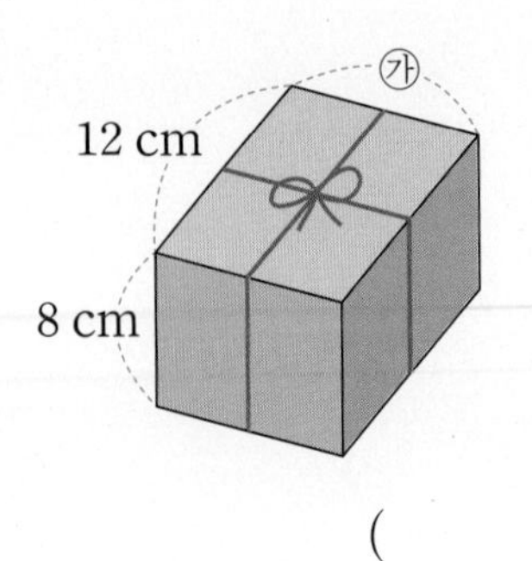

( )

응용 6 직육면체의 전개도에 선 그리기

❶ 왼쪽과 같이 정육면체의 면에 선을 그었습니다. / ❷ 이 정육면체의 전개도가 오른쪽과 같을 때 / ❸ 전개도에 나타나는 선을 그려 넣으시오.

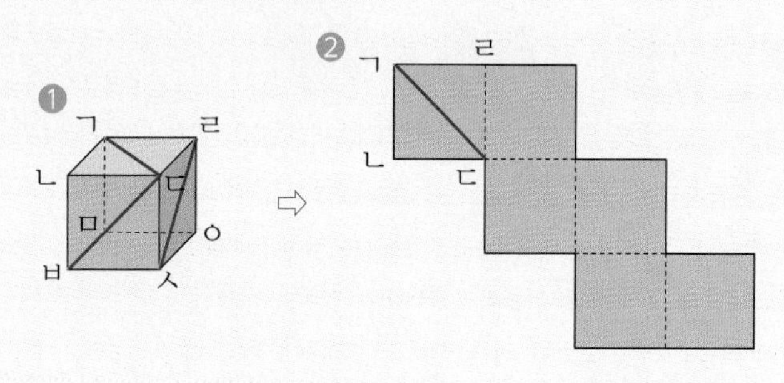

❶ 정육면체에서 각각의 선은 어떤 꼭짓점끼리 이은 것인지 확인해 봅니다.

❷ 전개도에 정육면체의 각 꼭짓점의 기호를 나타내어 봅니다.

❸ 전개도에 선을 그려 봅니다.

예제 6-1 왼쪽과 같이 정육면체의 면에 선을 그었습니다. 이 정육면체의 전개도가 오른쪽과 같을 때 전개도에 나타나는 선을 그려 넣으시오.

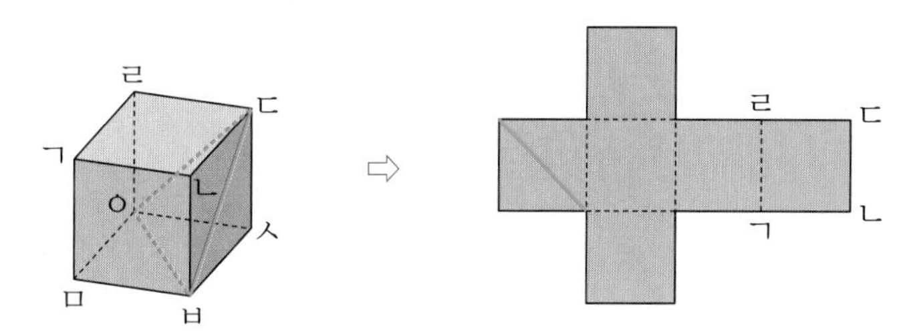

예제 6-2 왼쪽과 같이 직육면체의 면에 선을 그었습니다. 이 직육면체의 전개도가 오른쪽과 같을 때 전개도에 나타나는 선을 그려 넣으시오.

전개도에 직육면체의 각 꼭짓점의 기호를 써 봐.

그런 다음 전개도에 선이 지나간 자리를 그려.

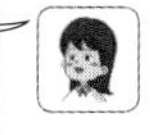

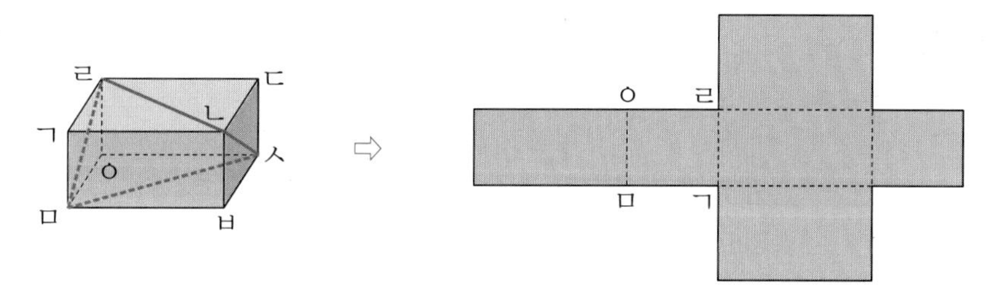

응용 유형 뛰어넘기

직육면체와 정육면체

01 도형을 보고 물음에 답하시오.

유사

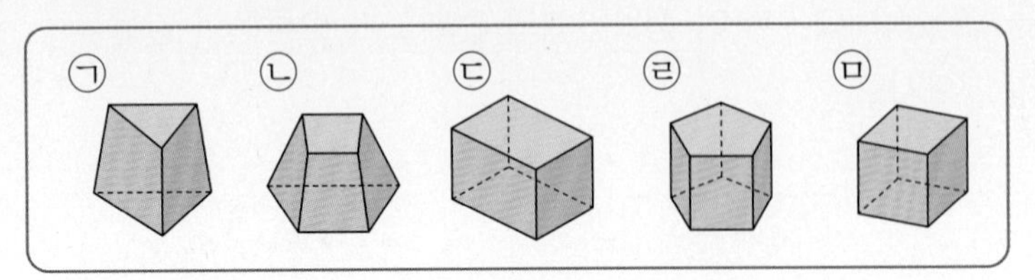

(1) 직육면체를 모두 찾아 기호를 쓰시오.

( )

(2) 정육면체를 찾아 기호를 쓰시오.

( )

정육면체의 전개도

02 다음과 같이 정육면체에 화살을 쏘아 관통시켰습니다. 구멍이 뚫어진 면 중 나머지 하나를 정육면체의 전개도에서 찾아 ○표 하시오.

유사

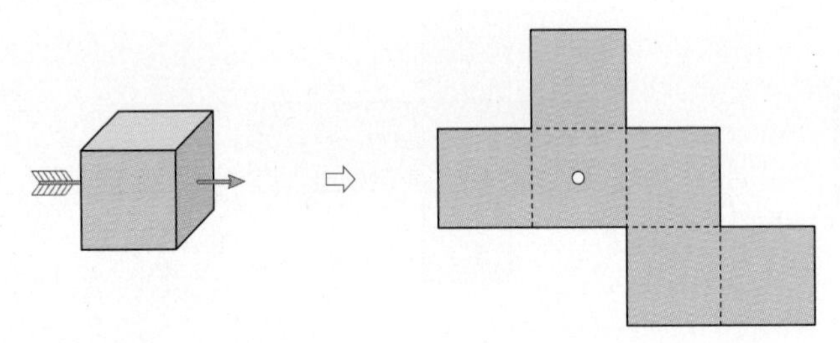

직육면체의 성질

03 그림과 같은 직육면체의 모든 모서리에 철사를 겹치지 않게 둘렀습니다. 이 철사를 겹치지 않게 모두 사용하여 정육면체의 모서리에 두르면 정육면체의 마주 보는 두 면을 만드는 데 사용한 철사는 몇 cm입니까? (단, 철사의 굵기는 생각하지 않습니다.)

유사 동영상

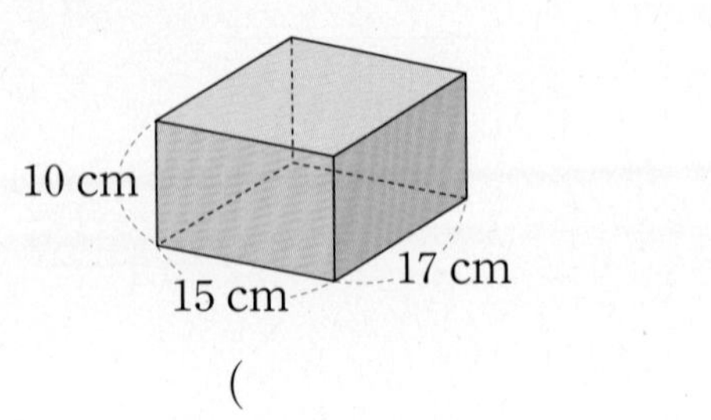

( )

• 정답은 45쪽

유사 표시된 문제의 유사 문제가 제공됩니다.
동영상 표시된 문제의 동영상 특강을 볼 수 있어요.
QR 코드를 찍어 보세요.

직육면체의 겨냥도

04 유사 오른쪽 직육면체의 겨냥도에서 보이지 않는 모서리의 길이의 합은 16 cm입니다. □ 안에 알맞은 수를 구하시오.

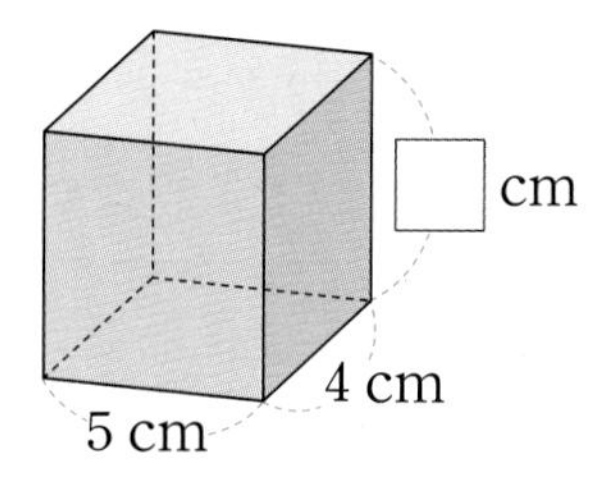

(　　　　　　　　　　)

직육면체의 전개도

창의+융합

05 유사 직육면체 모양의 휴지 상자의 모서리 1개가 찢어져 왼쪽과 같이 초록색 테이프를 붙였습니다. 휴지 상자의 전개도에 초록색 테이프를 붙인 자리를 표시하시오.

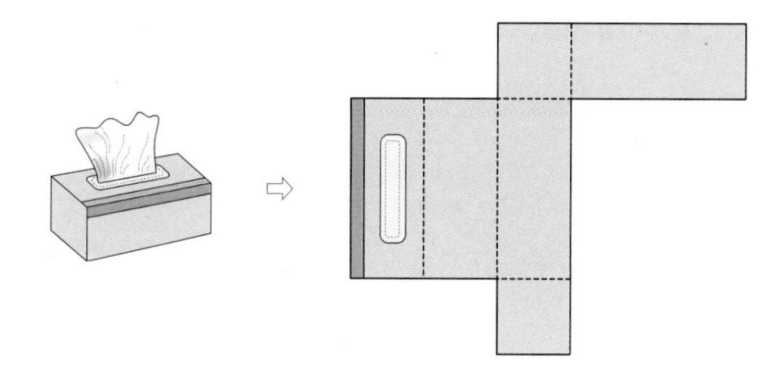

서술형 정육면체의 전개도

06 유사 오른쪽 주사위의 전개도를 접었을때 서로 평행한 두 면의 눈의 수의 합은 7입니다. 면 ㉠과 면 ㉢의 눈의 수의 합에서 면 ㉡의 눈의 수를 뺀 값은 얼마인지 풀이 과정을 쓰고 답을 구하시오.

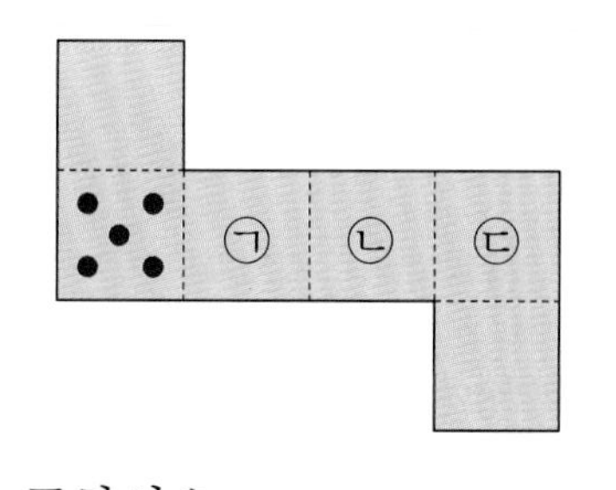

(　　　　　　　　　　)

풀이

5 직육면체

정육면체의 전개도

07 정육면체의 전개도에서 나머지 한 면의 위치가 될 수 있는 곳의 기호를 모두 쓰시오.

유사 동영상

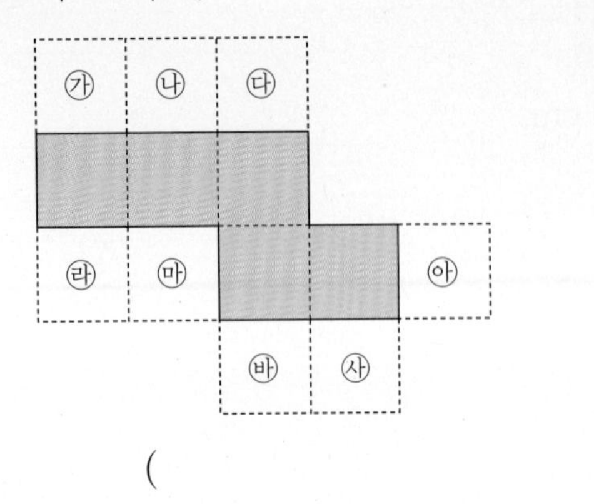

(   )

서술형 직육면체의 성질

08 그림과 같은 직육면체를 여러 개 쌓아 가장 작은 정육면체를 만들려고 합니다. 직육면체는 몇 개 필요한지 풀이 과정을 쓰고 답을 구하시오.

유사 동영상

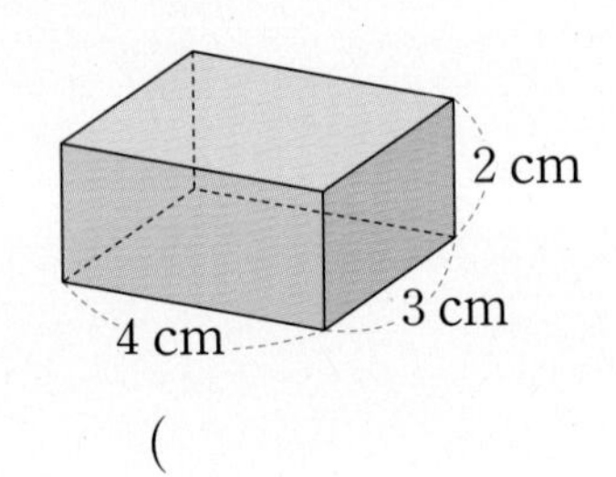

(   )

풀이

직육면체의 성질

09 다음과 같은 도화지가 각각 2장씩 있습니다. 이 도화지를 직육면체의 각 면으로 하여 크기가 다른 직육면체를 만들려고 합니다. 만들 수 있는 직육면체 모양은 몇 가지입니까? (단, 뒤집거나 돌렸을 때 같은 모양은 1가지로 생각합니다.)

유사 동영상

㉠ 3 cm, 2 cm   ㉡ 4 cm, 3 cm   ㉢ 2 cm, 4 cm

㉣ 3 cm, 5 cm   ㉤ 6 cm, 4 cm   ㉥ 2 cm, 6 cm

(   )

• 정답은 45쪽

유사 표시된 문제의 유사 문제가 제공됩니다.
동영상 표시된 문제의 동영상 특강을 볼 수 있어요.
QR 코드를 찍어 보세요.

서술형 직육면체의 전개도

10 유사 어떤 직육면체를 세 방향에서 본 모양을 그린 것입니다. 이 직육면체의 전개도를 그렸을 때, 전개도의 둘레가 가장 짧은 경우의 둘레는 몇 cm인지 풀이 과정을 쓰고 답을 구하시오.

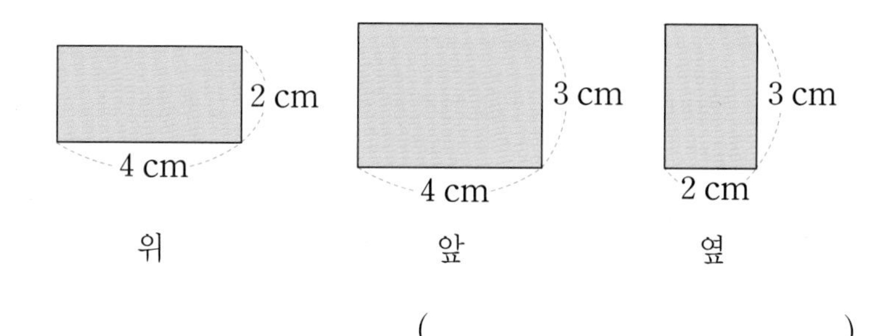

(   )

풀이

직육면체의 성질

11 유사 동영상 오른쪽과 같이 직육면체에 빨간색과 파란색 테이프를 붙였습니다. 빨간색 테이프의 길이는 48 cm이고, 파란색 테이프의 길이는 72 cm입니다. 이 직육면체의 모든 모서리 길이의 합을 구하시오.

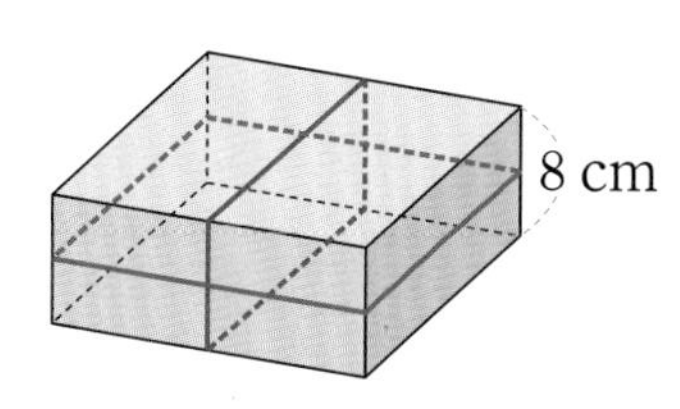

(   )

직육면체의 겨냥도

창의+융합

12 유사 동영상 서로 평행한 두 면의 눈의 수의 합이 7인 주사위 2개를 그림과 같이 붙였습니다. 그림에서 보이지 않는 면의 눈의 수를 모두 더하면 얼마입니까?

(   )

5 직육면체

창의사고력

13 상철이는 다음과 같이 뚜껑이 없는 우유갑의 모서리 4개를 잘라 펼쳐서 보관하려고 합니다. 둘레가 가장 짧게 되도록 잘랐을 때 펼친 우유갑의 둘레는 몇 cm인지 구하시오.

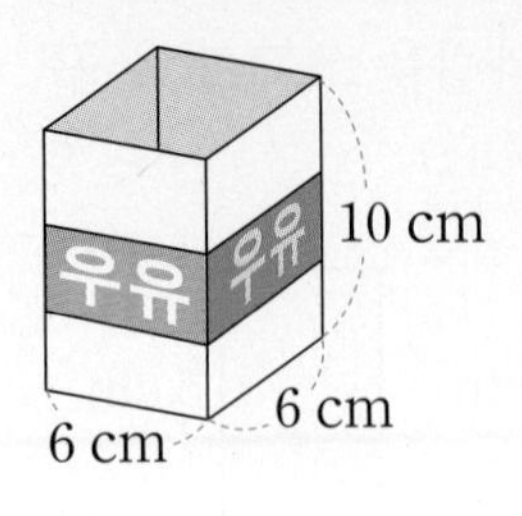

( )

창의사고력

14 다음과 같이 크기가 같은 정육면체 48개를 붙인 후 바깥쪽 면에 색칠하였습니다. 두 면에만 색칠된 정육면체는 모두 몇 개인지 구하시오.

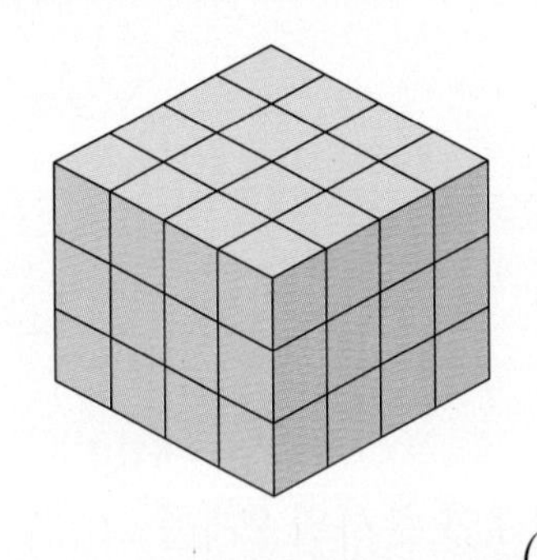

( )

점수

• 정답은 47쪽

01 직육면체의 각 부분의 이름을 □ 안에 알맞게 써넣으시오.

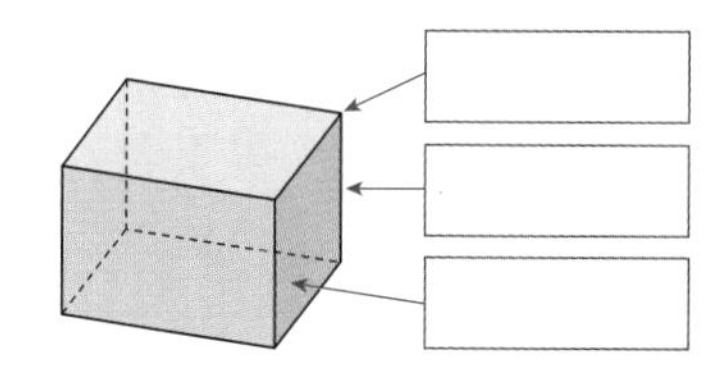

창의+융합

02 다음은 빛이 곧게 나아가는 성질을 이용하는 물체인 바늘구멍 사진기입니다. 직육면체 모양인 바늘구멍 사진기의 한쪽 면을 본뜬 모양은 어떤 도형입니까?

(　　　　　　　　　　)

[03~04] 직육면체를 보고 물음에 답하시오.

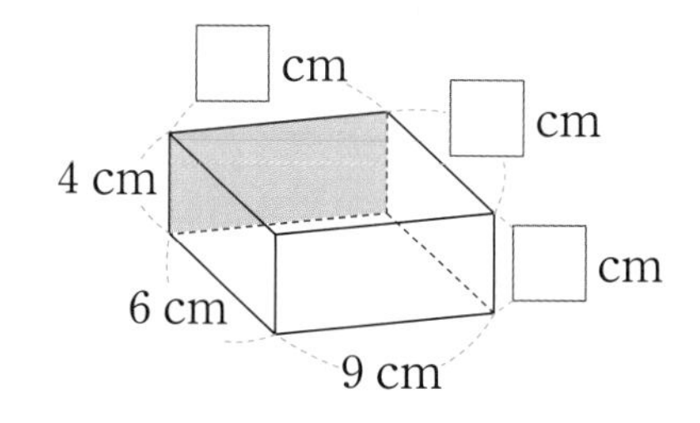

03 □ 안에 알맞은 수를 써넣으시오.

04 색칠된 면의 모서리 길이의 합은 몇 cm입니까?

(　　　　　　　　　　)

05 왼쪽 직육면체의 겨냥도에서 잘못된 부분을 찾아 빈 곳에 바르게 그려 보시오.

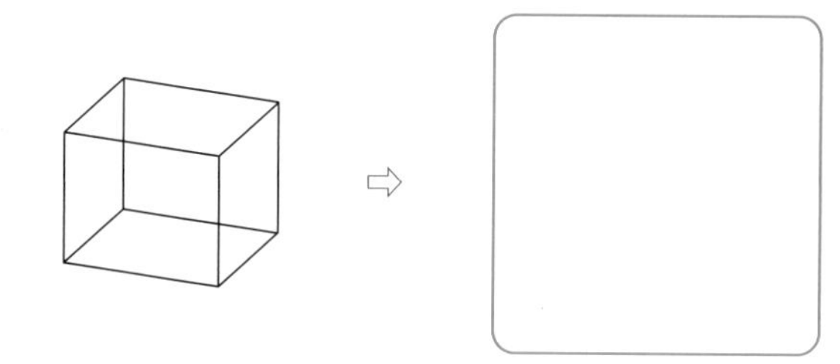

[06~07] 직육면체를 보고 물음에 답하시오.

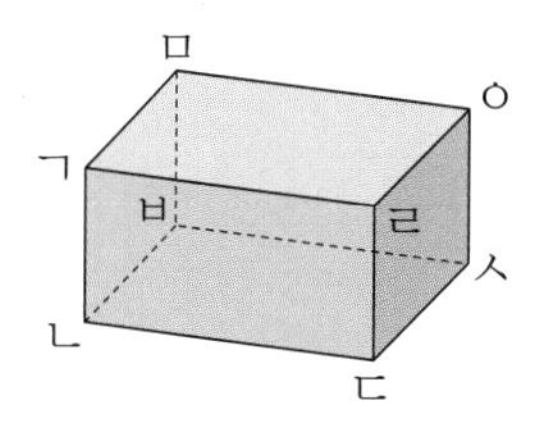

06 면 ㄱㄴㅂㅁ과 평행한 면을 찾아 쓰시오.

(　　　　　　　　　　)

07 면 ㄱㄴㄷㄹ과 수직인 면을 모두 찾아 쓰시오.

(　　　　　　　　　　)

서술형

08 직육면체와 정육면체의 공통점과 차이점을 각각 쓰시오.

공통점 ______________________

____

____

차이점 ______________________

____

____

09 오른쪽 직육면체의 겨냥도에서 보이지 않는 모서리의 길이의 합을 구하시오.

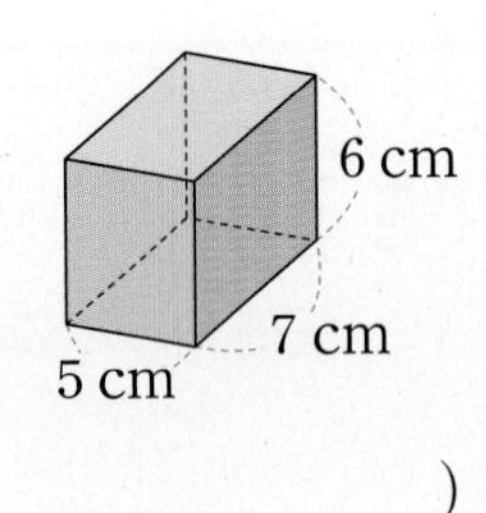

( )

10 오른쪽과 같이 직육면체를 ㉮, ㉯, ㉰ 방향에서 본 모양을 모눈종이에 각각 그려 보시오.

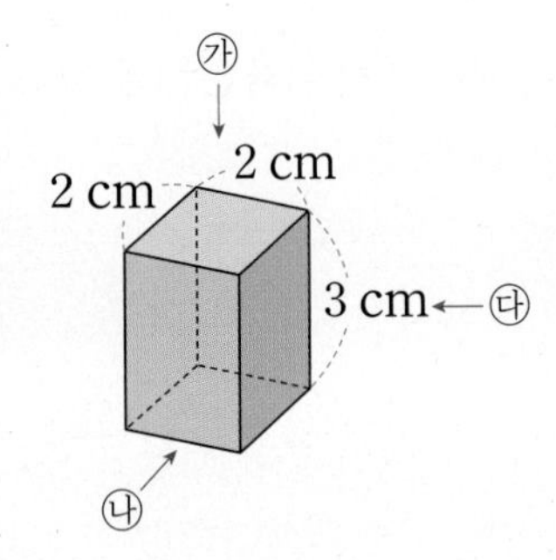

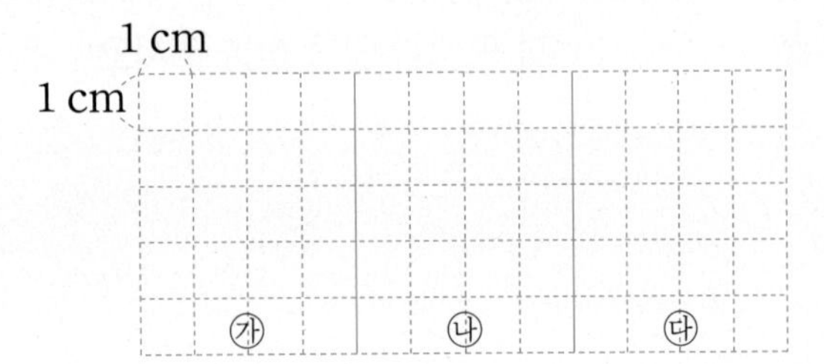

11 정육면체에 대한 설명 중 틀린 것을 모두 찾아 기호를 쓰시오.

> ㉠ 정육면체의 면은 모두 정삼각형입니다.
> ㉡ 정육면체는 직육면체입니다.
> ㉢ 한 면과 평행한 면을 제외한 모든 면은 그 면에 수직입니다.
> ㉣ 한 모서리에서 만나는 두 면은 서로 평행합니다.

( )

12 직육면체의 겨냥도에서 수가 많은 것부터 차례로 기호를 쓰시오.

> ㉠ 보이는 모서리
> ㉡ 보이지 않는 모서리
> ㉢ 보이는 꼭짓점
> ㉣ 보이지 않는 꼭짓점

( )

[13~14] 전개도를 보고 물음에 답하시오.

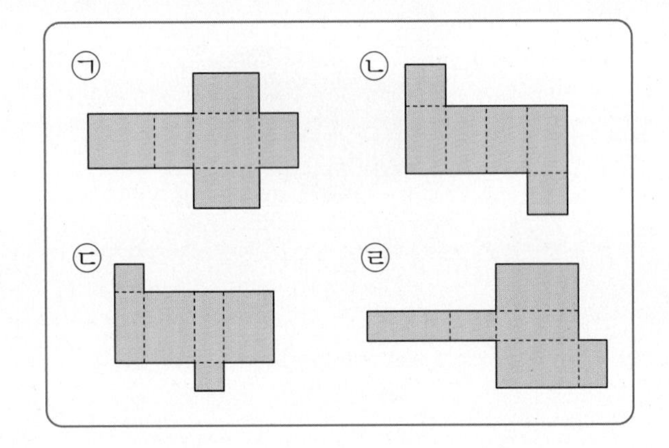

13 직육면체의 전개도로 알맞지 않은 것을 찾아 기호를 쓰시오.

( )

서술형

14 위의 13번에서 찾은 것이 직육면체의 전개도로 알맞지 않은 이유를 쓰시오.

이유 ______________________

서술형

15 오른쪽 직육면체에서 모든 모서리 길이의 합은 120 cm입니다. □ 안에 알맞은 수는 얼마인지 풀이 과정을 쓰고 답을 구하시오.

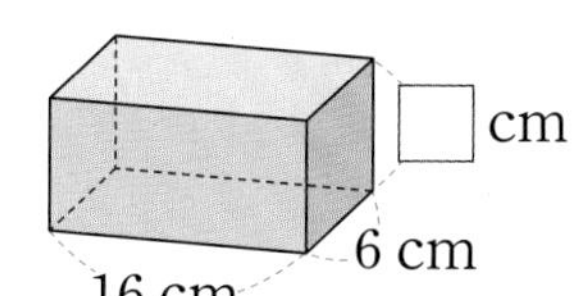

풀이

답

16 전개도를 접었을 때 서로 평행한 면의 수의 합이 14가 되도록 정육면체 전개도의 각 면에 알맞은 수를 써넣으시오.

	8	10		
		5		

17 오른쪽과 같이 직육면체 모양의 상자를 끈으로 묶었습니다. 매듭의 길이는 20 cm이고, 매듭 이외의 부분은 1번씩만 감았다면 상자를 묶는 데 사용한 끈의 길이는 모두 몇 cm입니까?

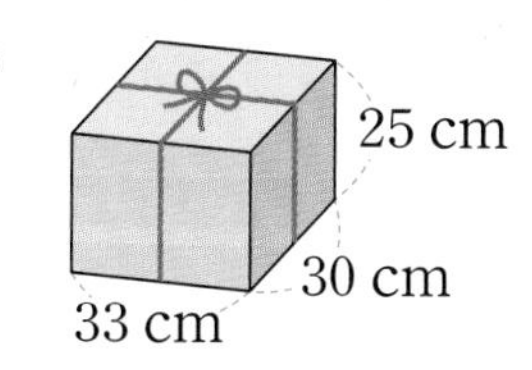

( )

창의+융합

18 준호는 다음과 같이 직육면체 모양의 상자에 색 테이프를 붙였습니다. 직육면체의 전개도에 색 테이프를 붙인 자리를 표시하시오.

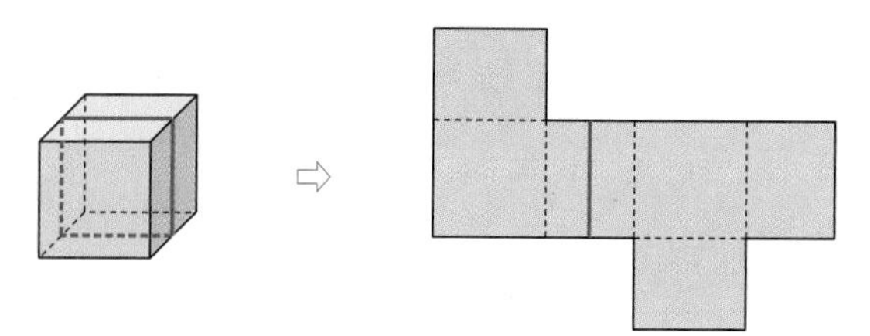

19 왼쪽 직육면체의 모서리 ㄴㄷ을 오른쪽 전개도에서 모두 찾아 ○표 하시오.

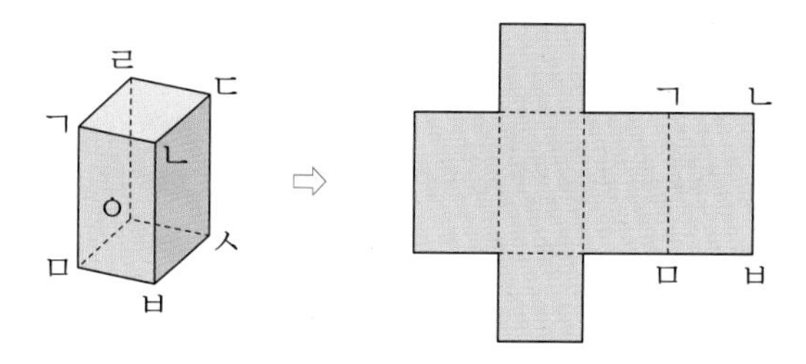

20 다음 직육면체의 면 중 모서리 길이의 합이 가장 긴 면의 모서리 길이의 합은 몇 cm입니까?

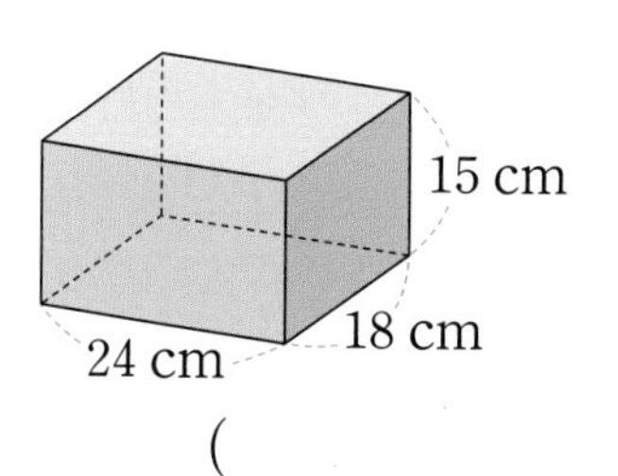

( )

6 평균과 가능성

평균의 필요성과 오류

일반적으로 통계에서는 자료를 대표하는 대푯값을 중요시합니다.
평균은 이러한 자료를 표현하는 대푯값 중의 하나입니다.
때문에 평균은 전체 집단의 수준이나 정도를 손쉽게 나타낼 수 있는 좋은 방법입니다.
만약에 100만 개의 자료가 있다고 가정할 때 100만 개의 자료를 하나씩 확인하는 것은 많은 시간과 노력을 필요로 합니다.

하지만 하나의 값을 통해 100만 개의 자료를 대표해서 표현할 수 있다면 많은 시간과 노력을 줄일 수 있습니다.
이러한 값을 대푯값이라고 하는데 평균 같은 경우 자료의 중심을 대표하는 값입니다.
즉, 주어진 자료들의 중심이 어디인지 파악할 수 있도록 도와주는 값이라 중요한 값이 됩니다.
그러나 어떤 자료를 조사하여 실행에 옮길 때 평균에만 의지하기에는 위험한 면이 많습니다.
다음 이야기를 한 번 읽어 볼까요?

'100명의 병사들이 강을 건너려고 한다. 병사들의 평균 키는 165 cm, 강의 평균 수심은 140 cm이다. 병사들이 모두 강을 건널 수 있다고 생각했지만 강을 건너다가 70명의 병사가 빠졌다.'

왜 모든 병사들이 강을 건널 수 없었을까요?
바로 평균값만 생각했기 때문입니다.
강의 평균 수심이 140 cm라고 하여 모든 곳이 140 cm인 것은 아니지요.

이미 배운 내용

[3-2 자료의 정리]
- 자료의 정리

[4-1 막대그래프]
- 막대그래프

[4-2 꺾은선그래프]
- 꺾은선그래프

이번에 배울 내용

- 평균 알아보기
- 여러 가지 방법으로 평균 구하기
- 평균 이용하기
- 일이 일어날 가능성 말로 표현하기, 비교하기, 수로 표현하기

앞으로 배울 내용

[6-1 비와 비율]
- 비와 비율

[6-1 여러 가지 그래프]
- 여러 가지 그래프

강의 수심은 평균 140 cm이므로 140 cm보다 얕은 곳도 있고 140 cm보다 깊은 곳도 있습니다.
만약에 강의 수심이 가장 얕은 곳이 100 cm, 가장 깊은 곳이 180 cm라면 평균 수심은
$(100+180)\div 2=280\div 2=140\,(\text{cm})$
가 되는 것입니다.
때문에 키가 180 cm가 되지 않는 병사들은 강의 깊은 곳을 지날 때 빠질 수 밖에 없는 것이지요.
따라서 강을 건널 때에는 평균 수심이 아닌 가장 깊은 곳의 수심이 문제가 되는 것입니다.

이렇게 평균값이라고 하면 무조건 균일한 것으로 생각하는 오류를 범할 수 있습니다.
이럴 때에는 대푯값과 중간값, 평균값의 의미를 알아야 합니다.
대푯값은 그 집단을 대표하는 값, 중간값은 순서대로 늘어놓았을 때 중간에 있는 값, 평균값은 집단의 값의 합을 집단의 수로 나눈 값입니다.
대푯값이 평균값과 같아질 때 평균값이 그 집단을 대표할 수 있지만 그렇지 않은 경우에는 그 집단을 대표한다고 할 수 없습니다.

위 이야기에서 가장 많은 병사들의 키가 165 cm이고 165 cm 미만인 병사 수와 165 cm 초과인 병사 수가 같을 때 165 cm가 대푯값도 되고 평균값도 되는 것입니다.

메타인지 개념학습

평균

❶ 자료의 값을 모두 더해 자료의 수로 나눈 수를 (합계, 평균)이라고 합니다.

❷ 평균은 (자료의 값을 모두 더한 수)÷(자료의 수)입니다. (○ , ×)

정답: 평균 / ○

생각의 방향
• 자료의 값을 모두 더해 자료의 수로 나눈 수를 평균이라고 합니다.

평균 구하기

운동한 시간

이름	우석	지수	동현	현주
운동한 시간(분)	50	60	50	40

❶ 예상한 평균: 50분
예상한 평균을 기준으로 지수가 운동한 시간 10분을 현주에게 옮기면 운동한 시간의 평균은 □분입니다.

❷ (평균)$=(50+60+50+40)\div4=$□$\div4$
$=$□(분)

정답: 50 / 200, 50

• 주어진 자료의 평균을 예상하여 자료를 고르게 하면 평균을 구할 수 있습니다.
• (평균)=(자료의 값을 모두 더한 수)÷(자료의 수)

평균 이용하기

오래 매달리기 기록

13, 10, 16, 17	14, 12, 19, 15, 15
[지현이네 모둠]	[혜수네 모둠]

❶ 두 모둠 중 오래 매달리기 기록이 더 좋은 모둠을 구하는 방법은 두 모둠의 평균을 구하여 비교합니다. (○ , ×)

❷ 지현이네 모둠의 오래 매달리기 기록의 평균은 □초, 혜수네 모둠의 평균은 □초입니다.

❸ 오래 매달리기를 더 잘했다고 말할 수 있는 모둠은 (지현이네, 혜수네) 모둠입니다.

정답: ○ / 14, 15 / 혜수네

• 두 모둠의 평균을 구하여 어느 모둠이 더 잘했는지 비교할 수 있습니다.

일이 일어날 가능성을 말로 표현하기

1 어떠한 상황에서 특정한 일이 일어나길 기대할 수 있는 정도를 가능성이라고 합니다. (○ , ×)

2 가능성의 정도는 '불가능하다', '~아닐 것 같다', '반반이다', '~일 것 같다', '확실하다' 등으로 표현할 수 있습니다. 빈 곳에 알맞은 말을 써넣으시오.

← 일이 일어날 가능성이 낮습니다. 일이 일어날 가능성이 높습니다. →

	☐		☐

불가능하다 반반이다 확실하다

일이 일어날 가능성을 비교하기

1 친구들이 말하는 일이 일어날 가능성을 판단하여 해당하는 칸에 친구들의 이름을 쓰시오.

승봉: 오늘은 수요일이니까 내일은 토요일이겠지?
동남: 내년에는 3월이 4월보다 빨리 올 거야.
수지: 동전 한 개를 던졌을 때 그림 면이 나올 거야.
현지: 다음 주 일주일 내내 비가 올 거야.
승우: 이웃집에 고양이가 있을 거야.

← 일이 일어날 가능성이 낮습니다. 일이 일어날 가능성이 높습니다. →

~아닐 것 같다	~일 것 같다
☐	☐

불가능하다 ☐ 반반이다 ☐ 확실하다 ☐

일이 일어날 가능성을 수로 표현하기

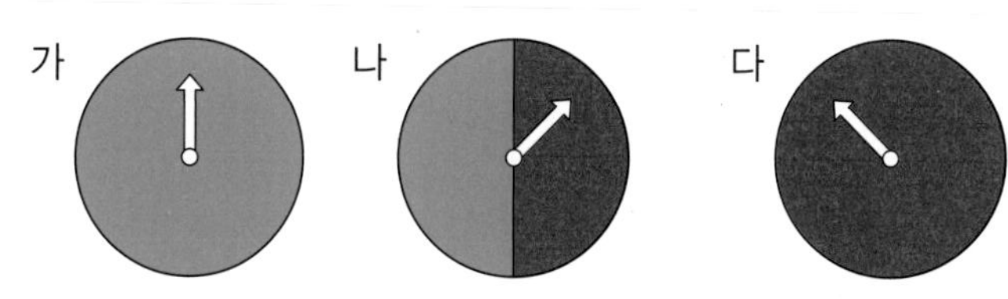

1 가 회전판을 돌릴 때 화살이 초록색에 멈출 가능성을 수로 표현하면 ☐ 입니다.

2 나 회전판을 돌릴 때 화살이 초록색에 멈출 가능성을 수로 표현하면 ☐ 입니다.

3 다 회전판을 돌릴 때 화살이 초록색에 멈출 가능성을 수로 표현하면 ☐ 입니다.

정답

○

~아닐 것 같다, ~일 것 같다.

(왼쪽부터) 예 승봉, 현지, 수지, 승우, 동남

1

$\frac{1}{2}$

0

생각의 방향

• 일이 일어날 가능성은 '불가능하다', '~ 아닐 것 같다', '반반이다', '~일 것 같다', '확실하다'로 표현할 수 있습니다.

• 일이 일어날 가능성을 '불가능하다', '~ 아닐 것 같다', '반반이다', '~일 것 같다', '확실하다'로 나타내어 가능성을 판단해 봅니다.

• 일이 일어날 가능성을 예상해 보고 0, $\frac{1}{2}$, 1의 수로 표현해 봅니다.

비법 1 평균을 기준으로 비교하기

예 경수네 모둠 학생들의 오래 매달리기 기록을 나타낸 것입니다. 평균보다 오래 매달린 학생은 몇 명인지 구하기

오래 매달리기 기록

(단위 : 초)

13, 20, 4, 58, 19, 40, 11, 22, 8, 25

경수네 모둠 학생들의 오래 매달리기 한 시간의 총합	⇨	$13+20+4+58+19+40+11+22+8+25=220$(초)
경수네 모둠 학생들이 오래 매달리기 한 평균	⇨	(평균)$=220\div10=22$(초)
평균보다 오래 매달린 학생 수 구하기	⇨	22초보다 높은 기록은 58초, 40초, 25초이므로 3명입니다.

비법 2 일이 일어날 가능성 알아보기

예 흰색 바둑돌 10개가 들어 있는 통에서 바둑돌 1개를 꺼낼 때 꺼낸 바둑돌이 흰색일 가능성 알아보기

흰색 바둑돌을 꺼낼 가능성은 '확실하다'입니다.

⇨ 흰색 바둑돌이 나올 가능성 수로 표현하기: 1

비법 3 2개의 평균이 주어진 경우 전체 평균 구하기

예 기준이네 모둠 남학생과 여학생의 학생 수와 몸무게의 평균입니다. 기준이네 모둠 전체 5명의 몸무게의 평균 구하기

남학생 3명	평균 48 kg
여학생 2명	평균 43 kg

남학생 몸무게와 여학생 몸무게의 합 구하기	⇨	$48\times3+43\times2=144+86=230$ (kg)
전체 학생 수로 나누어 몸무게의 평균 구하기	⇨	(전체 학생의 몸무게의 평균) $=230\div5=46$ (kg)

교과서 개념

- 자료의 값을 모두 더해 자료의 수로 나눈 수를 평균이라고 합니다.
  (평균)=(자료의 값을 모두 더한 수)
  ÷(자료의 수)
- 어떠한 상황에서 특정한 일이 일어나길 기대할 수 있는 정도를 가능성이라고 합니다.
- 가능성을 수로 표현하기
  확실하다 ⇨ 1
  반반이다 ⇨ $\frac{1}{2}$
  불가능하다 ⇨ 0
- (자료의 값을 모두 더한 수)
  =(평균)×(자료의 수)

비법 4 일이 일어날 가능성 비교하기

예 사건이 일어날 가능성이 큰 순서대로 기호 쓰기

> ㉠ 검은색 공 4개가 있는 모자에서 검은색 공을 꺼낼 가능성
> ㉡ 흰색 공과 검은색 공이 2개씩 있는 모자에서 흰색 공을 꺼낼 가능성
> ㉢ 흰색 공 4개가 있는 모자에서 검은색 공을 꺼낼 가능성

① 가능성을 말로 표현해 보기

⇨ ㉠: 공 4개가 전부 검은색 공이므로 검은색 공을 꺼낼 가능성은 '확실하다'입니다.

㉡: 공 4개 중 흰색 공이 2개이므로 흰색 공을 꺼낼 가능성은 '반반이다'입니다.

㉢: 공 4개가 전부 흰색 공이므로 검은색 공을 꺼낼 가능성은 '불가능하다'입니다.

② 가능성을 수로 표현해 보기

⇨ ㉠: 1, ㉡: $\frac{1}{2}$, ㉢: 0

⇨ ㉠>㉡>㉢

비법 5 평균을 이용하여 모르는 자료의 값 구하기

예 세영이와 주나가 1분 동안 훌라후프 돌리기를 한 기록을 나타낸 표입니다. 두 사람의 훌라후프 돌리기 기록의 평균이 같을 때 주나는 3회에 훌라후프 돌리기를 몇 번 했는지 구하기

세영이의 기록

회	1회	2회	3회	4회
기록(번)	46	64	76	54

주나의 기록

회	1회	2회	3회	4회	5회
기록(번)	68	52		63	54

세영이의 훌라후프 돌리기 기록의 평균 구하기 ⇨ $(46+64+76+54)\div4$
$=240\div4=60$(번)

주나의 훌라후프 돌리기 기록의 합 ⇨ $60\times5=300$(번)

주나의 3회 기록 구하기 ⇨ $300-(68+52+63+54)$
$=300-237=63$(번)

교과서 개념

• 가능성의 정도는 '불가능하다', '~아닐 것 같다', '반반이다', '~일 것 같다', '확실하다' 등으로 표현할 수 있습니다.

• (자료의 값을 모두 더한 수)
=(평균)×(자료의 수)

• (모르는 자료의 값)
=(자료의 값을 모두 더한 수)
−(아는 자료의 값을 더한 수)

기본 유형 익히기

1 평균 구하기 (1)

• 평균: 자료의 값을 모두 더해 자료의 수로 나눈 수
⇨ (평균)=(자료의 값을 모두 더한 수)÷(자료의 수)

[1-1~1-2] 태현이가 요일별로 받은 칭찬 붙임딱지 수를 나타낸 표입니다. 물음에 답하시오.

칭찬 붙임딱지 수

요일	월	화	수	목	금
칭찬 붙임딱지(장)	5	7	4	5	4

1-1 태현이가 받은 칭찬 붙임딱지는 모두 몇 장입니까?

( )

1-2 태현이가 요일별 받은 칭찬 붙임딱지 수의 평균은 몇 장입니까?

( )

창의+융합

1-3 맥박은 심장의 펌프 작용에 의한 압력이 동맥에 전달된 것으로 손목, 목, 발목 등의 부위에서 느낄 수 있습니다. 다음은 재하가 1분 동안 뛴 맥박 수를 나타낸 표입니다. 재하의 맥박 수의 평균은 몇 번입니까?

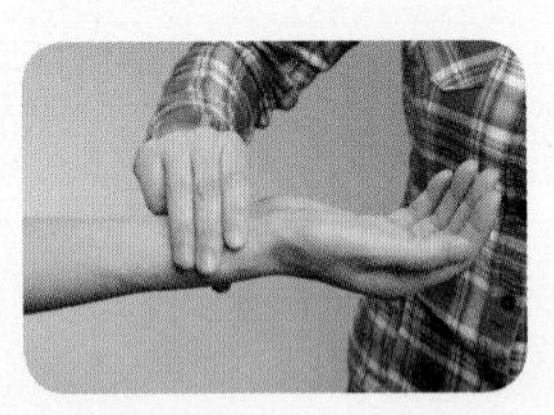

1분 동안 뛴 맥박 수

회	1회	2회	3회	4회
맥박 수(번)	94	102	110	98

( )

1-4 웅석이네 모둠 학생들이 등교하는 데 걸린 시간을 나타낸 표입니다. 등교하는 데 걸린 시간이 평균보다 더 긴 학생의 이름을 모두 쓰시오.

등교하는 데 걸린 시간

이름	웅석	정훈	영주	혜리	서진
시간(분)	20	25	30	22	13

( )

2 평균 구하기 (2)

• 평균을 예상하고 예상한 평균에 맞춰 기록을 고르게 하여 평균을 구해 봅니다.
• 자료의 값을 모두 더해 자료의 수로 나누어 평균을 구해 봅니다.

2-1 석기네 모둠 남학생들의 100 m 달리기 기록입니다. 두 가지 방법으로 평균을 구하시오.

24 18 22 16

방법 1 (40+☐)÷4=☐(초)

방법 2 (24+☐+☐+☐)÷4=☐(초)

서술형

2-2 도윤이의 타자 기록을 나타낸 표입니다. 도윤이의 타자 기록의 평균을 구하는 간단한 방법을 써 보시오.

타자 기록

주	첫째	둘째	셋째	넷째
기록(타)	100	120	100	120

방법 ______________________

____

• 정답은 49쪽

[2-3~2-4] **재민이의 중간고사 점수를 나타낸 표입니다. 물음에 답하시오.**

중간고사 점수

과목	국어	수학	사회	과학
점수(점)	90	80	100	90

2-3 재민이의 중간고사 점수의 평균은 몇 점입니까?

( )

2-4 재민이가 다음 시험에서 평균을 5점 올릴 수 있는 방법을 2가지 알아보시오.

방법 \ 과목	국어	수학	사회	과학	총점	평균
1	100					95
2		100				95

3 평균 이용하기

• 실생활 상황에서 평균을 이용하여 자료를 해석하고 문제를 해결합니다.

3-1 선혜네 학교 운동장과 슬기네 학교 운동장의 넓이와 각 학교 학생 수가 다음과 같을 때 어느 학교 학생들이 운동장을 더 넓게 사용할 수 있습니까?

선혜네 학교 운동장	슬기네 학교 운동장
넓이: $9360\ m^2$	넓이: $8970\ m^2$
학생: 780명	학생: 690명

( )

3-2 소라네 모둠과 영재네 모둠 학생들의 키입니다. 어느 모둠의 키의 평균이 몇 cm 더 큽니까?

소라네 모둠

147 cm 150 cm
141 cm 146 cm

영재네 모둠

160 cm 140 cm
135 cm

( ), ( )

3-3 다음은 용석이가 인터넷을 한 시간입니다. 며칠 동안 인터넷을 한 것인지 구하시오.

• 하루 평균 이용 시간: 43분
• 총 이용 시간: 10시간 45분

( )

서술형

3-4 준모네 학교에서는 단체 줄넘기 대회를 하였습니다. 평균 30번이 되어야 준결승에 올라갈 수 있습니다. 5학년 1반의 기록이 다음과 같을 때 준결승에 올라가려면 마지막에 최소 몇 번 넘어야 하는지 풀이 과정을 쓰고 답을 구하시오.

35 31 40 27 15 □

풀이 ______

답 ______

3 5 2 6

• (평균)=(3+5+2+6)÷4=16÷4=4 (○)

• (평균)=4÷(3+5+2+6) (×)

6 평균과 가능성

4 일이 일어날 가능성을 말로 표현하기

- 가능성: 어떠한 상황에서 특정한 일이 일어나길 기대할 수 있는 정도
- 가능성의 정도는 '불가능하다', '~아닐 것 같다', '반반이다', '~일 것 같다', '확실하다' 등으로 표현할 수 있습니다.

4-1 일이 일어날 가능성에 대하여 알맞은 칸에 ○표 하시오.

8월에 우리나라에 눈이 올거야.

불가능하다	~아닐 것 같다	반반이다	~일 것 같다	확실하다

4-2 일이 일어날 가능성을 생각하여 알맞게 선으로 이어 보시오.

해가 동쪽에서 뜰 가능성	10원짜리 동전을 던져 그림 면이 나올 가능성	고래가 땅을 걸어 다닐 가능성
•	•	•
•	•	•
확실하다	불가능하다	반반이다

서술형

4-3 일이 일어날 가능성이 '확실하다'인 경우를 2가지 써 보시오.

경우 ______________________

____

____

4-4 일이 일어날 가능성이 확실한 것을 찾아 기호를 쓰시오.

㉠ 일주일 안에 눈이 올 가능성
㉡ 노란색 구슬만 들어 있는 주머니에서 꺼낸 구슬이 노란색일 가능성

( )

5 일이 일어날 가능성 비교하기

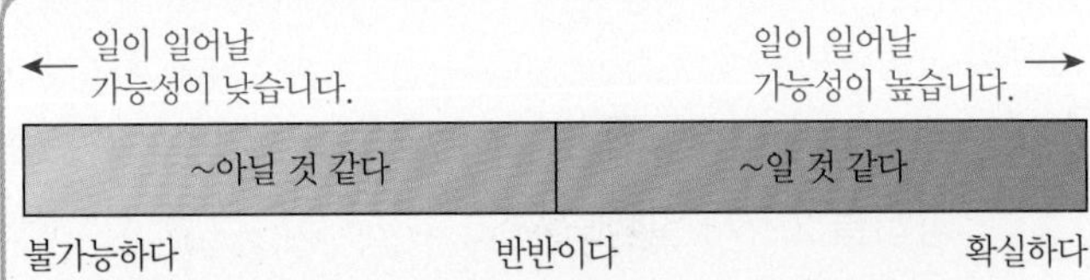

⇨ '확실하다' 쪽으로 갈수록 일이 일어날 가능성이 높고 '불가능하다' 쪽으로 갈수록 일이 일어날 가능성이 낮습니다.

5-1 회전판을 돌렸을 때 화살이 초록색에 멈출 가능성이 높은 회전판 부터 순서대로 기호를 쓰시오.

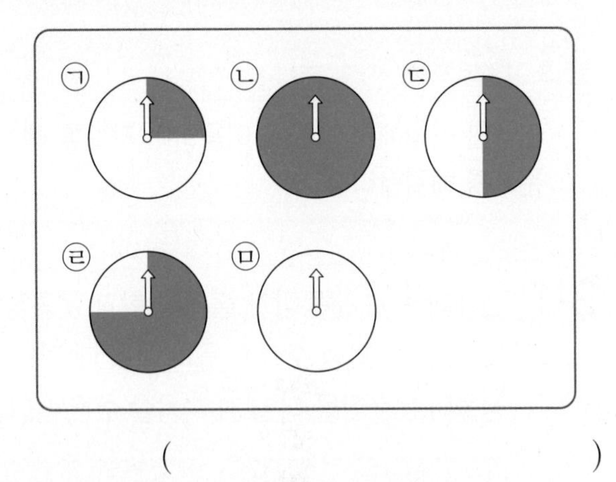

( )

5-2 일이 일어날 가능성이 반반인 것은 어느 것입니까? .... ( )

① 해가 동쪽에서 뜰 가능성
② 1부터 2까지 쓰인 2장의 수 카드에서 1을 뽑을 가능성
③ 대한민국에서 일 년 중 여름이 안 올 가능성
④ 고양이의 다리가 2개일 가능성

• 정답은 49쪽

5-3 조건 에 알맞은 회전판이 되도록 색칠해 보시오.

조건
- 화살이 노란색에 멈출 가능성이 가장 높습니다.
- 화살이 파란색에 멈출 가능성은 빨간색에 멈출 가능성의 3배입니다.

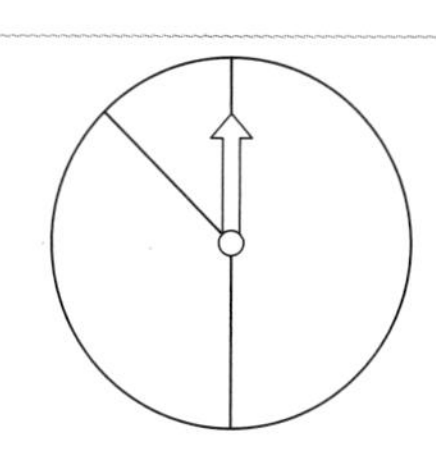

6 일이 일어날 가능성을 수로 표현하기

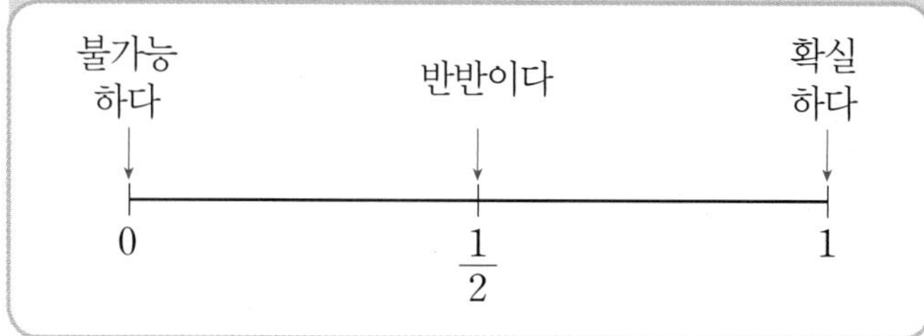

6-1 검은색 공이 2개 들어 있는 주머니에서 공 1개를 꺼냈습니다. 물음에 답하시오.

(1) 꺼낸 공이 흰색일 가능성을 수로 표현해 보시오.

( )

(2) 꺼낸 공이 검은색일 가능성을 수로 표현해 보시오.

( )

6-2 회전판에서 노란색을 맞힐 가능성을 ↓로 나타내어 보시오.

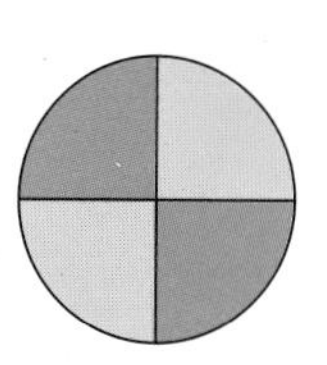

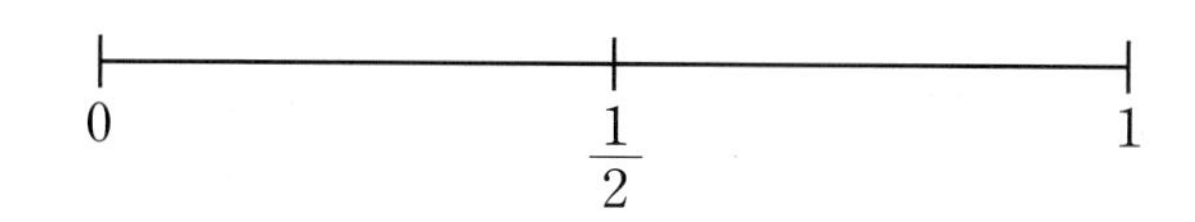

6-3 다음과 같은 상자 속에서 각각 바둑돌 1개를 꺼낼 때 흰색 바둑돌을 꺼낼 가능성을 비교하여 ○ 안에 >, =, <를 알맞게 써넣으시오.

 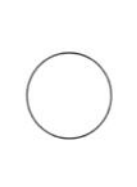 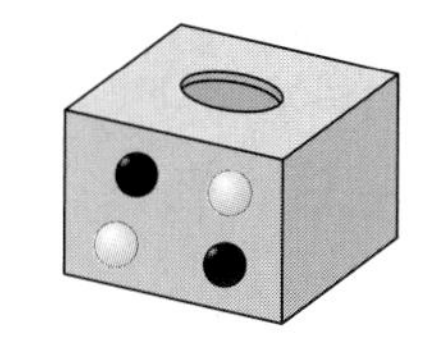

창의+융합

6-4 세 사람의 대화를 읽고 일어날 가능성을 나타낸 수가 다른 사람의 이름을 쓰시오.

혁이: 흰색 공 2개와 검은색 공 2개가 있는 주머니에서 흰색 공을 꺼낼 가능성을 수로 표현했어.

보라: 난 흰색 공 4개씩 있는 주머니에서 검은색 공을 꺼낼 가능성을 수로 표현했는데…….

동수: 난 흰색 공 3개와 검은색 공 1개가 있는 주머니에서 빨간색 공을 꺼낼 가능성을 수로 표현했어.

( )

4-3번 문제에서 일이 일어날 가능성이 '확실하다'인 경우는 일이 일어날 가능성을 수로 표현하면 1인 경우입니다.

응용 1 평균을 기준으로 비교하기

❶ 진호네 모둠 학생들이 가지고 있는 붙임딱지 수를 나타낸 표입니다. / ❷ 붙임딱지를 평균보다 / ❸ 많이 가지고 있는 학생을 모두 쓰시오.

붙임딱지 수

이름	진호	수진	나린	병수	다현	상철
붙임딱지 수(장)	25	29	18	16	21	17

( )

❶ 진호네 모둠 학생들이 가지고 있는 붙임딱지 수의 합을 구해 봅니다.

❷ 진호네 모둠 학생들이 가지고 있는 붙임딱지 수의 평균을 구해 봅니다.

❸ 붙임딱지를 평균보다 많이 가지고 있는 학생을 찾아봅니다.

예제 1-1 일주일 동안 어느 박물관의 입장객 수를 나타낸 표입니다. 입장객의 수가 평균보다 많은 요일을 모두 쓰시오.

박물관의 입장객 수

요일	월	화	수	목	금	토	일
입장객 수(명)	95	80	112	110	128	158	206

( )

예제 1-2 철화네 반 학생 28명이 한 달 동안 읽은 책의 수를 종류별로 나타낸 표입니다. 철화가 읽은 책이 13권이라면 철화는 반에서 책을 평균보다 많이 읽은 편입니까, 적게 읽은 편입니까?

읽은 책의 수

종류	동화책	위인전	만화책	소설책	과학책	기타
책의 수(권)	60	54	76	58	60	28

( )

응용 2 평균을 이용하여 점수 구하기

❶ 정서의 수학 점수를 나타낸 표입니다. /❷ 6회까지의 평균이 5회까지의 평균보다 2점 높아지려면 /❸ 6회에서 몇 점을 받아야 합니까?

수학 점수

횟수	1회	2회	3회	4회	5회
점수(점)	85	72	90	88	70

( )

❶ 5회까지 점수의 평균을 구해 봅니다.

❷ 평균을 2점 올리기 위해 6회에서 올려야 할 점수를 구해 봅니다.

❸ 6회에서 받아야 할 점수를 구해 봅니다.

예제 2-1 주영이의 쪽지 시험 점수를 나타낸 표입니다. 다음 시험에서 한 과목 점수만 올려 평균을 4점 올리기 위해서는 어떤 과목의 점수를 몇 점 올려야 합니까? (단, 만점은 100점입니다.)

쪽지 시험 점수

과목	국어	수학	영어	사회	과학
점수(점)	95	70	85	90	85

( ), ( )

예제 2-2 성재의 국어 단원 평가 점수를 나타낸 표입니다. 얼룩이 묻어 일부분이 보이지 않을 때 성재의 4단원과 5단원의 점수는 각각 몇 점입니까?

단원 평가 점수

단원	1단원	2단원	3단원	4단원	5단원	평균
점수	100	80	95	9	0	90

4단원 ( )

5단원 ( )

응용 3 일이 일어날 가능성 구하기

바둑돌이 6개 들어 있습니다. 그중에서 2개는 흰색 바둑돌이고 나머지는 검은색 바둑돌입니다. ❶ 첫 번째로 서형이가 흰색 바둑돌 1개를 꺼냈고, 두 번째로 수현이가 흰색 바둑돌 1개를 꺼냈습니다. /❷ 세 번째로 주영이가 바둑돌 한 개를 꺼내려고 합니다. /❸ 어떤 색 바둑돌이 나올 가능성이 더 큰지 구하시오.

( )

❶ 서형이와 수현이가 바둑돌을 꺼낸 후 주머니 안에 남아 있는 바둑돌 수를 구해 봅니다.

❷ 주영이가 바둑돌 한 개를 꺼낼 때 흰색 바둑돌과 검은색 바둑돌이 나올 가능성을 각각 수로 표현해 봅니다.

❸ 어떤 색 바둑돌이 나올 가능성이 더 큰지 구해 봅니다.

예제 3-1 크기가 같은 유리구슬과 쇠구슬이 각각 3개씩 들어 있는 상자가 있습니다. 첫 번째로 현진이가 쇠구슬 2개를 꺼냈고, 두 번째로 민정이가 쇠구슬 1개를 꺼냈습니다. 세 번째로 진수가 구슬 한 개를 꺼내려고 합니다. 어떤 구슬이 나올 가능성이 더 큰지 구하시오.

( )

예제 3-2 크기가 같은 파란색 클립 2개, 초록색 클립 2개, 빨간색 클립 1개가 들어 있는 주머니가 있습니다. 첫 번째로 정수가 초록색 클립과 빨간색 클립을 각각 1개를 꺼냈고, 두 번째로 경호가 파란색 클립 1개를 꺼냈습니다. 세 번째로 정아가 클립 한 개를 꺼낼 때 초록색 클립을 꺼낼 가능성을 수로 표현해 보시오.

( )

• 정답은 50쪽

응용 4 평균이 같을 때 모르는 자료의 값 구하기

① 찬수와 영미의 줄넘기 기록을 나타낸 표입니다. / ② 두 사람의 줄넘기 기록의 평균이 같을 때 / ③ 영미는 2회에 줄넘기를 몇 번 했는지 알아보시오.

찬수의 줄넘기 기록

회	1회	2회	3회	4회
기록(번)	56	88	42	62

영미의 줄넘기 기록

회	1회	2회	3회	4회	5회
기록(번)	48		39	57	79

( )

① 찬수의 줄넘기 기록의 평균을 구해 봅니다.

② 영미의 줄넘기 기록의 합계를 구해 봅니다.

③ 영미는 2회에 줄넘기를 몇 번 했는지 구해 봅니다.

예제 4-1 진호와 수정이의 윗몸 일으키기 기록을 나타낸 표입니다. 두 사람의 윗몸 일으키기 기록의 평균이 같을 때 진호는 3회에 윗몸 일으키기를 몇 번 했습니까?

진호의 윗몸 일으키기 기록

회	1회	2회	3회	4회	5회
기록(번)	32	20		28	40

수정이의 윗몸 일으키기 기록

회	1회	2회	3회	4회
기록(번)	38	36	29	33

( )

예제 4-2

현지네 모둠을 이용하여 평균을 구해.

그런 다음 □을 구해 1시간 이상 탄 학생을 구해.

자전거 운동으로 심폐 지구력을 향상시키기 위해서는 최대 심박수의 65 % 이상의 운동 강도가 필요합니다. 진우네 모둠과 현지네 모둠 학생들이 자전거를 탄 시간을 나타낸 것입니다. 두 모둠의 자전거를 탄 평균 시간이 같을 때 두 모둠에서 자전거를 1시간 이상 탄 학생은 모두 몇 명입니까?

진우네 모둠

□분 45분 50분 75분

현지네 모둠

65분 48분 52분 55분 70분

( )

응용 5 일이 일어날 가능성 비교하기

❷ 일이 일어날 가능성이 큰 순서대로 기호를 쓰시오.

❶
㉠ 100원짜리 동전을 던져 그림 면이 나올 가능성
㉡ 검은색 공 4개가 있는 주머니에서 검은색 공을 꺼낼 가능성
㉢ 쇠구슬 4개가 들어 있는 주머니에서 유리구슬을 꺼낼 가능성

( )

해결의 법칙
❶ 각각 일이 일어날 가능성을 수로 표현해 봅니다.
❷ 일이 일어날 가능성을 큰 순서대로 기호를 써 봅니다.

예제 5 - 1 일이 일어날 가능성이 큰 순서대로 기호를 쓰시오.

㉠ 한 명의 아이가 태어날 때 남자 아이일 가능성
㉡ 100원짜리 동전 4개가 있는 주머니에서 50원짜리 동전을 꺼낼 가능성
㉢ 500원짜리 동전 4개가 있는 주머니에서 500원짜리 동전을 꺼낼 가능성

( )

예제 5 - 2 세 사람이 말하고 있는 일이 일어날 가능성을 수로 표현하려고 합니다. 수의 합을 구하시오.

세 사람의 가능성을 수로 표현해 봐.

그 수를 더해.

혁이: 흰색 바둑돌 4개가 있는 주머니에서 검은색 바둑돌을 꺼낼 가능성

보라: 사탕 2개 중에서 1개를 고를 가능성

동수: 갑, 을 2명의 후보 중에서 회장 1명을 뽑을 가능성

( )

응용 6 2개의 평균이 주어진 경우 전체 평균 구하기

❶ 민희와 성호의 몸무게의 평균은 40 kg이고 /❷ 정혜와 영수의 몸무게의 평균은 44 kg입니다. /❸ 4명의 몸무게의 평균은 몇 kg인지 구하시오.

( )

❶ 민희와 성호의 몸무게의 합을 구해 봅니다.

❷ 정혜와 영수의 몸무게의 합을 구해 봅니다.

❸ 4명의 몸무게의 평균을 구해 봅니다.

예제 6-1 성은이네 모둠 남학생 3명과 여학생 3명의 키의 평균입니다. 성은이네 모둠 학생들의 키의 평균은 몇 cm입니까?

남학생 3명의 키의 평균	156 cm
여학생 3명의 키의 평균	146 cm

( )

예제 6-2 정호네 반 학생 30명의 하루 평균 스마트폰 이용 시간은 40분이고 이 중에서 남학생 18명의 하루 평균 스마트폰 이용 시간은 44분입니다. 여학생 12명의 하루 스마트폰 이용 시간의 평균은 몇 분입니까?

( )

예제 6-3 승우네 반 학생 수는 26명이고, 수진이네 반 학생 수는 24명입니다. 수학 시험에서 두 반의 전체 학생의 평균이 77점이고 수진이네 반의 평균이 승우네 반의 평균보다 25점이 높습니다. 두 반의 수학 시험의 평균을 각각 구하시오.

승우네 반 ( )

수진이네 반 ( )

STEP 3 응용 유형 뛰어넘기

평균 구하기 (1)

창의+융합

01 유사 다음을 읽고 바구니 한 개에 잡은 재첩 무게의 평균은 몇 kg인지 구하시오.

되살아난 태화강에서 재첩 잡이

울산광역시 태화강 하류에서 사람들이 재첩을 잡고 있다. 오늘 하루 8개의 바구니에 잡은 재첩의 무게는 120 kg이다. 1970년대 공장이 생기면서 자취를 감춘 재첩은 울산광역시의 강 되살리기 노력으로 다시 모습을 나타냈다.

(　　　　　　　　　　)

평균 이용하기

02 유사 동영상 연우네 학교 5학년의 반별 학생 수를 나타낸 표입니다. 반 수를 6개 반으로 늘린다면 한 반당 학생 수의 평균은 몇 명입니까?

반별 학생 수

반	1	2	3	4	5
학생 수(명)	28	32	34	30	32

(　　　　　　　　　　)

일이 일어날 가능성을 수로 표현하기

03 유사 오른쪽과 같은 정사각형 모양의 과녁판에 화살 1개를 던져 맞히려고 합니다. 색칠한 부분을 맞힐 가능성이 $\frac{1}{2}$이 되도록 색칠해 보시오.

• 정답은 53쪽

유사 표시된 문제의 유사 문제가 제공됩니다.
동영상 표시된 문제의 동영상 특강을 볼 수 있어요.
QR 코드를 찍어 보세요.

서술형 평균을 이용하여 모르는 자료의 값 구하기

04 유사 동영상

승희는 6일 동안 영어 단어를 매일 외웠더니 140개가 되었습니다. 7일째 되는 날에 몇 개를 외우면 하루에 외운 영어 단어 수의 평균이 25개가 되는지 풀이 과정을 쓰고 답을 구하시오.

풀이

(　　　　　　　　　　　　)

일이 일어날 가능성 비교하기

05 유사 동영상

일이 일어날 가능성이 작은 순서대로 기호를 쓰시오.

㉠ 검은색 바둑돌 4개가 들어 있는 주머니에서 흰색 바둑돌을 꺼낼 가능성
㉡ 검은색 바둑돌 3개와 흰색 바둑돌 3개가 들어 있는 주머니에서 검은색 바둑돌을 꺼낼 가능성
㉢ 검은색 바둑돌 4개가 들어 있는 주머니에서 검은색 바둑돌을 꺼낼 가능성

(　　　　　　　　　　　　)

평균 이용하기

06 유사

지희네 학교 5학년 반별 학생 수입니다. 반별 학생 수의 평균이 24명일 때 5반 학생 수와 반별 학생 수의 평균의 차는 몇 명입니까?

5학년 반별 학생 수

반	1	2	3	4	5	6	7
학생 수(명)	27	20	29	25		22	20

(　　　　　　　　　　　　)

6 평균과 가능성

일이 일어날 가능성 비교하기

07 일이 일어날 가능성이 가장 큰 것의 기호를 쓰시오.

유사

㉠ 100원짜리 동전을 1개 던져서 숫자 면이 나올 가능성
㉡ 초록색 구슬이 4개 들어 있는 주머니에서 흰색 구슬을 꺼낼 가능성
㉢ 귤 5개가 들어 있는 바구니에서 귤을 꺼낼 가능성

( )

평균 이용하기

창의+융합

08 지영이의 제자리멀리뛰기 기록을 나타낸 표입니다. 1회부터 4회까지의 평균보다 평균 3 cm를 더 뛰기 위해서는 5회에서 몇 cm를 뛰어야 합니까?

유사 동영상

제자리멀리뛰기 기록

횟수	1회	2회	3회	4회
기록(cm)	110	114	120	116

( )

서술형 2개의 평균이 주어진 경우 전체 평균 구하기

09 광수네 반 남학생과 여학생의 학생 수와 몸무게의 평균을 나타낸 표입니다. 광수네 반 전체 학생의 몸무게의 평균은 몇 kg인지 풀이 과정을 쓰고 답을 구하시오.

유사

몸무게의 평균

남학생(8명)	45 kg
여학생(12명)	40 kg

( )

풀이

• 정답은 53쪽

유사 표시된 문제의 유사 문제가 제공됩니다.
동영상 표시된 문제의 동영상 특강을 볼 수 있어요.
QR 코드를 찍어 보세요.

평균을 이용하여 모르는 점수 구하기

10 유사 지효 성적표의 일부분이 찢어졌습니다. 5과목의 점수의 평균이 82점일 때 지효의 국어와 수학 점수는 각각 몇 점입니까?

지효의 성적표

과목	국어	수학	사회	과학	영어
점수(점)	8	3	79	89	87

국어 (　　　　　　　　)
수학 (　　　　　　　　)

서술형 일이 일어날 가능성 비교하기

11 유사 동영상 일이 일어날 가능성이 가장 큰 것과 가장 작은 것의 차를 수로 표현하면 얼마인지 풀이 과정을 쓰고 답을 구하시오.

(　　　　　　　　)

풀이

2개 이상의 평균이 주어진 경우 전체 평균 구하기

12 유사 동영상 아버지, 어머니, 재용 3명의 몸무게를 재었습니다. 아버지와 어머니의 몸무게의 평균은 63 kg, 어머니와 재용이의 몸무게의 평균은 40 kg, 아버지와 재용이의 몸무게의 평균은 59 kg입니다. 아버지, 어머니, 재용 3명의 몸무게의 평균은 몇 kg입니까?

(　　　　　　　　)

6 평균과 가능성

창의사고력

13 민서와 윤희는 과녁 맞히기를 하였습니다. 각각 화살을 6개씩 쏘아 민서는 10점짜리 3번, 8점짜리 1번, 5점짜리 2번을 맞혔고 윤희는 10점짜리 3번, 8점짜리 3번을 맞혔습니다. 민서와 윤희가 맞힌 평균 점수의 차는 몇 점입니까?

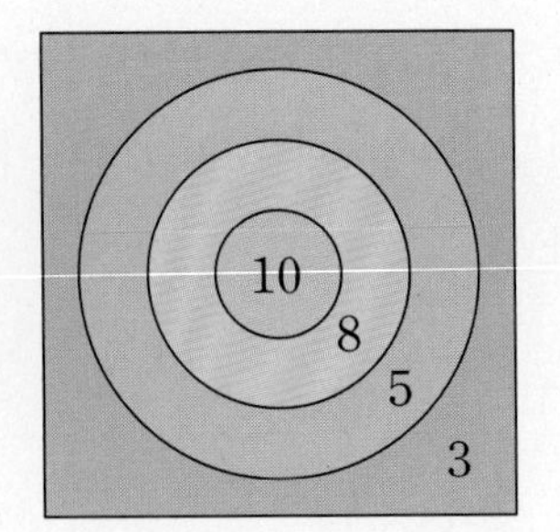

(　　　　　　　　　　)

창의사고력

14 기말 고사에서 다연이네 반의 평균 점수는 80점이고 상위 10명의 평균 점수가 나머지 16명의 평균 점수보다 13점 더 높았습니다. 상위 10명의 평균 점수는 몇 점입니까?

(　　　　　　　　　　)

실력평가

6. 평균과 가능성

점수

• 정답은 55쪽

[01~02] 기준을 정해 네 수의 평균을 구하려고 합니다. 물음에 답하시오.

18, 17, 16, 17

기준을 17로 하자.

01 □ 안에 알맞은 수를 써넣으시오.

• 18은 17보다 □ 큽니다.
• 16은 17보다 □ 작습니다.

02 네 수의 평균은 얼마입니까?

( )

[03~04] 민지네 모둠 학생들이 하루 동안 영어 방송을 듣는 시간을 나타낸 표입니다. 물음에 답하시오.

하루 동안 영어 방송을 듣는 시간

이름	민지	경은	미선	채린	민하	윤서
방송 시간 (분)	12	15	25	13	17	20

03 민지네 모둠 학생들이 하루 동안 영어 방송을 듣는 시간의 평균은 몇 분입니까?

( )

04 하루 동안 영어 방송을 평균 시간보다 적게 듣는 학생은 모두 몇 명입니까?

( )

05 빨간색 연필 2자루와 파란색 연필 2자루 중에서 빨간색 연필을 고를 가능성을 ↓로 나타내어 보시오.

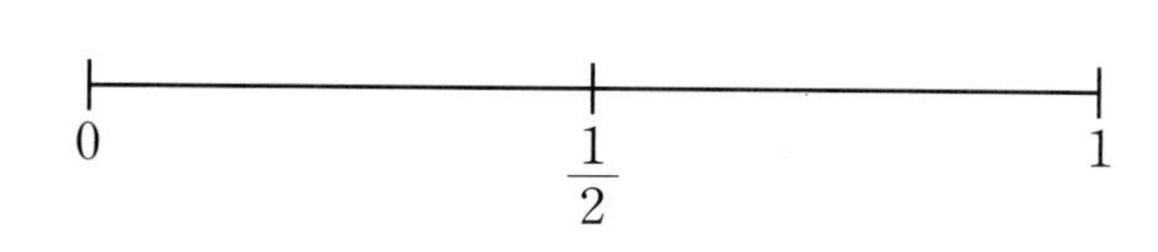

[06~07] 일이 일어날 가능성을 비교해 보시오.

㉠ 오늘 학교에 전학생이 50명 올 거야.
㉡ 올해 5학년인 지민이는 내년 3월에는 6학년이 될 거야.
㉢ 오늘 저녁에 해가 동쪽으로 질 거야.
㉣ 다음 달에는 이번 달보다 몸무게가 늘거야.
㉤ 내일은 오늘보다 기온이 내릴 거야.

06 일이 일어날 가능성이 '불가능하다'인 경우를 말한 것을 찾아 기호를 쓰시오.

( )

07 일이 일어날 가능성이 가장 높은 것을 찾아 기호를 쓰시오.

( )

6 평균과 가능성

08 현진이는 처음 4 km를 1시간 40분 동안 달렸고 다음 6 km는 2시간 20분 동안 달렸습니다. 1 km를 달리는 데 걸린 시간의 평균은 몇 분입니까?

( )

09 흰색 바둑돌 2개와 검은색 바둑돌 2개가 들어 있는 주머니가 있습니다. 물음에 답하시오.

(1) 꺼낸 바둑돌이 흰색일 가능성을 수로 표현해 보시오.

( )

(2) 꺼낸 바둑돌이 검은색일 가능성을 수로 표현해 보시오.

( )

서술형

10 두 모둠의 단체 줄넘기 기록입니다. 어느 모둠의 단체 줄넘기 기록의 평균이 몇 번 더 많은지 풀이 과정을 쓰고 답을 구하시오.

34, 25, 24, 17	28, 32, 18, 14, 23
[민범이네 모둠]	[선빈이네 모둠]

풀이

답 ,

창의+융합

11 혁이와 동수의 대화를 읽고 두 사람이 말한 가능성을 수로 표현하려고 합니다. 가능성을 표현한 수의 합을 구하시오.

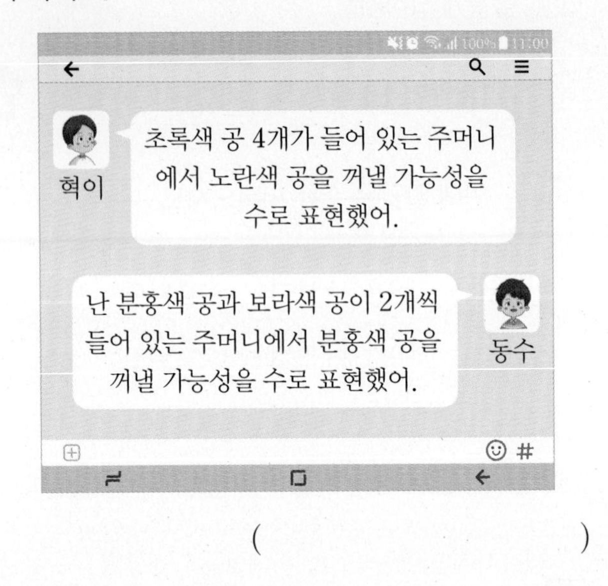

( )

12 어느 자동차가 처음 한 시간은 90 km의 빠르기로 달리다가 다음 한 시간은 96 km의 빠르기로 달렸습니다. 이 자동차의 빠르기는 평균 몇 km입니까?

( )

13 정태의 수학 점수를 나타낸 표입니다. 빈칸에 알맞은 수를 써넣으시오.

수학 점수

회	1회	2회	3회	4회	평균
점수(점)	80	75		92	84

14 어느 빵 가게에서는 하루 평균 300개의 빵을 만든다고 합니다. 4월 한 달 동안에는 빵을 모두 몇 개 만들겠습니까?

( )

서술형

15 상자 속에 빨간색 구슬 3개와 파란색 구슬 3개가 들어 있습니다. 상자에서 구슬을 1개 꺼낼 때 꺼낸 구슬이 파란색일 가능성을 수로 표현하려고 합니다. 풀이 과정을 쓰고 답을 구하시오.

풀이 ____________________

답 ____________

창의+융합

16 지진은 지층이 휘어지거나 끊어질 때 땅이 흔들리는 현상입니다. 가와 나 지역에서 발생한 지진의 평균 세기가 같을 때 □ 안에 알맞은 수를 구하시오.

가 지역

3.0 1.8
1.2 2.0

나 지역

1.5 □ 1.3
2.2 2.0

( )

17 은하네 가족의 나이를 나타낸 표입니다. 은하 삼촌이 오셔서 나이의 평균이 1살 더 늘었다면 은하 삼촌의 나이는 몇 살입니까?

은하네 가족의 나이

가족	아버지	어머니	오빠	은하
나이(살)	46	42	16	12

( )

서술형

18 범진이네 반은 남학생이 12명, 여학생이 12명입니다. 남학생의 앉은키의 평균은 72 cm, 여학생의 앉은 키의 평균은 68 cm일 때 범진이네 반 전체 학생의 앉은키의 평균은 몇 cm인지 풀이 과정을 쓰고 답을 구하시오.

풀이 ____________________

답 ____________

[19~20] ㉮, ㉯, ㉰ 나무에서 각각 배를 땄습니다. ㉮ 나무에서는 ㉯ 나무보다 3.5 kg 더 많이 땄고 ㉰ 나무에서는 ㉮ 나무보다 1 kg 더 적게 땄습니다. ㉯ 나무에서 딴 배가 23 kg일 때 물음에 답하시오.

19 ㉮, ㉯, ㉰ 3그루의 나무에서 딴 배의 무게의 평균은 몇 kg입니까?

( )

20 ㉱ 나무에서 배를 딴 후 ㉮, ㉯, ㉰, ㉱ 4그루의 나무에서 딴 배의 무게의 평균을 구했더니 ㉮, ㉯, ㉰ 3그루에서 딴 배의 무게의 평균보다 2 kg 늘었습니다. ㉱ 나무에서 딴 배의 무게는 몇 kg입니까?

( )

동물도 암에 걸릴까?

현대인의 병으로 불리는 암은 인간만의 문제가 아니에요. 오래 사는 동물이나 체구가 큰 동물도 암 발병 위험이 높다고 해요. 이에 다른 동물들의 암을 연구해 인간 암 치료에 도움을 얻으려는 움직임이 활발해요.

코끼리는 몸집이 크고 세포가 많아 세포가 암으로 변할 가능성이 크지만 암 발병률이 5 % 안팎이라 암 치료의 열쇠로 주목받고 있어요. 미국 유타대 생명과학과 크리스토퍼 그레그 교수팀의 연구에서 포유류 20여 종을 비교한 결과 코끼리에서만 암 저항 유전자가 발견됐다고 해요.

한편 인간과 닮은 유전자가 많은 바다거북은 암에 잘 걸리는 것으로 나타났어요. 미국 플로리다대 동물학과 데이비드 듀피 교수팀은 RNA 유전자 분석을 통해 바다거북에서 인간과 유사한 RNA 유전자 구역이 334개이며, 그중 321개가 인간 몸에서 암을 일으키는 유전자임을 확인했어요. 따라서 암 발생을 억제하거나 진행을 막는 약물을 개발하면 바다거북의 멸종도 늦출 수 있을 거예요.

[우등생 과학 2018년 9월호 발췌]

단계별 수학 전문서

[개념·유형·응용]

수학의 해법이 풀리다!

해결의 법칙 시리즈

단계별 맞춤 학습

개념, 유형, 응용의 단계별 교재로
교과서 차시에 맞춘 쉬운 개념부터
응용·심화까지 수학 완전 정복

혼자서도 OK!

이미지로 구성된 핵심 개념과 셀프 체크,
모바일 코칭 시스템과 동영상 강의로
자기주도 학습 및 홈 스쿨링에 최적화

300여 명의 검증

수학의 메카 천재교육 집필진과
300여 명의 교사·학부모의
검증을 거쳐 탄생한 친절한 교재

흔들리지 않는 탄탄한 수학의 완성! (초등 1~6학년 / 학기별)

뭘 좋아할지 몰라 다 준비했어♥ # 전과목 교재

전과목 시리즈 교재

●무등생 해법시리즈
- 국어/수학 1~6학년, 학기용
- 사회/과학 3~6학년, 학기용
- 봄·여름/가을·겨울 1~2학년, 학기용
- SET(전과목/국수, 국사과) 1~6학년, 학기용

●똑똑한 하루 시리즈
- 똑똑한 하루 독해 예비초~6학년, 총 14권
- 똑똑한 하루 글쓰기 예비초~6학년, 총 14권
- 똑똑한 하루 어휘 예비초~6학년, 총 14권
- 똑똑한 하루 한자 예비초~6학년, 총 14권
- 똑똑한 하루 수학 1~6학년, 학기용
- 똑똑한 하루 계산 예비초~6학년, 총 14권
- 똑똑한 하루 도형 예비초~6학년, 총 8권
- 똑똑한 하루 사고력 1~6학년, 학기용
- 똑똑한 하루 사회/과학 3~6학년, 학기용
- 똑똑한 하루 봄/여름/가을/겨울 1~2학년, 총 8권
- 똑똑한 하루 안전 1~2학년, 총 2권
- 똑똑한 하루 Voca 3~6학년, 학기용
- 똑똑한 하루 Reading 초3~초6, 학기용
- 똑똑한 하루 Grammar 초3~초6, 학기용
- 똑똑한 하루 Phonics 예비초~초등, 총 8권

●독해가 힘이다 시리즈
- 초등 문해력 독해가 힘이다 비문학편 3~6학년
- 초등 수학도 독해가 힘이다 1~6학년, 학기용
- 초등 문해력 독해가 힘이다 문장제수학편 1~6학년, 총 12권

영어 교재

●초등영어 교과서 시리즈
파닉스(1~4단계) 3~6학년, 학년용
영단어(1~4단계) 3~6학년, 학년용

●LOOK BOOK 영단어 3~6학년, 단행본

●원서 읽는 LOOK BOOK 영단어 3~6학년, 단행본

국가수준 시험 대비 교재

●해법 기초학력 진단평가 문제집 2~6학년·중1 신입생, 총 6권

응용 해결의 법칙

꼼꼼 풀이집

수학

5·2

천재교육

응용 해결의 법칙

꼼꼼 풀이집

5-2

5~6학년군 수학②

1 수의 범위와 어림하기

STEP 1 기본 유형 익히기 14 ~ 17쪽

1-1 17, 13, 21

1-2 

1-3 이하

1-4 예 이 영화는 19세 이상 관람 가능합니다.

1-5 16개

2-1 310에 ○표, 234와 129에 △표

2-2 71, 72, 73　　2-3 3번

2-4 37, 38, 39　　2-5 16 초과인 수

3-1 (위부터) 2740, 2800, 3000 / 45020, 45100, 46000

3-2 10개

3-3 예 올림하여 백의 자리까지 나타낸 수가 2800인 자연수는 2701부터 2800까지이므로 가장 작은 수는 2701입니다. ; 2701

3-4 220권

3-5 51000원

4-1 (위부터) 3290, 3200, 3000 / 51870, 51800, 51000

4-2 (○) (　　)

4-3 ㉠, ㉢

4-4 예 $280 \div 50 = 5 \cdots 30$

⇨ 상자를 최대 5개까지 포장할 수 있습니다. ; 5개

4-5 3000원

5-1 (위부터) 1460, 1500, 1000 / 68540, 68500, 69000

5-2 ㉢

5-3 400마리

5-4 ㉢, ㉠, ㉡, ㉣

5-5 예 반올림하여 십의 자리까지 나타낸 수가 100이 되는 자연수는 95부터 104까지입니다. 이 중에서 두 자리 수는 95, 96, 97, 98, 99이므로 모두 5개입니다. ; 5개

1-1 생각 열기 ■ 이상, ● 이하인 수에는 ■와 ●가 모두 포함됩니다.

- 13과 같거나 큰 수: 17, 13, 21, 26
- 21과 같거나 작은 수: 17, 4, 10, 13, 21

⇨ 13 이상 21 이하인 수: **17, 13, 21**

1-2 25와 30에 ●로 나타내고, 25와 30 사이에 선을 긋습니다.

1-3 30 km까지의 속도로 달릴 수 있습니다.

⇨ 30 km **이하**로 달려야 합니다.

1-4 주변에서 찾을 수 있는 것 중에서 19와 같거나 큰 것을 찾아봅니다.

서술형 가이드 '19와 이상'을 넣어 논리적으로 맞는 문장을 만들었는지 확인합니다.

채점 기준

상	'19와 이상'을 넣어 알맞은 문장을 만듦.
중	'19와 이상'을 넣어 문장을 만들었지만 논리적으로 미흡함.
하	'19와 이상'을 넣어 알맞은 문장을 만들지 못함.

다른 풀이

여러 가지로 답할 수 있습니다.

예
- 놀이터에 있는 학생은 19명 이상입니다.
- 오늘 딴 사과의 무게는 19 kg 이상입니다.

1-5 생각 열기 84 이상인 수이므로 84는 포함되고 두 자리 수는 10부터 99까지입니다.

84 이상인 두 자리 수는 84, 85⋯98, 99이므로 모두 **16개**입니다.

다른 풀이

84, 85⋯⋯98, 99

⇨ $99-84+1=16$(개)

2-1 생각 열기 ★ 초과, ▲ 미만인 수에는 ★과 ▲가 모두 포함되지 않습니다.

258보다 큰 수는 310이고, 258보다 작은 수는 234, 129입니다.

2-2
- 74 미만인 수: 73, 72, 71, 70, 69, 68⋯⋯
- 68 초과인 수: 69, 70, 71, 72, 73, 74⋯⋯
- 71 이상인 수: 71, 72, 73, 74, 75, 76⋯⋯

⇨ 공통으로 들어 있는 자연수: **71, 72, 73**

2-3 13개 미만이므로 13보다 작은 수를 찾으면 9, 8, 7이므로 아테네 올림픽, 시드니 올림픽, 아틀란타 올림픽으로 모두 **3번**입니다.

응용 해결의 법칙

꼼꼼 풀이집

5-2

5~6학년군 수학②

꼼꼼 풀이집

1 수의 범위와 어림하기

STEP 1 기본 유형 익히기 14 ~ 17쪽

1-1 17, 13, 21
1-2 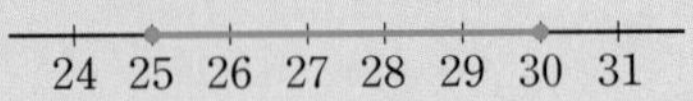

1-3 이하
1-4 예 이 영화는 19세 이상 관람 가능합니다.
1-5 16개
2-1 310에 ○표, 234와 129에 △표
2-2 71, 72, 73
2-3 3번
2-4 37, 38, 39
2-5 16 초과인 수
3-1 (위부터) 2740, 2800, 3000 / 45020, 45100, 46000
3-2 10개
3-3 예 올림하여 백의 자리까지 나타낸 수가 2800인 자연수는 2701부터 2800까지이므로 가장 작은 수는 2701입니다. ; 2701
3-4 220권
3-5 51000원
4-1 (위부터) 3290, 3200, 3000 / 51870, 51800, 51000
4-2 (○) (   )
4-3 ㉠, ㉢
4-4 예 $280 \div 50 = 5 \cdots 30$
⇨ 상자를 최대 5개까지 포장할 수 있습니다. ; 5개
4-5 3000원
5-1 (위부터) 1460, 1500, 1000 / 68540, 68500, 69000
5-2 ㉢
5-3 400마리
5-4 ㉢, ㉠, ㉡, ㉣
5-5 예 반올림하여 십의 자리까지 나타낸 수가 100이 되는 자연수는 95부터 104까지입니다. 이 중에서 두 자리 수는 95, 96, 97, 98, 99이므로 모두 5개입니다. ; 5개

1-1 생각 열기 ■ 이상, ● 이하인 수에는 ■와 ●가 모두 포함됩니다.
• 13과 같거나 큰 수: 17, 13, 21, 26
• 21과 같거나 작은 수: 17, 4, 10, 13, 21
⇨ 13 이상 21 이하인 수: **17, 13, 21**

1-2 25와 30에 ●로 나타내고, 25와 30 사이에 선을 긋습니다.

1-3 30 km까지의 속도로 달릴 수 있습니다.
⇨ 30 km **이하**로 달려야 합니다.

1-4 주변에서 찾을 수 있는 것 중에서 19와 같거나 큰 것을 찾아봅니다.
서술형 가이드 '19와 이상'을 넣어 논리적으로 맞는 문장을 만들었는지 확인합니다.

채점 기준	
상	'19와 이상'을 넣어 알맞은 문장을 만듦.
중	'19와 이상'을 넣어 문장을 만들었지만 논리적으로 미흡함.
하	'19와 이상'을 넣어 알맞은 문장을 만들지 못함.

다른 풀이
여러 가지로 답할 수 있습니다.
예 • 놀이터에 있는 학생은 19명 이상입니다.
• 오늘 딴 사과의 무게는 19 kg 이상입니다.

1-5 생각 열기 84 이상인 수이므로 84는 포함되고 두 자리 수는 10부터 99까지입니다.
84 이상인 두 자리 수는 84, 85⋯98, 99이므로 모두 **16개**입니다.

다른 풀이
84, 85⋯⋯98, 99
⇨ $99 - 84 + 1 = 16$(개)

2-1 생각 열기 ★ 초과, ▲ 미만인 수에는 ★과 ▲가 모두 포함되지 않습니다.
258보다 큰 수는 310이고, 258보다 작은 수는 234, 129입니다.

2-2 • 74 미만인 수: 73, 72, 71, 70, 69, 68⋯⋯
• 68 초과인 수: 69, 70, 71, 72, 73, 74⋯⋯
• 71 이상인 수: 71, 72, 73, 74, 75, 76⋯⋯
⇨ 공통으로 들어 있는 자연수: **71, 72, 73**

2-3 13개 미만이므로 13보다 작은 수를 찾으면 9, 8, 7이므로 아테네 올림픽, 시드니 올림픽, 아틀란타 올림픽으로 모두 **3번**입니다.

2-4 주어진 수를 작은 수부터 쓰면
$15<17<27<32<36<\square$
이므로 □ 안에는 40 미만의 자연수 중에서 36보다 큰 수가 들어가야 합니다.
⇨ **37, 38, 39**

2-5 $10+\square=26$이라 하면 $\square=26-10=16$입니다.
$10+\square>26$이 되려면 □ 안에는 16보다 큰 수가 들어가야 합니다.
⇨ **16 초과인 수**

3-1 생각 열기 구하려는 자리 아래 수를 올려서 나타내는 방법을 올림이라고 합니다.
- 십의 자리: 2738 ⇨ **2740**
- 백의 자리: 2738 ⇨ **2800**
- 천의 자리: 2738 ⇨ **3000**
- 십의 자리: 45019 ⇨ **45020**
- 백의 자리: 45019 ⇨ **45100**
- 천의 자리: 45019 ⇨ **46000**

3-2 올림하여 십의 자리까지 나타낸 수가 250인 자연수는 240 초과 250 이하입니다.
⇨ 241, 242……249, 250이므로 모두 **10개**입니다.

3-3 올림하여 백의 자리까지 나타낸 수가 2800인 자연수는 2700 초과 2800 이하입니다.
서술형 가이드 올림하여 백의 자리까지 나타낸 수가 2800인 수의 범위를 구한 다음, 그중에서 가장 작은 수를 구하는 풀이 과정이 들어 있는지 확인합니다.

채점 기준

상	올림하여 백의 자리까지 나타낸 수가 2800인 수의 범위를 구한 다음, 답을 바르게 구함.
중	올림하여 백의 자리까지 나타낸 수가 2800인 수의 범위를 바르게 구했지만, 실수를 하여 답이 틀림.
하	올림을 몰라 백의 자리까지 나타낸 수가 2800인 수의 범위를 구하지 못하고, 답도 틀림.

3-4 생각 열기 묶음으로 파는 물건을 살 때에는 올림을 이용합니다.
공책을 10권씩 묶음으로만 살 수 있으므로 218을 올림하여 십의 자리까지 나타내면 220입니다.
따라서 218권을 사려면 최소 **220권**을 사야 합니다.

3-5 $100\div3=33\cdots1$이므로 장바구니는 $33+1=34$(묶음) 사야 합니다. 한 묶음은 1500원이므로 장바구니를 사는 데 쓰는 돈은 최소
$1500\times34=$**51000(원)**입니다.

4-1 생각 열기 구하려는 자리 아래 수를 버려서 나타내는 방법을 버림이라고 합니다.
- 십의 자리: 3294 ⇨ **3290**
- 백의 자리: 3294 ⇨ **3200**
- 천의 자리: 3294 ⇨ **3000**
- 십의 자리: 51876 ⇨ **51870**
- 백의 자리: 51876 ⇨ **51800**
- 천의 자리: 51876 ⇨ **51000**

4-2 3425 ⇨ 3400, 3867 ⇨ 3000
따라서 $3400>3000$입니다.

4-3 ㉠ 4350 ⇨ 4300
㉡ 4280 ⇨ 4200
㉢ 4390 ⇨ 4300
㉣ 4470 ⇨ 4400

4-4 서술형 가이드 전체 끈의 길이를 상자 한 개를 포장하는 데 필요한 끈의 길이로 나누어 몫을 구하는 풀이 과정이 들어 있는지 확인합니다.

채점 기준

상	올바른 나눗셈식을 쓰고 버림을 이용하여 답을 바르게 구함.
중	올바른 나눗셈식을 썼지만 버림을 이용하지 못해 답이 틀림.
하	올바른 나눗셈식을 쓰지 못하고 버림도 몰라 답도 틀림.

4-5 생각 열기 버림하여 천의 자리까지 나타냅니다.
100원짜리 27개: 2700원
10원짜리 35개: 350원
⇨ $2700+350=3050$(원)
3050을 버림하여 천의 자리까지 나타내면 3000이므로 1000원짜리 지폐로 최대 **3000원**까지 바꿀 수 있습니다.

5-1 생각 열기 구하려는 자리 바로 아래 자리의 숫자가 0, 1, 2, 3, 4이면 버리고, 5, 6, 7, 8, 9이면 올리는 방법을 반올림이라고 합니다.
- 십의 자리: 1457 ⇨ **1460**
- 백의 자리: 1457 ⇨ **1500**
- 천의 자리: 1457 ⇨ **1000**
- 십의 자리: 68539 ⇨ **68540**
- 백의 자리: 68539 ⇨ **68500**
- 천의 자리: 68539 ⇨ **69000**

5-2 ㉠ 129.63 ⇨ 129.6
㉡ 129.58 ⇨ 129.6
㉢ 129.67 ⇨ 129.7

5-3 $128+254=382$(마리)
⇨ 382를 반올림하여 십의 자리까지 나타내면 **400**입니다.

5-4 ㉠ 십의 자리: 54629 ⇨ 54630
㉡ 백의 자리: 54629 ⇨ 54600
㉢ 천의 자리: 54629 ⇨ 55000
㉣ 만의 자리: 54629 ⇨ 50000
⇨ ㉢>㉠>㉡>㉣

5-5 서술형 가이드 반올림하여 십의 자리까지 나타낸 수가 100이 되는 수의 범위를 구한 다음, 그중에서 두 자리 수의 개수를 구하는 풀이 과정이 들어 있는지 확인합니다.

채점 기준

상	반올림하여 십의 자리까지 나타낸 수가 100이 되는 수의 범위를 구한 다음, 답을 바르게 구함.
중	반올림하여 십의 자리까지 나타낸 수가 100이 되는 수의 범위를 바르게 구했지만, 실수를 하여 답이 틀림.
하	반올림하여 십의 자리까지 나타낸 수가 100이 되는 수의 범위를 구하지 못하고, 답도 틀림.

STEP 2 응용 유형 익히기 18 ~ 25쪽

응용 **1** 1950 이상 2049 이하
예제 **1-1** 44000 초과 45001 미만
예제 **1-2** 428권
응용 **2** 5개
예제 **2-1** 6개
예제 **2-2** 45
예제 **2-3** 4명
응용 **3** 162
예제 **3-1** 145
예제 **3-2** 3개
예제 **3-3** 3명
응용 **4** 4명
예제 **4-1** 4명
예제 **4-2** 지원 ; 현빈, 동국, 단비 ; 건우 ; 1640원
응용 **5** 9대
예제 **5-1** 48개
예제 **5-2** 1200원
예제 **5-3** 6400000원
응용 **6** 5100개
예제 **6-1** 252자루
예제 **6-2** 98000원
예제 **6-3** 36장
응용 **7** 0, 1, 2, 3, 4
예제 **7-1** 5개
예제 **7-2** 100개
예제 **7-3** 999
응용 **8** 3459
예제 **8-1** 5301
예제 **8-2** 2315 이상 2319 이하

응용 **1** 생각 열기 반올림하여 백의 자리까지 나타내려면 백의 자리 아래 자리인 십의 자리 숫자를 이용합니다.
(1) 1950을 반올림하여 백의 자리까지 나타내면 2000이므로 반올림하여 백의 자리까지 나타내었을 때 2000이 되는 자연수 중에서 가장 작은 수는 1950입니다.
(2) 2050을 반올림하여 백의 자리까지 나타내면 2100이므로 반올림하여 백의 자리까지 나타내었을 때 2000이 되는 자연수 중에서 가장 큰 수는 2049입니다.
(3) 반올림하여 백의 자리까지 나타내었을 때 2000이 되는 수는 1950과 같거나 크고 2049와 같거나 작습니다.
⇨ **1950 이상 2049 이하**

예제 **1-1** 올림하여 천의 자리까지 나타낸 수가 45000이 되는 자연수 중에서 가장 작은 수는 44001이고, 가장 큰 수는 45000입니다.
⇨ **44000 초과 45001 미만**

예제 **1-2** 해법 순서
① 반올림하여 십의 자리까지 나타낸 수가 210인 수의 범위를 구합니다.
② 학생 수가 가장 많은 경우를 구합니다.
③ 학생 수가 가장 많을 때 필요한 공책의 수를 구합니다.

반올림하여 십의 자리까지 나타낸 수가 210이 되는 수는 205, 206……213, 214입니다. 이 중에서 학생 수가 가장 많은 경우는 214명일 때이므로 공책은 적어도 $214\times2=$**428(권)** 있어야 합니다.

응용 **2** 생각 열기 ■ 이상 ▲ 이하인 수에는 ■와 ▲가 포함됩니다.

(1) 15 이상인 자연수는 15, 16, 17, 18, 19……입니다.

(2) 25 이하인 자연수는 25, 24, 23, 22, 21……입니다.

(3) 15 이상 25 이하인 자연수는 15, 16, 17……24, 25이고 이 중에서 짝수는 16, 18, 20, 22, 24이므로 모두 **5개**입니다.

예제 **2-1** 해법 순서

① 45 이상 55 이하인 자연수를 알아봅니다.

② ①에서 구한 수 중에서 홀수를 알아보고 그 개수를 구합니다.

45 이상 55 이하인 자연수는 45, 46, 47……53, 54, 55이고 이 중에서 홀수는 45, 47, 49, 51, 53, 55이므로 모두 **6개**입니다.

예제 **2-2** 15와 같거나 큰 수 중에서 3으로 나누어떨어지는 가장 작은 수는 15이고, 30과 같거나 작은 수 중에서 3으로 나누어떨어지는 가장 큰 수는 30입니다.

⇨ $15+30=$**45**

참고

15 이상 30 이하의 3으로 나누어떨어지는 자연수
⇨ 3의 배수를 찾습니다.
⇨ 15, 18, 21, 24, 27, 30

예제 **2-3** 65세 이상은 나이가 65세와 같거나 많은 나이입니다.

⇨ 65세, 70세, 68세, 74세

⇨ **4명**

응용 **3** 생각 열기 ■ 초과 ▲ 미만인 수에는 ■와 ▲가 포함되지 않습니다.

(1) 38 초과인 자연수는 39, 40, 41, 42……입니다.

(2) 43 미만인 자연수는 42, 41, 40, 39……입니다.

(3) 38 초과 43 미만인 자연수는 39, 40, 41, 42입니다.

⇨ $39+40+41+42=$**162**

예제 **3-1** 해법 순서

① 9 초과 20 미만인 자연수를 구합니다.

② ①에서 구한 자연수의 합을 구합니다.

9 초과 20 미만인 자연수는 10, 11, 12, 13, 14, 15, 16, 17, 18, 19입니다.

⇨ $10+11+12+13+14+15+16+17+18+19$
$=29\times5=$**145**

예제 **3-2** 47 초과 60 미만인 수는 47보다 크고 60보다 작은 수입니다.

그중에서 4로 나누어떨어지는 수는 48, 52, 56이므로 4로 나누어떨어지는 수는 모두 **3개**입니다.

4로 나누어떨어지는 수는 4의 배수입니다.

예제 **3-3** 80 cm보다 작은 키를 찾습니다.

⇨ 79.9 cm, 78.5 cm, 78.3 cm

⇨ **3명**

키가 80 cm 미만인 어린이만 탈 수 있으므로 키가 80 cm인 어린이는 탈 수 없습니다.

응용 **4** 생각 열기 ■ 초과 ▲ 이하인 수에는 ■는 포함되지 않고 ▲는 포함됩니다.

(1) 36 kg 초과 39 kg 이하인 몸무게는 현석(37.1 kg), 진우(36.5 kg), 희석(39.0 kg), 재원(38.7 kg)입니다.

(2) 페더급에 속하는 학생은 현석, 진우, 희석, 재원이로 **4명**입니다.

예제 **4-1** 1시간 이상 2시간 미만에는 1시간은 포함되고 2시간은 포함되지 않습니다.

⇨ 1시간, 1.2시간, 1.8시간, 1.1시간

⇨ **4명**

예제 **4-2** 해법 순서

① 왼쪽 표를 보고 수의 범위에 맞게 오른쪽 표를 완성합니다.

② 오른쪽 표를 이용하여 편지를 보내는 데 필요한 돈을 구합니다.

- 5 g 이하: **지원** ⇨ 1명
- 5 g 초과 25 g 이하: **현빈, 동국, 단비** ⇨ 3명
- 25 g 초과 50 g 이하: **건우** ⇨ 1명

(편지를 보내는 데 필요한 돈)
$=300\times1+330\times3+350\times1$
$=300+990+350=$**1640(원)**

응용 **5** 생각 열기 40명씩 타는 버스 ■대, 40명이 안되는 학생이 타는 버스 1대가 필요하므로 필요한 버스의 수는 최소 (■+1)대입니다.

(1) $347\div40=8\cdots27$

(2) 40명씩 8대에 타면 27명이 남고 남은 27명도 버스에 타야 하므로 버스는 최소 $8+1=$**9(대)** 필요합니다.

예제 **5-1** 해법 순서

① 오늘 딴 참외의 수를 한 상자에 담는 참외의 수로 나누는 나눗셈을 합니다.

② 계산 결과를 보고 필요한 상자의 수를 구합니다.

575÷12=47…11

12개씩 47상자에 담고 11개가 남고 남은 11개도 상자에 담아야 하므로 상자는 최소

47+1=**48(개)** 필요합니다.

예제 **5-2** 생각 열기 끈이 100 cm씩 팔고 있으므로 올림을 합니다.

312÷100=3…12

100 cm씩 3개와 12 cm가 더 필요하므로 사야 하는 끈은 최소 400 cm입니다.

따라서 100 cm에 300원이므로 400 cm는

300×4=**1200(원)**입니다.

예제 **5-3** 생각 열기 관광버스 한 대에 학생 40명씩 타므로 올림을 합니다.

638÷40=15…38

⇨ 모두 타야 하므로 최소 15+1=16(대) 필요합니다.

(관광버스를 빌리는 데 드는 비용)

=(한 대 빌리는 가격)×(버스 수)

=400000×16

=**6400000(원)**

응용 **6** 생각 열기 100개씩 담을 수 없는 감은 팔 수 없습니다.

(1) 5128÷100=51…28

(2) 감 한 접씩 51개의 상자에 담고 28개가 남습니다.

⇨ (상자에 넣어 팔 수 있는 감의 수)

=(한 상자에 넣은 감의 수)×(상자의 수)

=100×51

=**5100(개)**

예제 **6-1** 253÷12=21…1

12자루씩 21상자에 담고 1자루가 남으므로 팔 수 있는 연필은 최대 12×21=**252(자루)**입니다.

예제 **6-2** 해법 순서

① 아버지와 어머니가 캔 고구마의 무게의 합을 구합니다.

② 전체 양을 한 상자에 담을 양으로 나누는 나눗셈을 합니다.

③ 판 고구마의 값을 구합니다.

(캔 고구마의 무게)=65+48=113 (kg)

113÷8=14…1이므로 최대 14상자를 팔았습니다.

⇨ (판 고구마의 값)=7000×14

=**98000(원)**

예제 **6-3** (저금통에 들어 있는 금액)

=100×315+50×62+10×207

=31500+3100+2070

=36670(원)

36670을 버림하여 천의 자리까지 나타내면 36000이므로 1000원짜리 지폐로 바꾸면 최대 **36장**까지 바꿀 수 있습니다.

주의

1000원자리 지폐로 바꿀 때 1000원 미만의 돈은 1000원짜리 지폐로 바꿀 수 없음에 주의합니다.

응용 **7** 생각 열기 반올림하여 백의 자리까지 나타낼 때는 십의 자리 숫자가 0, 1, 2, 3, 4이면 버리고, 5, 6, 7, 8, 9이면 올려서 나타냅니다.

(1) 반올림하여 백의 자리까지 나타내었을 때 700이 되는 수는 650 이상 750 미만인 자연수입니다.

(2) 650 이상 750 미만인 수 중에서 7□6인 수는 706, 716, 726, 736, 746이므로 □ 안에 들어갈 수 있는 수는 **0, 1, 2, 3, 4**입니다.

예제 **7-1** 반올림하여 십의 자리까지 나타내었을 때 630이 되는 자연수는 625 이상 635 미만인 수입니다. 이 중에서 630보다 작은 수는 625, 626, 627, 628, 629이므로 **5개**입니다.

예제 **7-2** 반올림하여 백의 자리까지 나타내었을 때 2900이 되는 자연수는 2850 이상 2950 미만인 수입니다.

⇨ 2950−2850=**100(개)**

참고

반올림하여 십의 자리까지 나타내었을 때 2900이 되는 자연수는 2895 이상 2905 미만이므로 2905−2895=10(개)입니다.

예제 **7-3** 해법 순서

① 반올림하여 천의 자리까지 나타낼 때 5000이 되는 자연수의 범위를 구합니다.

② ①에서 구한 자연수 중에서 가장 큰 수와 가장 작은 수를 구합니다.

③ ②에서 구한 두 수의 차를 구합니다.

반올림하여 천의 자리까지 나타내었을 때 5000이 되는 자연수는 4500 이상 5500 미만인 수입니다.

⇨ 반올림하여 천의 자리까지 나타내었을 때 5000이 되는 가장 작은 자연수는 4500이고, 가장 큰 수는 5499입니다.

⇨ 5499−4500=**999**

응용 **8** (1) 버림하여 십의 자리까지 나타내었을 때 3450이 되는 수는 3450 이상 3460 미만인 수입니다.
(2) 올림하여 십의 자리까지 나타내었을 때 3460이 되는 수는 3450 초과 3460 이하인 수입니다.
(3) 반올림하여 십의 자리까지 나타내었을 때 3460이 되는 수는 3455 이상 3465 미만인 수입니다.
(4) (1), (2), (3)을 모두 만족하는 수는 3455, 3456, 3457, 3458, 3459이고 이 중에서 가장 큰 수는 **3459**입니다.

예제 **8-1** 생각 열기 각 조건을 만족하는 수를 구하고 공통된 수의 범위를 알아봅니다.
- 올림하여 백의 자리까지 나타내었을 때 5400이 되는 수는 5300 초과 5400 이하인 수입니다.
- 버림하여 백의 자리까지 나타내었을 때 5300이 되는 수는 5300 이상 5400 미만인 수입니다.
- 반올림하여 백의 자리까지 나타내었을 때 5300이 되는 수는 5250 이상 5350 미만인 수입니다.

위 조건을 모두 만족하는 자연수는 5301 이상 5349 이하인 수이므로 이 중에서 가장 작은 수는 **5301**입니다.

예제 **8-2** 해법 순서
① 버림하여 십의 자리까지 나타냈을 때 2310이 되는 자연수의 범위를 구합니다.
② 올림하여 십의 자리까지 나타냈을 때 2320이 되는 자연수의 범위를 구합니다.
③ 반올림하여 십의 자리까지 나타냈을 때 2320이 되는 자연수의 범위를 구합니다.
④ ①, ②, ③을 모두 만족하는 수를 구합니다.
⑤ ④에서 구한 수를 이상과 이하를 사용하여 나타냅니다.

- 버림하여 십의 자리까지 나타내었을 때 2310이 되는 수는 2310 이상 2320 미만인 수입니다.
- 올림하여 십의 자리까지 나타내었을 때 2320이 되는 수는 2310 초과 2320 이하인 수입니다.
- 반올림하여 십의 자리까지 나타내었을 때 2320이 되는 수는 2315 이상 2325 미만인 수입니다.

위 조건을 모두 만족하는 수는 2315 이상 2320 미만인 자연수이므로 이상과 이하를 사용하여 수의 범위를 나타내면 **2315 이상 2319 이하**입니다.

참고
수의 범위는 여러 가지로 나타낼 수 있습니다.
예 (2315 이상 2319 이하인 자연수)
=(2315 이상 2320 미만인 자연수)
=(2314 초과 2319 이하인 자연수)
=(2314 초과 2320 미만인 자연수)

STEP 3 응용 유형 뛰어넘기 (26 ~ 30쪽)

01 3개국
02 경식
03 ㉣
04 예 9>7>6>4>0이므로 가장 큰 다섯 자리 수는 97640입니다.
⇨ 97640을 반올림하여 천의 자리까지 나타내려면 백의 자리 숫자가 6이므로 올림합니다.
97640 → 98000
; 98000
05 예 204÷20=10…4이므로 말린 오징어를 10축 포장하였습니다.
⇨ 50000×10=500000(원)
; 500000원
06 라면
07 94
08 예 19살 이상
09 15000원
10 예 30달러는 우리나라 돈으로 1050×30=31500(원)입니다.
31500원을 1000원짜리 지폐로 바꾸면 최대 31000원까지 바꿀 수 있습니다. ; 31000원
11 6개
12 128타
13 12219999명
14 75364

01 생각 열기 3번 이상은 3번과 같거나 많은 경우입니다.
3번 이상 우승한 나라는 브라질, 이탈리아, 독일로 **3개국**입니다.

02 5초 이상 다른 동작을 취하지 않은 사람은 **경식**입니다.

03 생각 열기 올림과 버림은 구하려는 자리 아래 수를 어림하여 수를 나타내는 방법이고, 반올림은 구하려는 자리 바로 아래 자리의 숫자를 보고 수를 나타내는 방법입니다.

수	천의 자리		
	올림	버림	반올림
㉠ 97008	98000	97000	97000
㉡ 82196	83000	82000	82000
㉢ 65930	66000	65000	66000
㉣ 27000	27000	27000	27000

04 해법 순서
① 수 카드를 사용하여 가장 큰 다섯 자리 수를 만듭니다.
② ①에서 만든 수를 반올림하여 천의 자리까지 나타냅니다.

서술형 가이드 만든 다섯 자리 수를 올바르게 반올림하는 과정이 들어 있어야 합니다.

채점 기준

상	가장 큰 다섯 자리 수를 만들었고 반올림하여 천의 자리까지 나타낸 수를 바르게 구함.
중	가장 큰 다섯 자리 수를 만들었지만 반올림하여 천의 자리까지 나타낸 수를 바르게 구하지 못함.
하	가장 큰 다섯 자리 수를 만들지 못하였고 반올림하여 천의 자리까지 나타낸 수도 바르게 구하지 못함.

05 생각 열기 오징어 20마리가 한 축이고 오징어를 축으로 판다고 했으므로 20마리가 안 되는 오징어는 팔 수가 없음에 주의합니다.

서술형 가이드 오징어를 20마리로 나누어 보고, 버림을 이용하여 답을 구하는 과정이 들어 있어야 합니다.

채점 기준

상	전체 오징어 수를 20으로 나누어 팔 수 있는 축 수를 구하고 버림을 이용하여 답을 바르게 구함.
중	전체 오징어 수를 20으로 나누어 팔 수 있는 축 수를 구하였지만 버림을 이용하는 과정에서 실수를 하여 답이 틀림.
하	풀이를 쓰지 못하고 답도 틀림.

06 생각 열기 (1 g당 나트륨 함량)=(나트륨의 양)÷(무게)
라면: 1960÷120=16⋯40,
햄버거: 1012÷213=4⋯160,
피자: 3924÷900=4⋯324,
치킨: 2842÷600=4⋯442
⇨ 1 g당 나트륨 함량이 5 mg 이상인 간식은 **라면**입니다.

07 △부터 122까지의 자연수의 개수가 28개라고 하면
122−△+1=28, △=95입니다. 122 이하인 자연수 중에서 큰 수부터 28개는 122, 121⋯⋯96, 95입니다.
95부터 122까지의 자연수를 나타내어야 하므로
□=**94**입니다.

참고
■<▲이고 ■와 ▲가 자연수일 때
(■ 이상 ▲ 이하인 자연수의 개수)=(▲−■+1)개
(■ 이상 ▲ 미만인 자연수의 개수)=(▲−■)개
(■ 초과 ▲ 이하인 자연수의 개수)=(▲−■)개
(■ 초과 ▲ 미만인 자연수의 개수)=(▲−■−1)개

08 생각 열기 □+12=39일 때 □=19이고 □+12가 39와 같거나 크려면 □는 19와 같거나 커야 합니다.
나무를 옮겨 심었을 때의 나무의 나이를 □살이라 하면 □+12가 31과 같거나 크므로 □는 31−12=19와 같거나 큽니다.
따라서 □는 19와 같거나 큰 수이므로 **19살 이상**입니다.

09 해법 순서
① 각 가족의 나이에 맞는 입장료를 찾아봅니다.
② 가족 전체의 입장료를 구합니다.
• 할아버지는 65세 이상의 성인이므로 성인 요금의 반을 내어야 합니다.
⇨ 2000원
• 아버지는 19세 초과 65세 미만의 성인이므로 성인 요금을 내어야 합니다.
⇨ 4000원
• 어머니는 19세 초과 65세 미만의 성인이므로 성인 요금을 내어야 합니다.
⇨ 4000원
• 오빠는 14세 이상 19세 이하의 청소년이므로 청소년 요금을 내어야 합니다.
⇨ 3000원
• 윤지는 7세 이상 14세 미만의 어린이이므로 어린이 요금을 내어야 합니다.
⇨ 2000원
• 동생은 7세 미만이므로 무료입니다.
⇨ 2000+4000+4000+3000+2000
=**15000(원)**

10 서술형 가이드 30달러를 원화로 얼마인지 구하고 1000원짜리 지폐로 얼마까지 바꿀 수 있는지를 구하는 과정이 들어 있어야 합니다.

채점 기준

상	30달러가 얼마인지 구하고 1000원짜리 지폐로 얼마까지 바꿀 수 있는지 답을 바르게 구함.
중	30달러가 얼마인지 바르게 구했지만 1000원짜리 지폐로 얼마까지 바꿀 수 있는지 구하지 못함.
하	풀이를 쓰지 못하고 답도 틀림.

11 생각 열기 53 초과 68 이하인 수의 십의 자리 숫자는 5 또는 6입니다.
53 초과 68 이하인 수의 십의 자리 숫자는 5 또는 6입니다. 십의 자리 숫자가 5인 수는 56, 58, 59이고 십의 자리 숫자가 6인 수는 63, 65, 68입니다.
따라서 모두 **6개**입니다.

참고
수 카드로 만들 수 있는 두 자리 수를 모두 구하여 조건에 맞는 수를 구해도 되지만 이럴 경우 만들 수 있는 두 자리 수는 모두 20개이므로 문제를 푸는 데 시간이 많이 걸립니다. 주어진 조건을 이용하여 문제를 풀면 더 쉽게 간단하게 문제를 해결할 수 있습니다.

12 해법 순서
① 올림하여 십의 자리까지 나타낸 수가 280이 되는 수의 범위를 구합니다.
② 버림하여 십의 자리까지 나타낸 수가 220이 되는 수의 범위를 구합니다.
③ 학생 수가 가장 많은 경우의 학생 수를 구합니다.
④ 연필을 3자루씩 나누어 줄 때 필요한 연필의 수를 구합니다.
⑤ ④에서 구한 연필을 사기 위해 최소 몇 타의 연필을 사야 하는지를 구합니다.
남학생 수: 271명부터 280명까지
여학생 수: 220명부터 229명까지
연필이 부족하면 안 되므로 학생 수가 가장 많은 경우에 필요한 연필의 수를 구하면
(280+229)×3=1527(자루)입니다.
⇨ 1527÷12=127…3이므로 연필은 최소 127+1=**128(타)** 준비해야 합니다.

13 생각 열기 인구가 가장 많은 도는 경기도, 가장 적은 도는 제주특별자치도입니다.
인구가 가장 많은 도는 경기도로 1285만이고 실제 인구는 12845000명부터 12854999명까지입니다.
인구가 가장 적은 도는 제주특별자치도로 64만이고 실제 인구는 635000명부터 644999명까지입니다.
⇨ 12854999−635000=**12219999(명)**

14 생각 열기 다섯 자리 수를 ABCDE라 하고 각각의 조건을 만족하는 수를 구해 봅니다.
각 자리 숫자가 서로 다른 다섯 자리 수를 ABCDE라고 하면
㉡에 따라 A는 7입니다.
㉢에 따라 B는 5, 6, 7, 8 중의 하나입니다.
㉣에 따라 C는 3, 6, 9 중의 하나입니다.
㉤에 따라 3, 6, 9의 2배를 각각 구하면 6, 12, 18이므로 D는 6이고, C는 3입니다.
㉠과 ㉥에 따라 B는 5가 됩니다.
⇨ ABCDE는 75360, 75361, 75362, 75364가 될 수 있으므로 가장 큰 수는 **75364**입니다.

실력평가

31 ~ 33쪽

01 39, 54, 40 **02** 50000
03 (1) 46 47 48 49 50 51 52 53
(2) 78 79 80 81 82 83 84 85
04 (○) (   )
05 ㉡ **06** 미만
07 예 80점 이상 85점 이하는 83점, 85점, 84점, 80점이므로 동상을 받는 학생은 4명입니다.
; 4명
08 23장 **09** ㉢
10 150000원, 157000원
11 5600 초과 5700 이하인 수
12 예 오늘 양계장에서 닭이 낳은 달걀 수는 261개 초과 264개 이하입니다.
13 5개 **14** 6개
15 70, 71, 72, 73, 74
16 600년쯤 **17** 7 L 초과 707 L 이하
18 7타
19 예 한 상자에 사과를 10개 담을 수 있습니다. 사과 983개를 모두 담으려면 상자는 최소 몇 개 필요합니까?
; 예 99개
20 110개

01 생각 열기 ■ 초과인 수는 ■보다 큰 수입니다.
35보다 큰 수는 **39, 54, 40**입니다.

02 천의 자리 숫자가 7이므로 올림을 합니다.
47362 ⇨ **50000**

03 수직선에 이상과 이하는 ●로, 초과와 미만은 ○로 나타냅니다.
(1) 47에 ●, 51에 ○로 나타냅니다.
(2) 80에 ○, 84에 ●로 나타냅니다.

04 690001 ⇨ 700000,
700001 ⇨ 710000

05 생각 열기 올림과 버림은 나타내려는 자리 아래의 수를 이용하여 어림하고, 반올림은 나타내려는 자리 바로 아래 자리의 숫자를 이용하여 어림합니다.
㉠ 3475 ⇨ 3500 ㉡ 3491 ⇨ 3400
㉢ 3423 ⇨ 3500

06 14권보다 적은 수는 14권 **미만**입니다.

07 서술형 가이드 80점 이상 85점 이하인 점수를 모두 찾은 다음, 모두 몇 명인지 구하는 풀이 과정이 들어 있어야 합니다.

채점 기준

상	동상을 받을 수 있는 점수를 알아보고 답을 바르게 구함.
중	동상을 받을 수 있는 점수를 바르게 알았지만 실수를 하여 답이 틀림.
하	풀이를 쓰지 못하고 답도 틀림.

08 생각 열기 필통을 받으려면 칭찬 붙임딱지가 90장 이상이어야 하므로 최소한 칭찬 붙임딱지를 90장이 있어야 합니다.
90장 이상이 되어야 필통을 받습니다.
⇨ 최소 $90-67=$**23(장)** 더 모아야 합니다.

09 생각 열기 생활에서 수의 범위를 사용하는 경우가 많습니다.
최고 속도가 100이므로 100 이하의 속도로 달려야 합니다. ⇨ ㉢

10 버림으로 생각하면
10000원짜리 지폐로 찾을 때: 157980 → **150000**
1000원짜리 지폐로 찾을 때: 157980 → **157000**

11 5600보다 크고 5700과 같거나 작은 수를 올림하여 백의 자리까지 나타내면 5700이 됩니다.

참고
20 초과 25 미만인 자연수
⇨ 21, 22, 23, 24
⇨ 21 이상 24 이하인 수
⇨ 21 이상 25 미만인 수
⇨ 20 초과 24 이하인 수

12 서술형 가이드 수직선에 나타낸 수의 범위를 바르게 읽고 문장으로 논리적으로 표현하는 풀이 과정이 들어 있어야 합니다.

채점 기준

상	수직선의 수의 범위를 바르게 문장으로 나타냄.
중	수직선의 수의 범위를 바르게 알고 있으나 문장으로 논리적으로 나타내지 못함.
하	수직선의 수의 범위를 몰라 문장으로도 나타내지 못함.

13 해법 순서
① 23 초과 30 미만인 수를 알아봅니다.
② 25 이상인 수를 알아봅니다.
③ ①과 ②에 공통인 자연수의 개수를 구합니다.
㉮ 23 초과 30 미만인 자연수: 24, 25, 26, 27, 28, 29
㉯ 25 이상인 자연수: 25, 26, 27, 28, 29, 30……
⇨ 25, 26, 27, 28, 29이므로 모두 **5개**입니다.

14 자연수 부분: 3, 4, 5
소수 첫째 자리 숫자: 6, 7
⇨ 3.6, 3.7, 4.6, 4.7, 5.6, 5.7이므로 모두 **6개**입니다.

15 반올림하여 70이 되는 수는 65 이상 75 미만인 수이고, 그중에서 70 이상인 수는 70 이상 75 미만인 수입니다.
⇨ **70, 71, 72, 73, 74**

16 해법 순서
① 1443년과 2019년 사이의 차를 구합니다.
② 반올림하여 백의 자리까지 나타냅니다.
$2019-1443=576$(년)
⇨ 576년은 600년에 더 가깝습니다.
⇨ **600년쯤**

17 생각 열기 사용 요금이 17000원 이상 19000원 이하일 경우 사용량은 700 L 초과 1400 L 이하입니다.
물 사용량은 700 L 초과 1400 L 이하가 되어야 하므로
$700-693=$**7 (L) 초과** $1400-693=$**707 (L) 이하**
만큼 더 사용할 수 있습니다.

18 생각 열기 학생들에게 나누어 줄 연필을 사려면 한 타가 안되는 연필이 더 필요하더라도 연필은 한 타를 더 사야 합니다.
(필요한 연필 수)$=27\times3=81$(자루)
$81\div12=6\cdots9$
⇨ 모두에게 3자루씩 주어야 하므로 연필은 최소
$6+1=$**7(타)** 사야 합니다.

19 서술형 가이드 938과 올림을 이용하여 문제를 논리적으로 만들고 올바른 답을 바르게 써야 합니다.

채점 기준

상	'983과 올림'을 이용하는 문제를 만들고 답도 바르게 구함.
중	'983과 올림'을 이용하는 문제를 바르게 만들었지만 실수를 하여 답이 틀림.
하	'983과 올림'을 이용하는 문제를 만들지 못했고 답도 틀림.

20 생각 열기 어떤 수를 ■로 나누었을 때 나머지는 0 이상 (■-1) 이하입니다.
조건을 만족하는 몫은 25부터 34까지이고, 나머지는 0부터 10까지입니다.
어떤 자연수는 $11\times25=275$부터 $11\times34+10=384$까지입니다.
⇨ $384-275+1=$**110(개)**

2 분수의 곱셈

STEP 1 기본 유형 익히기 40 ~ 43쪽

1-1 (1) $3\frac{1}{3}$ (2) $14\frac{2}{3}$

1-2

1-3 (1) < (2) <

1-4 34 cm

1-5 예 (3주일의 날수)$=7\times3=21$(일)

⇨ $\frac{4}{5}\times21=\frac{84}{5}=16\frac{4}{5}$ (L) ; $16\frac{4}{5}$ L

2-1 (1) $3\frac{1}{3}$ (2) $19\frac{1}{2}$

2-2 $14\frac{2}{3}$

2-3 $14\frac{1}{4}$

2-4 600 L

3-1 (1) $\frac{1}{60}$ (2) $\frac{1}{81}$

3-2 $\frac{1}{108}$

3-3 $\frac{1}{32}$ L

3-4 예 (어제까지 읽고 남은 부분)$=1-\frac{2}{3}=\frac{3}{3}-\frac{2}{3}=\frac{1}{3}$

⇨ $\frac{1}{3}\times\frac{1}{4}=\frac{1}{3\times4}=\frac{1}{12}$; $\frac{1}{12}$

4-1 (1) $\frac{9}{56}$ (2) $\frac{9}{40}$

4-2 (위부터) $\frac{7}{15}$, $\frac{7}{16}$, $\frac{4}{15}$

4-3 $\frac{9}{100}$

4-4 예 ㉠ $\frac{2}{3}-\frac{2}{15}=\frac{10}{15}-\frac{2}{15}=\frac{8}{15}$

㉡ $\frac{7}{12}-\frac{5}{18}=\frac{21}{36}-\frac{10}{36}=\frac{11}{36}$

⇨ $\frac{\overset{2}{\cancel{8}}}{15}\times\frac{11}{\underset{9}{\cancel{36}}}=\frac{22}{135}$; $\frac{22}{135}$

5-1 (1) $9\frac{7}{20}$ (2) $6\frac{37}{48}$

5-2 $8\frac{13}{16}$

5-3 >

5-4 16 km

6-1 (1) $\frac{1}{120}$ (2) $1\frac{2}{11}$

6-2 <

6-3 예 (타일 60장의 넓이)

$=4\frac{2}{3}\times7\frac{3}{4}\times60=\frac{14}{\underset{1}{\cancel{3}}}\times\frac{31}{\underset{1}{\cancel{4}}}\times\overset{\overset{5}{\cancel{20}}}{\cancel{60}}$

$=14\times31\times5=2170\ (cm^2)$

; $2170\ cm^2$

1-1 (1) $\frac{5}{\underset{3}{\cancel{9}}}\times\overset{2}{\cancel{6}}=\frac{10}{3}=\mathbf{3\frac{1}{3}}$

(2) $1\frac{5}{6}\times8=\frac{11}{\underset{3}{\cancel{6}}}\times\overset{4}{\cancel{8}}=\frac{44}{3}=\mathbf{14\frac{2}{3}}$

다른 풀이

(2) $1\frac{5}{6}\times8=\left(1+\frac{5}{6}\right)\times8$

$=(1\times8)+\left(\frac{5}{\underset{3}{\cancel{6}}}\times\overset{4}{\cancel{8}}\right)=8+\frac{20}{3}$

$=8+6\frac{2}{3}=14\frac{2}{3}$

1-2 $\frac{7}{\underset{3}{\cancel{9}}}\times\overset{5}{\cancel{15}}=\frac{35}{3}=11\frac{2}{3}$

$\frac{5}{\underset{1}{\cancel{9}}}\times\overset{2}{\cancel{18}}=10$

1-3 (1) $\frac{5}{\underset{2}{\cancel{12}}}\times\overset{1}{\cancel{6}}=\frac{5}{2}=2\frac{1}{2}=2\frac{5}{10}$

$\frac{7}{\underset{5}{\cancel{10}}}\times\overset{2}{\cancel{4}}=\frac{14}{5}=2\frac{4}{5}=2\frac{8}{10}$

⇨ $2\frac{5}{10}<2\frac{8}{10}$

(2) $2\frac{3}{8}\times12=\frac{19}{\underset{2}{\cancel{8}}}\times\overset{3}{\cancel{12}}=\frac{57}{2}=28\frac{1}{2}$

$3\frac{5}{6}\times8=\frac{23}{\underset{3}{\cancel{6}}}\times\overset{4}{\cancel{8}}=\frac{92}{3}=30\frac{2}{3}$

⇨ $28\frac{1}{2}<30\frac{2}{3}$

1-4 $8\frac{1}{2}\times4=\frac{17}{\underset{1}{\cancel{2}}}\times\overset{2}{\cancel{4}}=\mathbf{34}$ **(cm)**

1-5 일주일은 7일이므로 3주일은 $7\times3=21$(일)입니다.

서술형 가이드 선호가 우유를 마신 날수를 알아본 다음, 이 날수와 매일 마시는 우유의 양의 곱을 구하는 풀이 과정이 들어 있어야 합니다.

채점 기준

상	3주 동안 마신 우유의 양을 구하는 곱셈식을 쓰고 답을 바르게 구함.
중	3주 동안 마신 우유의 양을 구하는 곱셈식을 바르게 썼지만 계산 실수를 하여 답이 틀림.
하	3주 동안 마신 우유의 양을 구하는 곱셈식을 쓰지 못함.

2-1 (1) $\overset{2}{\cancel{8}}\times\dfrac{5}{\underset{3}{\cancel{12}}}=\dfrac{10}{3}=\mathbf{3\dfrac{1}{3}}$

(2) $7\times2\dfrac{11}{14}=\overset{1}{\cancel{7}}\times\dfrac{39}{\underset{2}{\cancel{14}}}=\dfrac{39}{2}=\mathbf{19\dfrac{1}{2}}$

다른 풀이

(2) $7\times2\dfrac{11}{14}=7\times\left(2+\dfrac{11}{14}\right)$

$=(7\times2)+\left(\overset{1}{\cancel{7}}\times\dfrac{11}{\underset{2}{\cancel{14}}}\right)=14+\dfrac{11}{2}$

$=14+5\dfrac{1}{2}=19\dfrac{1}{2}$

2-2 $\overset{4}{\cancel{16}}\times\dfrac{11}{\underset{3}{\cancel{12}}}=\dfrac{44}{3}=\mathbf{14\dfrac{2}{3}}$

2-3 생각 열기 수의 크기를 비교하여 가장 큰 수와 가장 작은 수를 먼저 찾습니다.

$6>4>3\dfrac{3}{5}>2\dfrac{3}{4}>2\dfrac{3}{8}$

⇨ $6\times2\dfrac{3}{8}=\overset{3}{\cancel{6}}\times\dfrac{19}{\underset{4}{\cancel{8}}}=\dfrac{57}{4}=\mathbf{14\dfrac{1}{4}}$

다른 풀이

$6\times2\dfrac{3}{8}=6\times\left(2+\dfrac{3}{8}\right)$

$=(6\times2)+\left(\overset{3}{\cancel{6}}\times\dfrac{3}{\underset{4}{\cancel{8}}}\right)=12+\dfrac{9}{4}$

$=12+2\dfrac{1}{4}=14\dfrac{1}{4}$

2-4 (사용한 연료의 양)$=\overset{300}{\cancel{1500}}\times\dfrac{3}{\underset{1}{\cancel{5}}}=900$ (L)

⇨ (남아 있는 연료의 양)

=(전체 연료의 양)−(사용한 연료의 양)

$=1500-900=$**600 (L)**

3-1 (1) $\dfrac{1}{15}\times\dfrac{1}{4}=\dfrac{1}{15\times4}=\mathbf{\dfrac{1}{60}}$

(2) $\dfrac{1}{9}\times\dfrac{1}{9}=\dfrac{1}{9\times9}=\mathbf{\dfrac{1}{81}}$

참고

$\dfrac{1}{■}\times\dfrac{1}{▲}=\dfrac{1}{■\times▲}$

3-2 $\dfrac{1}{9}\times\dfrac{1}{12}=\dfrac{1}{9\times12}=\mathbf{\dfrac{1}{108}}$

3-3 $\dfrac{1}{8}\times\dfrac{1}{4}=\dfrac{1}{8\times4}=\mathbf{\dfrac{1}{32}}$ **(L)**

3-4 위인전 전체를 1로 생각합니다.

서술형 가이드 전체의 $\dfrac{2}{3}$만큼 읽었을 때 남은 부분을 나타낸 다음, 이 분수와 $\dfrac{1}{4}$의 곱을 구하는 풀이 과정이 있어야 합니다.

채점 기준

상	어제까지 읽고 남은 부분을 구하고, 오늘 읽은 부분이 전체의 몇 분의 몇인지 바르게 구함.
중	어제까지 읽고 남은 부분을 바르게 구했지만 오늘 읽은 부분이 전체의 몇 분의 몇인지 구하지 못함.
하	어제까지 읽고 남은 부분도 구하지 못함.

4-1 (1) $\dfrac{9}{\underset{8}{\cancel{16}}}\times\dfrac{\overset{1}{\cancel{2}}}{7}=\mathbf{\dfrac{9}{56}}$ (2) $\dfrac{\overset{1}{\cancel{7}}}{20}\times\dfrac{9}{\underset{2}{\cancel{14}}}=\mathbf{\dfrac{9}{40}}$

4-2 $\dfrac{7}{\underset{5}{\cancel{10}}}\times\dfrac{\overset{1}{\cancel{2}}}{3}=\mathbf{\dfrac{7}{15}}$, $\dfrac{\overset{1}{\cancel{5}}}{8}\times\dfrac{7}{\underset{2}{\cancel{10}}}=\mathbf{\dfrac{7}{16}}$, $\dfrac{2}{5}\times\dfrac{2}{3}=\mathbf{\dfrac{4}{15}}$

4-3 생각 열기 지구 표면 전체를 1로 생각합니다.

(육지)=(지구 표면 전체)−(바다)$=1-\dfrac{7}{10}=\dfrac{3}{10}$

⇨ $\dfrac{3}{10}\times\dfrac{3}{10}=\dfrac{9}{100}$

4-4 서술형 가이드 (진분수)−(진분수)의 계산을 한 다음, (진분수)×(진분수)의 계산을 하는 풀이 과정이 들어 있어야 합니다.

채점 기준

상	㉠과 ㉡을 구해 ㉠과 ㉡의 곱을 바르게 구함.
중	㉠과 ㉡을 바르게 구했지만 ㉠과 ㉡의 곱을 구하는 과정에서 계산 실수를 하여 답이 틀림.
하	㉠과 ㉡도 구하지 못함.

5-1 (1) $3\dfrac{2}{5}\times2\dfrac{3}{4}=\dfrac{17}{5}\times\dfrac{11}{4}=\dfrac{187}{20}=\mathbf{9\dfrac{7}{20}}$

(2) $2\dfrac{1}{6}\times3\dfrac{1}{8}=\dfrac{13}{6}\times\dfrac{25}{8}=\dfrac{325}{48}=\mathbf{6\dfrac{37}{48}}$

다른 풀이

(1) $3\dfrac{2}{5}\times2\dfrac{3}{4}=3\dfrac{2}{5}\times\left(2+\dfrac{3}{4}\right)$

$=\left(3\dfrac{2}{5}\times2\right)+\left(3\dfrac{2}{5}\times\dfrac{3}{4}\right)$

$=\left(6+\dfrac{4}{5}\right)+\left(\dfrac{17}{5}\times\dfrac{3}{4}\right)$

$=6\dfrac{4}{5}+2\dfrac{11}{20}=6\dfrac{16}{20}+2\dfrac{11}{20}$

$=8\dfrac{27}{20}=9\dfrac{7}{20}$

5-2 $3\frac{3}{8}\times2\frac{11}{18}=\frac{\overset{3}{\cancel{27}}}{8}\times\frac{47}{\underset{2}{\cancel{18}}}=\frac{141}{16}=\mathbf{8\frac{13}{16}}$

다른 풀이

$$3\frac{3}{8}\times2\frac{11}{18}=3\frac{3}{8}\times\left(2+\frac{11}{18}\right)$$
$$=\left(3\frac{3}{8}\times2\right)+\left(3\frac{3}{8}\times\frac{11}{18}\right)$$
$$=\left(3\times2+\frac{3}{\underset{4}{\cancel{8}}}\times\overset{1}{\cancel{2}}\right)+\left(\frac{\overset{3}{\cancel{27}}}{8}\times\frac{11}{\underset{2}{\cancel{18}}}\right)$$
$$=6+\frac{3}{4}+\frac{33}{16}=6\frac{3}{4}+2\frac{1}{16}$$
$$=6\frac{12}{16}+2\frac{1}{16}=8\frac{13}{16}$$

5-3 $1\frac{2}{3}\times1\frac{4}{5}=\frac{\overset{1}{\cancel{5}}}{\underset{1}{\cancel{3}}}\times\frac{\overset{3}{\cancel{9}}}{\underset{1}{\cancel{5}}}=3$

$2\frac{4}{9}\times1\frac{1}{8}=\frac{\overset{11}{\cancel{22}}}{\underset{1}{\cancel{9}}}\times\frac{\overset{1}{\cancel{9}}}{\underset{4}{\cancel{8}}}=\frac{11}{4}=2\frac{3}{4}$

⇨ $3>2\frac{3}{4}$

5-4 $12\frac{4}{5}\times1\frac{1}{4}=\frac{\overset{16}{\cancel{64}}}{\underset{1}{\cancel{5}}}\times\frac{\overset{1}{\cancel{5}}}{\underset{1}{\cancel{4}}}=\mathbf{16\ (km)}$

6-1 (1) $\frac{1}{5}\times\frac{1}{4}\times\frac{1}{6}=\frac{1}{5\times4\times6}=\mathbf{\frac{1}{120}}$

(2) $1\frac{1}{5}\times2\frac{1}{6}\times\frac{5}{11}=\frac{\overset{1}{\cancel{6}}}{\underset{1}{\cancel{5}}}\times\frac{13}{\underset{1}{\cancel{6}}}\times\frac{\overset{1}{\cancel{5}}}{11}=\frac{13}{11}=\mathbf{1\frac{2}{11}}$

6-2 $\frac{\overset{1}{\cancel{2}}}{5}\times\frac{1}{5}\times\frac{1}{\underset{3}{\cancel{6}}}=\frac{1}{75}$

$\frac{3}{7}\times2\frac{1}{2}\times\frac{14}{15}=\frac{\overset{1}{\cancel{3}}}{\underset{1}{\cancel{7}}}\times\frac{\overset{1}{\cancel{5}}}{\underset{1}{\cancel{2}}}\times\frac{\overset{\overset{1}{\cancel{2}}}{\cancel{14}}}{\underset{\underset{1}{\cancel{5}}}{\cancel{15}}}=1$

⇨ $\frac{1}{75}<1$

6-3 서술형 가이드 직사각형 모양의 타일의 가로와 세로, 타일의 수를 이용한 알맞은 분수의 곱셈식을 세우고 계산하는 풀이 과정이 들어 있어야 합니다.

채점 기준

상	타일 60장의 넓이를 구하는 분수의 곱셈식을 쓰고 답을 바르게 구함.
중	타일 60장의 넓이를 구하는 분수의 곱셈식을 바르게 썼지만 계산 실수를 하여 답이 틀림.
하	타일 60장의 넓이를 구하는 분수의 곱셈식을 쓰지 못함.

STEP 2 응용 유형 익히기 44 ~ 51쪽

응용 **1** $1\frac{3}{4}$ m

예제 **1-1** $12\frac{1}{2}$ cm　예제 **1-2** $\frac{1}{20}$ m

응용 **2** $34\frac{1}{2}$ cm^2

예제 **2-1** $30\frac{1}{4}$ cm^2　예제 **2-2** $\frac{41}{75}$ m^2

응용 **3** $\frac{3}{20}$

예제 **3-1** $\frac{3}{50}$　예제 **3-2** $\frac{1}{3}$

예제 **3-3** 15명

응용 **4** 6

예제 **4-1** 8개　예제 **4-2** 3, 11

응용 **5** $\frac{3}{16}$

예제 **5-1** $15\frac{3}{4}$　예제 **5-2** $13\frac{1}{5}$

응용 **6** 80 cm^2

예제 **6-1** 875 cm^2　예제 **6-2** 윤제, 1 cm^2

응용 **7** $34\frac{2}{15}$

예제 **7-1** $19\frac{2}{7}$　예제 **7-2** $\frac{1}{12}$

응용 **8** 20 km

예제 **8-1** $7\frac{6}{7}$ km　예제 **8-2** 128 km

예제 **8-3** $8\frac{17}{60}$ L

응용 **1** (1) 정삼각형의 세 변의 길이는 모두 같습니다.
(2) (정삼각형의 둘레)

$=\frac{7}{\underset{4}{\cancel{12}}}\times\overset{1}{\cancel{3}}=\frac{7}{4}=\mathbf{1\frac{3}{4}\ (m)}$

예제 **1-1** 정사각형은 네 변의 길이가 모두 같습니다.
⇨ (정사각형의 둘레)

$=3\frac{1}{8}\times4=\frac{25}{\underset{2}{\cancel{8}}}\times\overset{1}{\cancel{4}}=\frac{25}{2}=\mathbf{12\frac{1}{2}\ (cm)}$

예제 **1-2** (정삼각형의 둘레)$=\frac{11}{\underset{4}{\cancel{12}}}\times\overset{1}{\cancel{3}}=\frac{11}{4}=2\frac{3}{4}$ (m)

(정사각형의 둘레)$=\frac{7}{\underset{5}{\cancel{10}}}\times\overset{2}{\cancel{4}}=\frac{14}{5}=2\frac{4}{5}$ (m)

⇨ $2\frac{4}{5}>2\frac{3}{4}$이므로

(둘레의 차)$=2\frac{4}{5}-2\frac{3}{4}=2\frac{16}{20}-2\frac{15}{20}=\mathbf{\frac{1}{20}\ (m)}$

응용 2 (1) (직사각형의 넓이)=(가로)×(세로)
(2) (직사각형의 넓이)
$=8\frac{5}{8}\times4=\frac{69}{\cancel{8}_2}\times\cancel{4}^1=\frac{69}{2}=\mathbf{34\frac{1}{2}}\,\mathbf{(cm^2)}$

예제 2-1 (정사각형의 넓이)
$=5\frac{1}{2}\times5\frac{1}{2}=\frac{11}{2}\times\frac{11}{2}=\frac{121}{4}=\mathbf{30\frac{1}{4}}\,\mathbf{(cm^2)}$

예제 2-2 ㉮: $\frac{\cancel{3}^1}{5}\times\frac{4}{\cancel{9}_3}=\frac{4}{15}\,(m^2)$ ㉯: $\frac{7}{\cancel{10}_5}\times\frac{\cancel{2}^1}{5}=\frac{7}{25}\,(m^2)$
⇨ $\frac{4}{15}+\frac{7}{25}=\frac{20}{75}+\frac{21}{75}=\mathbf{\frac{41}{75}}\,\mathbf{(m^2)}$

응용 3 생각 열기 (어제 마시고 남은 주스)
=1−(어제 마신 주스)입니다.
(1) 어제 마시고 남은 주스: 전체의 $1-\frac{2}{5}=\frac{3}{5}$
(2) 오늘 마신 주스:
전체의 $\left(1-\frac{2}{5}\right)\times\frac{1}{4}=\frac{3}{5}\times\frac{1}{4}=\mathbf{\frac{3}{20}}$

예제 3-1 음료수를 사고 남은 돈: $1-\frac{7}{10}$
⇨ 빵을 사는 데 쓴 돈:
처음의 $\left(1-\frac{7}{10}\right)\times\frac{1}{5}=\frac{3}{10}\times\frac{1}{5}=\mathbf{\frac{3}{50}}$

예제 3-2 지혜가 먹은 양: 전체의 $\frac{1}{5}$
제승이가 먹은 양: 전체의 $\left(1-\frac{1}{5}\right)\times\frac{7}{12}$
지혜와 제승이가 먹은 양:
$\frac{1}{5}+\left(1-\frac{1}{5}\right)\times\frac{7}{12}=\frac{1}{5}+\frac{\cancel{4}^1}{5}\times\frac{7}{\cancel{12}_3}$
$=\frac{1}{5}+\frac{7}{15}=\frac{10}{15}=\frac{2}{3}$
⇨ (두 사람이 먹고 남은 피자의 양)
$=1-\frac{2}{3}=\mathbf{\frac{1}{3}}$

예제 3-3 (진희네 반에서 체육을 좋아하는 학생 수)
$=32\times\frac{5}{8}$
(진희네 반에서 축구를 좋아하는 학생 수)
$=\cancel{32}^{\cancel{4}^1}\times\frac{5}{\cancel{8}_1}\times\frac{3}{\cancel{4}_1}=$**15(명)**

응용 4 생각 열기 단위분수는 분모가 작을수록 큰 수입니다.
(1) $\frac{1}{4}\times\frac{1}{11}=\frac{1}{4\times11}=\frac{1}{44}$
(2) $\frac{1}{44}<\frac{1}{\square\times7}$에서 $44>\square\times7$이므로
$\square=2, 3, 4, 5, 6$입니다.
(3) □ 안에 들어갈 수 있는 수 중에서 가장 큰 수는 **6**입니다.

예제 4-1 해법 순서
① $\frac{1}{4}\times\frac{1}{5}$과 $\frac{1}{\square}\times\frac{1}{2}$을 계산합니다.
② ①에서 구한 곱의 크기를 비교하여 □ 안에 들어갈 수 있는 자연수의 범위를 구합니다.
③ ②에서 구한 범위에 들어 있는 자연수의 개수를 구합니다.
$\frac{1}{4}\times\frac{1}{5}=\frac{1}{4\times5}=\frac{1}{20}$입니다.
$\frac{1}{20}<\frac{1}{\square\times2}$에서 $20>\square\times2$이므로 □는 10보다 작은 수이어야 합니다.
따라서 □ 안에 들어갈 수 있는 자연수는 2부터 9까지로 모두 **8개**입니다.

예제 4-2 $\frac{1}{6}\times\frac{1}{6}=\frac{1}{6\times6}=\frac{1}{36}$,
$\frac{1}{\square}\times\frac{1}{3}=\frac{1}{\square\times3}$, $\frac{1}{2}\times\frac{1}{4}=\frac{1}{2\times4}=\frac{1}{8}$입니다.
$\frac{1}{36}<\frac{1}{\square\times3}<\frac{1}{8}$에서 $36>\square\times3>8$이므로
$\square=3, 4, 5\cdots\cdots11$입니다.
따라서 □ 안에 들어갈 수 있는 자연수 중에서 가장 작은 수는 **3**, 가장 큰 수는 **11**입니다.

응용 5 생각 열기 덧셈과 뺄셈의 관계를 이용합니다.
■+▲=★ ⇨ ★−▲=■
(1) $\square+\frac{9}{20}=\frac{13}{15}$
(2) $\square=\frac{13}{15}-\frac{9}{20}=\frac{52}{60}-\frac{27}{60}=\frac{25}{60}=\frac{5}{12}$
(3) $\frac{\cancel{5}^1}{\cancel{12}_4}\times\frac{\cancel{9}^3}{\cancel{20}_4}=\mathbf{\frac{3}{16}}$

예제 5-1 어떤 수를 □라 하면 $\square-2\frac{1}{3}=4\frac{5}{12}$
⇨ $\square=4\frac{5}{12}+2\frac{1}{3}=4\frac{5}{12}+2\frac{4}{12}=6\frac{9}{12}=6\frac{3}{4}$
⇨ $6\frac{3}{4}\times2\frac{1}{3}=\frac{\cancel{27}^9}{4}\times\frac{7}{\cancel{3}_1}=\frac{63}{4}=\mathbf{15\frac{3}{4}}$

예제 5-2 지워진 대분수를 □라 하면

$2\frac{3}{4}+\square=5\frac{19}{20}$

⇨ $\square=5\frac{19}{20}-2\frac{3}{4}=5\frac{19}{20}-2\frac{15}{20}=3\frac{4}{20}=3\frac{1}{5}$

⇨ $3\frac{1}{5}\times4\frac{1}{8}=\frac{\overset{2}{\cancel{16}}}{5}\times\frac{33}{\underset{1}{\cancel{8}}}=\frac{66}{5}=\mathbf{13\frac{1}{5}}$

응용 6 생각 열기 처음 길이의 ■만큼 줄이는 것과 처음 길이의 ■로 줄이는 것은 다름에 주의합니다.

(1) $14\times\left(1-\frac{2}{7}\right)=\overset{2}{\cancel{14}}\times\frac{5}{\underset{1}{\cancel{7}}}=10\,(\text{cm})$

(2) $\overset{2}{\cancel{14}}\times\frac{4}{\underset{1}{\cancel{7}}}=8\,(\text{cm})$

(3) $10\times8=\mathbf{80\,(cm^2)}$

예제 6-1 (새로 만든 직사각형의 가로)

$=20\times\left(1+\frac{3}{4}\right)=\overset{5}{\cancel{20}}\times\frac{7}{\underset{1}{\cancel{4}}}=35\,(\text{cm})$

(새로 만든 직사각형의 세로)

$=20\times1\frac{1}{4}=\overset{5}{\cancel{20}}\times\frac{5}{\underset{1}{\cancel{4}}}=25\,(\text{cm})$

⇨ (새로 만든 직사각형의 넓이)

$=35\times25=\mathbf{875\,(cm^2)}$

예제 6-2 윤제가 그린 정사각형의 넓이:

$6\times6=36\,(\text{cm}^2)$

선지가 그린 정사각형의 넓이:

$\left(6\times1\frac{1}{6}\right)\times\left\{6\times\left(1-\frac{1}{6}\right)\right\}$

$=\left(\overset{1}{\cancel{6}}\times\frac{7}{\underset{1}{\cancel{6}}}\right)\times\left(\overset{1}{\cancel{6}}\times\frac{5}{\underset{1}{\cancel{6}}}\right)$

$=7\times5=35\,(\text{cm}^2)$

⇨ **윤제**가 그린 도형이 $36-35=\mathbf{1\,(cm^2)}$ 더 넓습니다.

응용 7 생각 열기 대분수는 자연수 부분이 클수록 큰 수이고 대분수에서 분수 부분은 진분수입니다.

(1) $9>5>3$이므로 $9\frac{3}{5}$입니다.

(2) $3<5<9$이므로 $3\frac{5}{9}$입니다.

(3) $9\frac{3}{5}\times3\frac{5}{9}=\frac{\overset{16}{\cancel{48}}}{5}\times\frac{32}{\underset{3}{\cancel{9}}}=\frac{512}{15}=\mathbf{34\frac{2}{15}}$

예제 7-1 • 만들 수 있는 가장 큰 대분수는 $7>4>2$이므로 $7\frac{2}{4}$입니다.

• 만들 수 있는 가장 작은 대분수는 $2<4<7$이므로 $2\frac{4}{7}$입니다.

⇨ $7\frac{2}{4}\times2\frac{4}{7}=\frac{\overset{15}{\cancel{30}}}{\underset{1}{\cancel{\underset{2}{\cancel{4}}}}}\times\frac{\overset{9}{\cancel{18}}}{7}=\frac{135}{7}=\mathbf{19\frac{2}{7}}$

예제 7-2 생각 열기 진분수는 분자가 분모보다 작은 분수입니다.

서로 평행한 두 면의 눈의 수의 합이 7이므로 밑에 놓인 면의 눈의 수는 왼쪽부터 1, 3, 6입니다.

⇨ 만들 수 있는 진분수는 $\frac{1}{6}$, $\frac{3}{6}$, $\frac{1}{3}$입니다.

$\frac{1}{3}=\frac{2}{6}$이므로 $\frac{3}{6}>\frac{1}{3}\left(=\frac{2}{6}\right)>\frac{1}{6}$입니다.

⇨ $\frac{\overset{1}{\cancel{3}}}{6}\times\frac{1}{\underset{2}{\cancel{6}}}=\mathbf{\frac{1}{12}}$

응용 8 생각 열기 1시간 20분은 $1\frac{20}{60}$시간입니다.

(1) 1시간 20분$=1\frac{20}{60}$시간$=1\frac{1}{3}$시간

(2) (1시간 20분 동안 움직인 거리)

$=15\times1\frac{1}{3}=\overset{5}{\cancel{15}}\times\frac{4}{\underset{1}{\cancel{3}}}=\mathbf{20\,(km)}$

예제 8-1 3시간 40분$=3\frac{40}{60}$시간$=3\frac{2}{3}$시간

⇨ $2\frac{1}{7}\times3\frac{2}{3}=\frac{\overset{5}{\cancel{15}}}{7}\times\frac{11}{\underset{1}{\cancel{3}}}=\frac{55}{7}=\mathbf{7\frac{6}{7}\,(km)}$

예제 8-2 2시간 30분$=2\frac{30}{60}$시간$=1\frac{1}{2}$시간

(2시간 30분 동안 간 거리)

$=72\times2\frac{1}{2}=\overset{36}{\cancel{72}}\times\frac{5}{\underset{1}{\cancel{2}}}=180\,(\text{km})$

⇨ (남은 거리)$=308-180=\mathbf{128\,(km)}$

예제 8-3 1시간 45분$=1\frac{45}{60}$시간$=1\frac{3}{4}$시간

⇨ $2\frac{1}{3}\times1\frac{3}{4}+2\frac{2}{5}\times1\frac{3}{4}$

$=\frac{7}{3}\times\frac{7}{4}+\frac{\overset{3}{\cancel{12}}}{5}\times\frac{7}{\underset{1}{\cancel{4}}}=\frac{49}{12}+\frac{21}{5}$

$=4\frac{1}{12}+4\frac{1}{5}=4\frac{5}{60}+4\frac{12}{60}=\mathbf{8\frac{17}{60}\,(L)}$

STEP 3 응용 유형 뛰어넘기

52 ~ 56쪽

01 $3\frac{3}{8}$, $33\frac{3}{4}$

02 $16\frac{4}{5}$ cm, $17\frac{16}{25}$ cm^2

03 24 cm, 12 cm

04 $164\frac{23}{25}$년

05 예 $\frac{1}{3}\times\frac{1}{5}\times\frac{1}{\square}=\frac{1}{3\times5\times\square}=\frac{1}{15\times\square}$,

$\frac{1}{20}\times\frac{1}{4}=\frac{1}{20\times4}=\frac{1}{80}$입니다.

$\frac{1}{15\times\square}>\frac{1}{80}$에서 $15\times\square<80$, □는 1 초과인 수이므로 □$=2, 3, 4, 5$입니다. ; 2, 3, 4, 5

06 60명 **07** 48 cm^2

08 $29\frac{3}{4}$ km

09 예 단위분수의 크기를 비교하면

$\frac{1}{2}>\frac{1}{4}>\frac{1}{8}>\frac{1}{16}>\frac{1}{32}>\frac{1}{64}$입니다.

가장 큰 수는 $\frac{1}{2}$, 가장 작은 수는 $\frac{1}{64}$입니다.

⇨ $\frac{1}{2}\times\frac{1}{64}=\frac{1}{128}$; $\frac{1}{128}$

10 예 (민규의 몸무게)$=\overset{6}{\cancel{78}}\times\frac{8}{\underset{1}{\cancel{13}}}=48$ (kg)

(동생의 몸무게)$=\overset{8}{\cancel{48}}\times\frac{5}{\underset{1}{\cancel{6}}}=40$ (kg)

⇨ $48-40=8$(kg) ; 8 kg

11 $91\frac{3}{5}$ cm

12 예 (색 테이프 3장의 길이의 합)

$=4\frac{1}{5}\times3=\frac{21}{5}\times3=\frac{63}{5}=12\frac{3}{5}$ (cm)

(겹치는 부분의 길이의 합)

$=1\frac{1}{2}\times2=\frac{3}{\underset{1}{\cancel{2}}}\times\overset{1}{\cancel{2}}=3$ (cm)

⇨ (색 테이프의 전체 길이)$=12\frac{3}{5}-3=9\frac{3}{5}$ (cm)

; $9\frac{3}{5}$ cm

13 $60\frac{3}{4}$ kg **14** 4 cm^2

01 $\frac{9}{\underset{8}{\cancel{16}}}\times\overset{3}{\cancel{6}}=\frac{27}{8}=\mathbf{3\frac{3}{8}}$,

$3\frac{3}{8}\times10=\frac{27}{\underset{4}{\cancel{8}}}\times\overset{5}{\cancel{10}}=\frac{135}{4}=\mathbf{33\frac{3}{4}}$

02 생각 열기 (정사각형 둘레)=(한 변의 길이)×4,
(정사각형의 넓이)=(한 변의 길이)×(한 변의 길이)

(둘레)$=4\frac{1}{5}\times4=\frac{21}{5}\times4=\frac{84}{5}=\mathbf{16\frac{4}{5}}$ **(cm)**,

(넓이)$=4\frac{1}{5}\times4\frac{1}{5}=\frac{21}{5}\times\frac{21}{5}$

$=\frac{441}{25}=\mathbf{17\frac{16}{25}}$ **(cm²)**

03 (세로)$=\overset{12}{\cancel{36}}\times\frac{2}{\underset{1}{\cancel{3}}}=$ **24 (cm)**,

(태극 문양의 지름)$=\overset{12}{\cancel{24}}\times\frac{1}{\underset{1}{\cancel{2}}}=$ **12 (cm)**

04 $1\times1\frac{9}{10}\times86\frac{4}{5}=1\frac{9}{10}\times86\frac{4}{5}=\frac{19}{\underset{5}{\cancel{10}}}\times\frac{\overset{217}{\cancel{434}}}{5}$

$=\frac{4123}{25}=\mathbf{164\frac{23}{25}}$**(년)**

05 서술형 가이드 분수의 곱셈을 간단히 하고 단위분수의 크기 비교를 이용하여 □ 안에 들어갈 수 있는 수를 구하는 풀이 과정이 들어 있어야 합니다.

채점 기준

상	단위분수의 곱셈을 하고 단위분수의 크기를 비교하여 안에 알맞은 수를 구함.
중	단위분수의 곱셈을 바르게 하였지만 단위분수의 크기를 비교하는 과정에서 실수를 하여 답이 틀림.
하	단위분수의 곱셈도 하지 못함.

06 해법 순서

① 수학을 좋아하는 학생 수를 구합니다.

② 수학을 좋아하는 학생 중에서 과학을 좋아하지 않는 학생 수를 구합니다.

(수학을 좋아하는 학생 수)$=\overset{40}{\cancel{200}}\times\frac{4}{\underset{1}{\cancel{5}}}=160$(명)

(수학을 좋아하는 학생 중에서 과학을 좋아하는 학생 수)

$=$(수학을 좋아하는 학생 수)$\times\frac{5}{8}$

(수학을 좋아하지만 과학을 좋아하지 않는 학생 수)

$=$(수학을 좋아하는 학생 수)$\times\left(1-\frac{5}{8}\right)$

$=160\times\left(1-\frac{5}{8}\right)=\overset{20}{\cancel{160}}\times\frac{3}{\underset{1}{\cancel{8}}}$

$=$**60(명)**

07 해법 순서

① 모형 새와 모형 나무를 만든 색종이의 넓이를 구합니다.
② 사용하고 남은 색종이의 넓이를 구합니다.

(모형 새를 만든 색종이의 넓이)$=\overset{48}{\cancel{240}}\times\frac{3}{\underset{1}{\cancel{5}}}=144\ (\mathrm{cm}^2)$

⇨ $240-144=96\ (\mathrm{cm}^2)$

(모형 나무를 만든 색종이의 넓이)$=\overset{48}{\cancel{96}}\times\frac{1}{\underset{1}{\cancel{2}}}=48\ (\mathrm{cm}^2)$

⇨ $240-144-48=\mathbf{48\ (cm^2)}$

08 3시간 36분$=3\frac{36}{60}$시간$=3\frac{3}{5}$시간입니다.

$3\frac{3}{5}$시간 동안 걸은 거리는

$5\frac{5}{8}\times3\frac{3}{5}=\frac{\overset{9}{\cancel{45}}}{\underset{4}{\cancel{8}}}\times\frac{\overset{9}{\cancel{18}}}{\underset{1}{\cancel{5}}}=\frac{81}{4}=20\frac{1}{4}$ (km)입니다.

⇨ $50-20\frac{1}{4}=49\frac{4}{4}-20\frac{1}{4}=\mathbf{29\frac{3}{4}\ (km)}$

09 서술형 가이드 단위분수 6개의 크기를 비교하여 가장 큰 수와 가장 작은 수를 찾은 다음, 두 수의 곱을 구하는 풀이 과정이 들어 있어야 합니다.

채점 기준

상	가장 큰 분수와 가장 작은 분수를 찾아 단위분수의 곱을 바르게 구함.
중	가장 큰 분수와 가장 작은 분수를 바르게 찾았지만 계산 실수를 하여 답이 틀림.
하	가장 큰 분수와 가장 작은 분수를 찾지도 못함.

10 서술형 가이드 민규 아버지의 몸무게를 이용하여 민규와 동생의 몸무게를 구하고, 두 사람의 몸무게의 차를 구하는 풀이 과정이 들어 있어야 합니다.

채점 기준

상	민규와 동생의 몸무게를 각각 구해 답을 바르게 구함.
중	민규와 동생의 몸무게 중 하나만 바르게 구해 답이 틀림.
하	민규와 동생의 몸무게를 모두 구하지 못함.

11 (첫 번째로 튀어 오른 높이)

$=(200+10)\times\frac{3}{5}+10=\overset{42}{\cancel{210}}\times\frac{3}{\underset{1}{\cancel{5}}}+10=136$ (cm)

㉠: $136\times\frac{3}{5}+10=\frac{408}{5}+10=\mathbf{91\frac{3}{5}\ (cm)}$

12 서술형 가이드 색 테이프 3장의 길이의 합에서 겹치는 부분의 길이의 합을 빼는 풀이 과정이 들어 있어야 합니다.

채점 기준

상	색 테이프 3장의 길이의 합과 겹치는 부분의 길이의 합을 각각 구해 답을 바르게 구함.
중	색 테이프 3장의 길이의 합과 겹치는 부분의 길이의 합을 바르게 구했지만 이은 색 테이프의 전체 길이를 구하는 과정에서 계산 실수를 하여 답이 틀림
하	전체 길이를 구하는 방법을 몰라 쓰지 못함.

참고

길이가 ★ cm인 색 테이프 ■장을 ▲ cm씩 겹치게 이으면 겹치는 곳은 (■-1)곳입니다.

⇨ (색 테이프의 전체 길이)$=$★$\times$■$-$▲$\times$(■-1)

13 생각 열기 먼저 지구에서 잰 무게는 달에서 잰 무게의 몇 배인지 알아봅니다.

$18\div3=6$이므로 지구에서 잰 무게는 달에서 잰 무게의 6배입니다.

⇨ $10\frac{1}{8}\times6=\frac{81}{\underset{4}{\cancel{8}}}\times\overset{3}{\cancel{6}}=\frac{243}{4}=\mathbf{60\frac{3}{4}\ (kg)}$

14 생각 열기 정사각형은 네 변의 길이가 모두 같으므로 가장 작은 정사각형의 한 변의 길이를 1이라 할 때 정사각형 ㉮와 정사각형 ㉯의 한 변의 길이가 얼마나 되는지 알아봅니다.

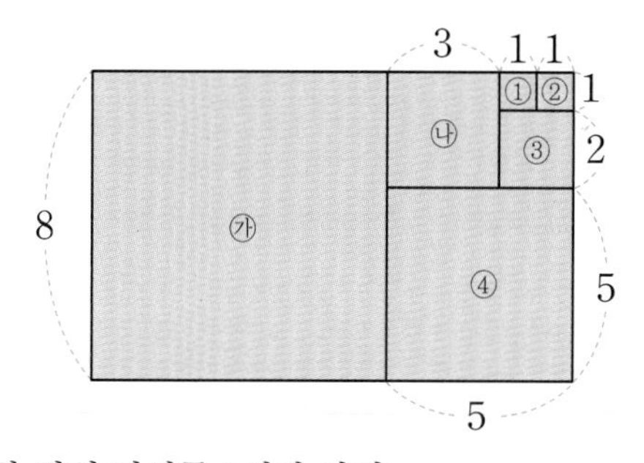

①의 한 변의 길이를 1이라 하면
③의 한 변의 길이는 $1+1=2$,
㉯의 한 변의 길이는 $1+2=3$,
④의 한 변의 길이는 $2+3=5$,
㉮의 한 변의 길이는 $3+5=8$입니다.

즉, ①의 한 변의 길이는 ㉮의 한 변의 길이의 $\frac{1}{8}$이므로

(①의 한 변의 길이)$=5\frac{1}{3}\times\frac{1}{8}=\frac{\overset{2}{\cancel{16}}}{3}\times\frac{1}{\underset{1}{\cancel{8}}}=\frac{2}{3}$ (cm)입니다. ㉯의 한 변의 길이는 ①의 한 변의 길이의 3배이므로

(㉯의 한 변의 길이)$=\frac{2}{\underset{1}{\cancel{3}}}\times\overset{1}{\cancel{3}}=2$ (cm)입니다.

⇨ (㉯의 넓이)$=2\times2=\mathbf{4\ (cm^2)}$

실력평가

57 ~ 59쪽

01 (1) $\frac{1}{15}$ (2) $\frac{6}{25}$ **02** 4
03 $<$ **04** $2\frac{7}{9}$
05 ㉢ **06** $\frac{1}{4}$박자
07 예 대분수를 가분수로 고치지 않고 약분하였습니다. ; 예 $15\times1\frac{7}{24}=\overset{5}{\cancel{15}}\times\frac{31}{\underset{8}{\cancel{24}}}=\frac{155}{8}=19\frac{3}{8}$
08 $25\frac{3}{5}$ cm **09** ㉡, ㉠, ㉢
10 2, 3, 4
11 예 선미는 길이가 63 cm인 색 테이프의 $\frac{8}{9}$을 사용했습니다. 선미가 사용한 색 테이프의 길이는 몇 cm입니까? ; 예 56 cm
12 $\frac{1}{36}$ **13** 9명 **14** 호식
15 위인전, 700권 **16** $6\frac{44}{45}$ cm^2
17 예 (오전)$=\overset{1}{\cancel{3}}\times\frac{4}{\underset{5}{\cancel{15}}}=\frac{4}{5}$ (L)

(오후)$=\frac{4}{5}\times1\frac{1}{2}=\frac{\overset{2}{\cancel{4}}}{5}\times\frac{3}{\underset{1}{\cancel{2}}}=\frac{6}{5}=1\frac{1}{5}$ (L)

⇨ $\frac{4}{5}+1\frac{1}{5}=1\frac{5}{5}=2$ (L) ; 2 L
18 40 cm **19** $281\frac{3}{4}$ km **20** 2170 cm^2

01 (1) $\frac{\overset{1}{\cancel{5}}}{\underset{3}{\cancel{12}}}\times\frac{\overset{1}{\cancel{4}}}{\underset{5}{\cancel{25}}}=\mathbf{\frac{1}{15}}$ (2) $\frac{\overset{1}{\cancel{7}}}{\underset{5}{\cancel{15}}}\times\frac{\overset{6}{\cancel{18}}}{\underset{5}{\cancel{35}}}=\mathbf{\frac{6}{25}}$

02 $1\frac{1}{6}\times3\frac{3}{7}=\frac{\overset{1}{\cancel{7}}}{\underset{1}{\cancel{6}}}\times\frac{\overset{4}{\cancel{24}}}{\underset{1}{\cancel{7}}}=\mathbf{4}$

03 생각 열기 단위분수는 분모가 클수록 작은 수입니다.
$\frac{1}{8}\times\frac{1}{7}=\frac{1}{56}$, $\frac{1}{6}\times\frac{1}{9}=\frac{1}{54}$ ⇨ $\frac{1}{56}<\frac{1}{54}$

04 $2\frac{6}{7}\times\frac{5}{8}\times1\frac{5}{9}=\frac{\overset{5}{\cancel{20}}}{\underset{1}{\cancel{7}}}\times\frac{5}{\underset{1}{\cancel{\underset{2}{\cancel{8}}}}}\times\frac{\overset{1}{\cancel{\overset{2}{\cancel{14}}}}}{9}=\frac{25}{9}=\mathbf{2\frac{7}{9}}$

05 ㉠ $\overset{3}{\cancel{9}}\times\frac{1}{\underset{2}{\cancel{6}}}=\frac{3}{2}=1\frac{1}{2}$ ㉡ $\overset{3}{\cancel{12}}\times\frac{1}{\underset{2}{\cancel{8}}}=\frac{3}{2}=1\frac{1}{2}$

㉢ $\overset{4}{\cancel{24}}\times\frac{1}{\underset{3}{\cancel{18}}}=\frac{4}{3}=1\frac{1}{3}$

06 (8분음표)$=1\times\frac{1}{2}=\frac{1}{2}$(박자)

(16분음표)$=\frac{1}{2}\times\frac{1}{2}=\mathbf{\frac{1}{4}}$**(박자)**

07 서술형 가이드 계산이 잘못된 이유를 쓰고 바르게 계산한 과정이 들어 있어야 합니다.

채점 기준

상	계산이 잘못된 이유를 쓰고 바르게 계산했음.
중	계산이 잘못된 이유를 쓰지 못했지만 계산은 바르게 했음.
하	계산이 잘못된 이유를 쓰지 못했고 계산도 바르게 하지 못함.

08 $4\frac{4}{15}\times6=\frac{64}{\underset{5}{\cancel{15}}}\times\overset{2}{\cancel{6}}=\frac{128}{5}=\mathbf{25\frac{3}{5}}$ **(cm)**

09 ㉠ $\frac{3}{\underset{1}{\cancel{8}}}\times\overset{5}{\cancel{40}}=15$ ㉡ $\frac{2}{\underset{1}{\cancel{9}}}\times\overset{8}{\cancel{72}}=16$ ㉢ $\frac{4}{\underset{1}{\cancel{5}}}\times\overset{3}{\cancel{15}}=12$

⇨ $16>15>12$이므로 **㉡, ㉠, ㉢**입니다.

10 $\frac{1}{\square\times11}>\frac{1}{45}$에서 $\square\times11<45$이므로 $\square=$**2, 3, 4** 입니다.

11 $\overset{7}{\cancel{63}}\times\frac{8}{\underset{1}{\cancel{9}}}=56$ (cm)

서술형 가이드 주어진 곱셈식을 이용하는 곱셈 문제를 만들고 문제에 쓰인 단위로 답을 바르게 써야 합니다.

채점 기준

상	문제를 만들고 답을 바르게 구함.
중	문제를 바르게 만들었지만 답이 틀림.
하	문제를 만들지 못했고 답도 틀림.

12 분모가 클수록, 분자가 작을수록 작은 수가 됩니다.
$\frac{1\times3\times4}{6\times8\times9}$의 값이 가장 작은 곱의 값입니다.

⇨ $\frac{1\times\overset{1}{\cancel{3}}\times\overset{1}{\cancel{4}}}{\underset{2}{\cancel{6}}\times\underset{2}{\cancel{8}}\times9}=\frac{1}{36}$

13 (여학생 수)$=\overset{4}{\cancel{32}}\times\frac{3}{\underset{1}{\cancel{8}}}=12$(명)

(안경을 쓴 여학생 수)$=\overset{3}{\cancel{12}}\times\frac{1}{\underset{1}{\cancel{4}}}=3$(명)

⇨ $12-3=9$(명)

14 (윤제의 몸무게)$=36\times1\frac{3}{4}=\overset{9}{\cancel{36}}\times\frac{7}{\underset{1}{\cancel{4}}}=63$ (kg)

(선지의 몸무게)$=\overset{12}{\cancel{84}}\times\frac{5}{\underset{1}{\cancel{7}}}=60$ (kg)

(호식이의 몸무게)$=45\times1\frac{5}{9}=\overset{5}{\cancel{45}}\times\frac{14}{\underset{1}{\cancel{9}}}=70$ (kg)

따라서 가장 무거운 사람은 **호식**이입니다.

15 동화책의 수: $\overset{1000}{\cancel{5000}}\times\frac{2}{\underset{1}{\cancel{5}}}=2000$(권)

위인전의 수: $\overset{300}{\cancel{3000}}\times\frac{9}{\underset{1}{\cancel{10}}}=2700$(권)

$5000-2000=3000$

⇨ **위인전**이 $2700-2000=$ **700(권)** 더 많습니다.

16 ㉮: $1\frac{2}{3}\times1\frac{2}{3}=\frac{5}{3}\times\frac{5}{3}=\frac{25}{9}=2\frac{7}{9}$ (cm²)

㉯: $2\frac{1}{3}\times1\frac{4}{5}=\frac{7}{\underset{1}{\cancel{3}}}\times\frac{\overset{3}{\cancel{9}}}{5}=\frac{21}{5}=4\frac{1}{5}$ (cm²)

⇨ $2\frac{7}{9}+4\frac{1}{5}=2\frac{35}{45}+4\frac{9}{45}=\mathbf{6\frac{44}{45}}$ **(cm²)**

17 서술형 가이드 오전과 오후에 마신 물의 양을 각각 구한 다음, 두 양의 합을 구하는 풀이 과정이 들어 있어야 합니다.

채점 기준

상	오전과 오후에 마신 물의 양을 구해 답을 바르게 구함.
중	오전과 오후에 마신 물의 양 중에서 하나만 바르게 구해 답이 틀림.
하	오전과 오후에 마신 물의 양도 구하지 못함.

18 사람의 키 전체를 1로 생각하면 사람의 배꼽에서 발바닥까지의 길이는 키의 $1-\frac{5}{13}=\frac{8}{13}$입니다.

⇨ $\overset{1}{\cancel{\overset{13}{\cancel{169}}}}\times\frac{8}{\underset{1}{\cancel{13}}}\times\frac{5}{\underset{1}{\cancel{13}}}=$ **40 (cm)**

19 2시간 48분$=2\frac{48}{60}$시간$=2\frac{4}{5}$시간

⇨ $100\frac{5}{8}\times2\frac{4}{5}=\frac{\overset{161}{\cancel{805}}}{\underset{4}{\cancel{8}}}\times\frac{\overset{7}{\cancel{14}}}{\underset{1}{\cancel{5}}}=\frac{1127}{4}=\mathbf{281\frac{3}{4}}$ **(km)**

20 전체의 $\frac{5}{6}$가 50장이므로 $\frac{1}{6}$은 10장이고 도화지 전체에 붙일 수 있는 색종이는 $50+10=60$(장)입니다.

⇨ $4\frac{2}{3}\times7\frac{3}{4}\times60=\frac{14}{\underset{1}{\cancel{3}}}\times\frac{31}{\underset{1}{\cancel{4}}}\times\overset{5}{\cancel{\overset{20}{\cancel{60}}}}=$ **2170 (cm²)**

3 합동과 대칭

STEP 1 기본 유형 익히기 66 ~ 69쪽

1-1 라

1-2 가와 사, 다와 타, 라와 카, 마와 차

1-3 예

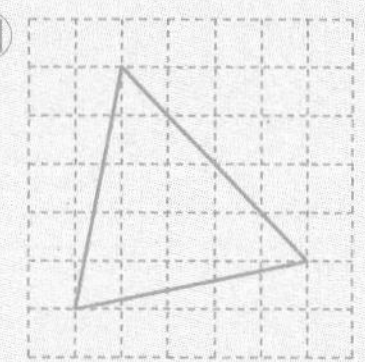

1-4 나, 라

1-5 예 도형 나의 가장 위에 있는 꼭짓점을 아래로 한 칸 옮깁니다.

2-1 (1) 변 ㅁㅂ (2) 각 ㄹㅂㅁ

2-2 (1) 5 cm (2) 50°

2-3 23 cm

2-4 12 cm

2-5 22°

3-1

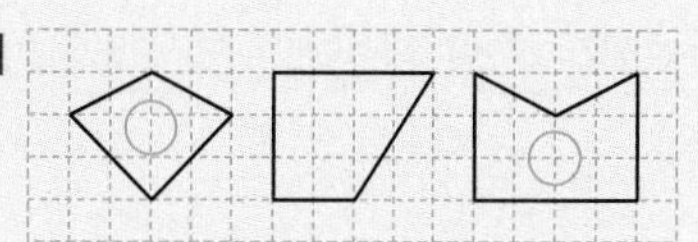

3-2 대한민국, 콩고민주공화국

3-3 (1) 4개 (2) 5개

3-4 (왼쪽부터) 25, 9

3-5 예 (각 ㄱㄹㄷ)$=$(각 ㄹㄱㄴ)$=120°$이고
(각 ㄹㄷㄴ)$=$(각 ㄱㄴㄷ)이므로
(각 ㄹㄷㄴ)$=(360°-120°-120°)\div2=60°$입니다.
; 60°

3-6

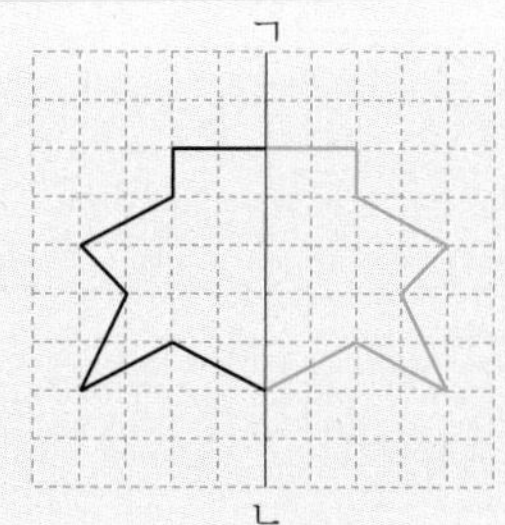

4-1

4-2 (왼쪽부터) 7, 95

4-3 예 (변 ㄱㅂ)=(변 ㄹㄷ)=8 cm,
(변 ㄱㄴ)=(변 ㄹㅁ)=7 cm,
(변 ㄴㄷ)=(변 ㅁㅂ)=10 cm
⇨ (도형의 둘레)
=8+7+10+8+7+10=50 (cm)
; 50 cm

4-4

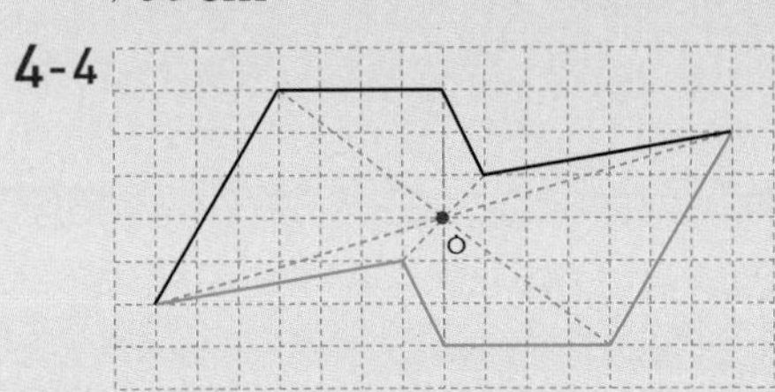

4-5 155°

1-1 생각 열기 모양과 크기가 같아서 포개었을 때 완전히 겹치는 두 도형을 서로 합동이라고 합니다.
도형 가와 모양과 크기가 같은 도형을 찾아봅니다.
⇨ 도형 가와 모양과 크기가 같은 도형은 **라**입니다.

1-2 먼저 모양이 같은 것을 찾은 후 크기가 같은 것을 찾습니다.
⇨ 서로 합동인 도형은 **가와 사, 다와 타, 라와 카, 마와 차**입니다.

1-3 주어진 도형의 꼭짓점과 같은 위치에 점을 찍은 후 점들을 연결하여 그립니다.

참고
모눈 위에 있는 도형을 그릴 때에는 모눈의 눈금을 이용하면 편리합니다.

1-4 점선을 따라 모양을 잘라서 포개었을 때 완전히 겹치는 모양을 찾습니다.

참고
라는 점선을 따라 자른 후 돌려서 포개어 보면 잘린 모양이 완전히 겹칩니다.

1-5 서술형 가이드 두 도형이 서로 합동이 되도록 만드는 방법을 바르게 설명했는지 확인합니다.

채점 기준

상	두 사각형이 서로 합동이 되도록 만드는 방법을 바르게 설명함.
중	두 사각형이 서로 합동이 되도록 만드는 방법을 설명했으나 논리적이지 않음.
하	두 사각형이 서로 합동이 되도록 만드는 방법을 설명하지 못함.

다른 풀이
도형 가의 왼쪽 위에 있는 꼭짓점을 위로 한 칸 옮겨도 됩니다.

2-1 (1) 두 삼각형을 포개었을 때 변 ㄴㄷ과 완전히 겹치는 변을 찾습니다.
⇨ 변 ㄴㄷ의 대응변은 **변 ㅁㅂ**입니다.
(2) 두 삼각형을 포개었을 때 각 ㄱㄷㄴ과 완전히 겹치는 각을 찾습니다.
⇨ 각 ㄱㄷㄴ의 대응각은 **각 ㄹㅂㅁ**입니다.

2-2 생각 열기 합동인 도형에서 대응변의 길이와 대응각의 크기가 각각 같습니다.
(1) (변 ㅅㅇ)=(변 ㄷㄴ)=**5 cm**
(2) (각 ㅁㅇㅅ)=(각 ㄱㄴㄷ)=130°,
(각 ㅇㅅㅂ)=(각 ㄴㄷㄹ)=70°
⇨ (각 ㅂㅁㅇ)=360°−110°−70°−130°
=**50°**

2-3 해법 순서
① 변 ㄱㄴ의 길이를 구합니다.
② 삼각형 ㄱㄴㄷ의 둘레를 구합니다.
두 샌드위치가 서로 합동이므로 각각의 대응변의 길이가 서로 같습니다.
(변 ㄱㄴ)=(변 ㄹㅂ)=8 cm
⇨ (삼각형 ㄱㄴㄷ의 둘레)=8+9+6
=**23 (cm)**

2-4 생각 열기 두 사각형이 서로 합동이면 두 사각형의 둘레도 서로 같습니다.
두 사각형이 서로 합동이므로 각각의 대응변의 길이가 서로 같습니다.
(변 ㅅㅇ)=(변 ㄱㄴ)=13 cm
사각형 ㅁㅂㅅㅇ의 둘레도 44 cm이므로
(변 ㅁㅂ)=44−12−7−13=**12 (cm)**

2-5 생각 열기 종이를 접었을 때 접은 부분은 접기 전의 부분과 서로 합동입니다.
삼각형 ㅁㄴㄹ과 삼각형 ㄷㄴㄹ은 서로 합동이므로 각각의 대응각의 크기가 서로 같습니다.
(각 ㄷㄴㄹ)=(각 ㅁㄴㄹ)=22°
삼각형 ㄹㄴㄷ의 세 각의 크기의 합은 180°이므로
(각 ㄷㄹㄴ)=180°−22°−90°=68°
⇨ ㉠=90°−68°=**22°**

참고

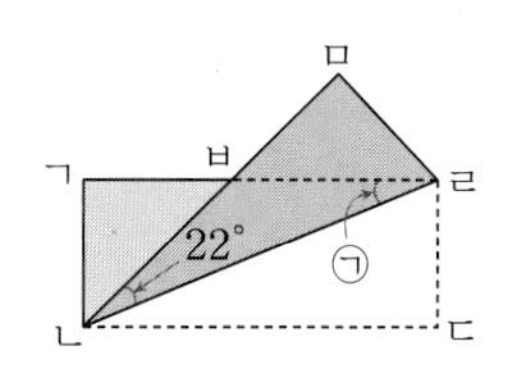

- 접은 삼각형 ㅁㄴㄹ과 접기 전 삼각형 ㄷㄴㄹ은 서로 합동입니다.
- 직사각형을 대각선으로 나눈 두 삼각형인 삼각형 ㄱㄴㄹ과 삼각형 ㄷㄴㄹ은 서로 합동입니다.

따라서 삼각형 ㄱㄴㄹ, 삼각형 ㄷㄴㄹ, 삼각형 ㅁㄴㄹ은 모두 서로 합동입니다.

3-1 한 직선을 따라 접어서 완전히 겹치는 도형을 찾습니다.

3-2

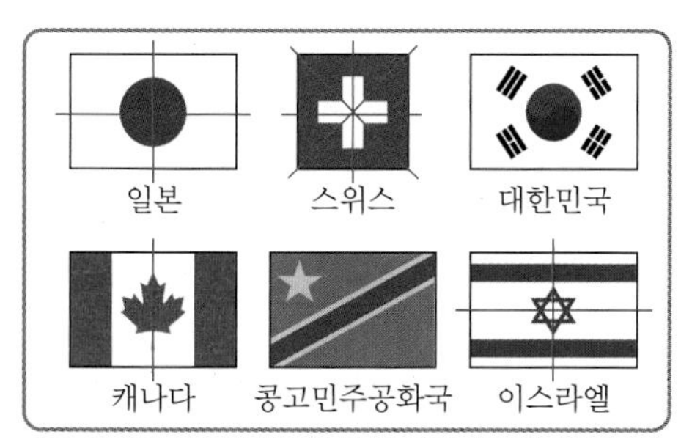

대한민국과 **콩고민주공화국**의 국기는 한 직선을 따라 접으면 완전히 겹치지 않습니다. 따라서 선대칭이 아닙니다.

3-3 생각 열기 선대칭도형은 도형의 모양에 따라 대칭축의 개수가 다릅니다.

(1)

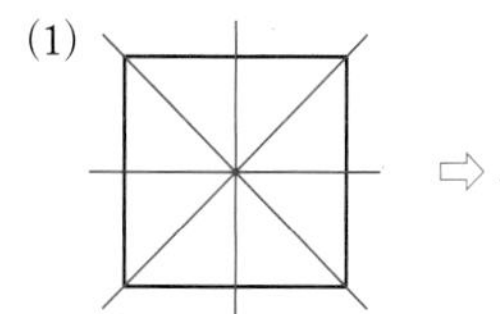

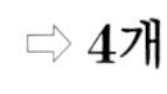

⇨ **4개**

(2)

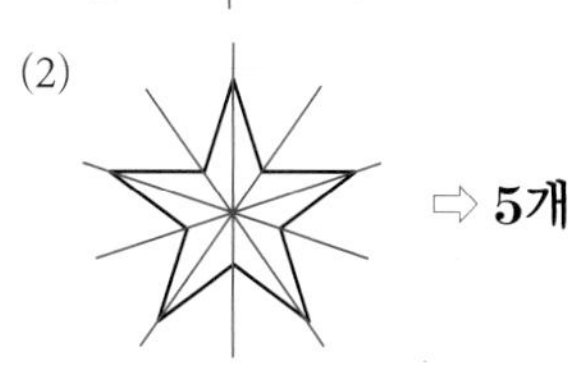

⇨ **5개**

3-4 생각 열기 선대칭도형에서 대응변의 길이와 대응각의 크기가 각각 같습니다.

변 ㅂㅁ의 대응변은 변 ㅂㄷ입니다.

⇨ (변 ㅂㅁ)=(변 ㅂㄷ)=**9 cm**

각 ㅂㄹㅁ의 대응각은 각 ㅂㄹㄷ입니다.

(각 ㅂㄹㅁ)=(각 ㅂㄹㄷ)=130°이므로

□$=180°-130°-25°=$**25°**

참고

삼각형의 세 각의 크기의 합은 180°입니다.

3-5 선대칭도형에서 각각의 대응각의 크기가 서로 같고, 사각형의 네 각의 크기의 합은 360°을 이용합니다.

서술형 가이드 각 ㄱㄹㄷ의 크기를 구해 각 ㄹㄷㄴ의 크기를 구하는 과정이 들어 있어야 합니다.

채점 기준

상	각 ㄱㄹㄷ의 크기를 구해 각 ㄹㄷㄴ의 크기를 바르게 구함.
중	각 ㄱㄹㄷ의 크기를 구했으나 각 ㄹㄷㄴ의 크기를 구하는 과정에서 실수를 하여 답이 틀림.
하	각 ㄱㄹㄷ의 크기를 구하지 못해 각 ㄹㄷㄴ의 크기를 구하지 못함.

3-6 대응점을 먼저 찾은 후 선대칭도형을 완성합니다.

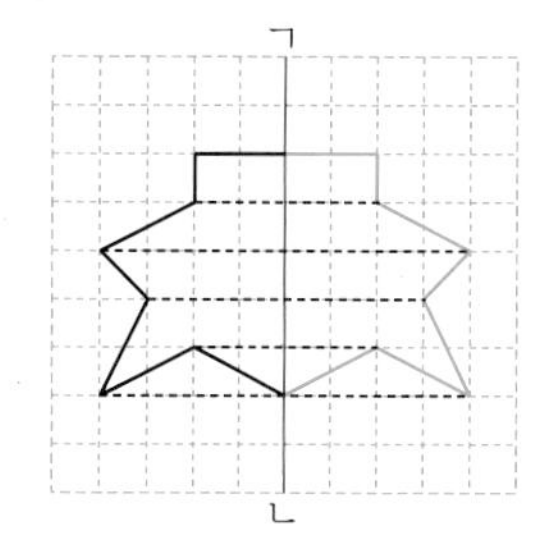

4-1 어떤 점을 중심으로 180° 돌렸을 때 처음 도형과 완전히 겹치는 도형을 찾습니다.

4-2 생각 열기 점대칭도형에서 대응변의 길이와 대응각의 크기는 각각 같습니다.

변 ㄷㄹ의 대응변은 변 ㅅㅇ입니다.

(변 ㄷㄹ)=(변 ㅅㅇ)=**7 cm**

각 ㅁㅂㅅ의 대응각은 각 ㄱㄴㄷ입니다.

(각 ㅁㅂㅅ)=(각 ㄱㄴㄷ)=**95°**

4-3 서술형 가이드 점대칭도형의 각 변의 길이를 구하여 도형의 둘레를 구하는 과정이 들어 있어야 합니다.

채점 기준

상	변 ㄱㅂ, 변 ㄱㄴ, 변 ㄴㄷ의 길이를 각각 구해 도형의 둘레를 바르게 구함.
중	변 ㄱㅂ, 변 ㄱㄴ, 변 ㄴㄷ의 길이를 각각 구했으나 도형의 둘레를 구하는 과정에서 실수를 하여 답이 틀림.
하	변 ㄱㅂ, 변 ㄱㄴ, 변 ㄴㄷ의 길이를 각각 구하지 못해 도형의 둘레를 구하지 못함.

다른 풀이

점대칭도형은 각각의 대응변의 길이가 서로 같으므로 도형의 둘레는 변 ㄷㄹ, 변 ㄹㅁ, 변 ㅁㅂ의 길이의 합의 2배입니다.

⇨ (도형의 둘레)$=(8+7+10)\times 2$

$=25\times 2=50$ (cm)

4-4 대응점을 먼저 찾은 후 점대칭도형을 완성합니다.

참고
점대칭도형을 그리는 방법
① 각 점에서 대칭의 중심을 지나는 직선을 긋습니다.
② 대칭의 중심에서 한 꼭짓점까지의 거리는 다른 대응하는 꼭짓점까지의 거리와 같도록 대응점을 찾습니다.
③ 대응점을 이어 점대칭도형을 완성합니다.

4-5 점대칭도형이므로 각각의 대응각의 크기가 서로 같습니다.
⇨ (각 ㄷㄹㅁ)=(각 ㅂㄱㄴ)=$115°$
사각형 ㅂㄷㄹㅁ에서
(각 ㅂㄷㄹ)=$360°-80°-90°-115°=75°$입니다.
(각 ㄴㄷㅂ)=(각 ㅁㅂㄷ)=$80°$이므로
(각 ㄴㄷㄹ)=$80°+75°=$**155°**입니다.

참고
사각형의 네 각의 크기의 합은 $360°$입니다.

STEP 2 응용 유형 익히기

70 ~ 77쪽

응용 **1** 3쌍
예제 **1-1** 4쌍 예제 **1-2** 5개
응용 **2** $80°$
예제 **2-1** $150°$ 예제 **2-2** $125°$
응용 **3** $128\,cm^2$
예제 **3-1** $243\,cm^2$ 예제 **3-2** $288\,cm^2$
응용 **4** 2개
예제 **4-1** 3개 예제 **4-2** 9368
응용 **5** 13 cm
예제 **5-1** 11 cm 예제 **5-2** 12 cm
응용 **6** 40 cm
예제 **6-1** 24 cm 예제 **6-2** $34\,cm^2$
응용 **7** $30°$
예제 **7-1** $100°$ 예제 **7-2** 80 cm
응용 **8** 100 cm
예제 **8-1** 60 cm 예제 **8-2** $46\,cm^2$

응용 **1** 생각 열기 찾을 수 있는 크고 작은 삼각형의 종류에 따라 합동인 삼각형의 개수를 세어 봅니다.

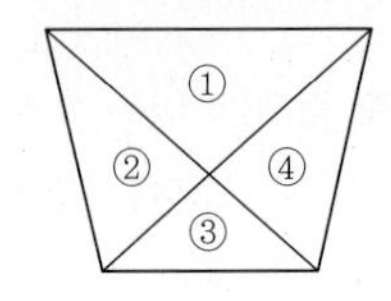

(1) 합동인 도형은 완전히 겹칩니다.
1개짜리 삼각형은 (②, ④)로 1쌍이고
2개짜리 삼각형은 (②+③, ④+③),
(①+②, ①+④)로 2쌍입니다.
(2) 합동인 삼각형은 (②, ④), (②+③, ④+③),
(①+②, ①+④)로 모두 **3쌍**입니다.

예제 **1-1** 생각 열기 삼각형 1개, 2개, 3개로 이루어진 삼각형과 합동인 삼각형을 각각 찾아봅니다.

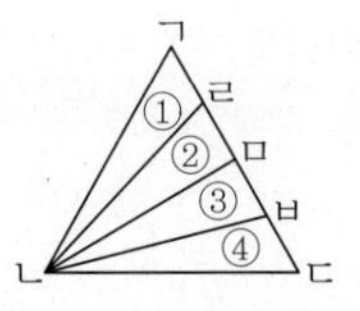

1개짜리 삼각형: (①, ④), (②, ③)
2개짜리 삼각형: (①+②, ④+③)
3개짜리 삼각형: (①+②+③, ④+③+②)
⇨ **4쌍**

주의
(①, ③), (②, ④), (①+②, ②+③), (②+③, ③+④)는 넓이는 같지만 포개었을 때 완전히 겹치지 않으므로 합동이 아닙니다.

예제 **1-2** 해법 순서
① 정육각형에 대각선을 모두 그은 후 대각선끼리 만나는 한 점을 점 ㅅ이라고 합니다.
② 사각형 ㄱㄴㅅㅂ과 합동인 사각형을 찾아봅니다.

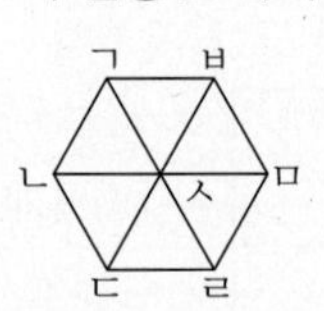

사각형 ㄱㄴㅅㅂ과 합동인 사각형:
사각형 ㄱㅂㅁㅅ, 사각형 ㅂㅁㄹㅅ,
사각형 ㅁㄹㄷㅅ, 사각형 ㄹㄷㄴㅅ,
사각형 ㄷㄴㄱㅅ ⇨ **5개**

응용 **2** 생각 열기 합동인 도형에서 각각의 대응각의 크기가 서로 같습니다.
(1) 합동인 도형에서 각각의 대응각의 크기가 서로 같고, 이등변삼각형에서 두 각의 크기가 서로 같으므로 (각 ㄱㄹㄴ)=(각 ㄹㄱㄴ)=$140°\div2=70°$입니다.
(2) (각 ㄱㄴㄹ)=$180°-70°-70°=40°$
(3) 각 ㄱㄴㄹ과 각 ㄷㄴㄹ은 대응각이므로 크기가 서로 같습니다.
⇨ (각 ㄱㄴㄷ)=$40°+40°=$**80°**

예제 2-1 해법 순서

① 각 ㅁㄹㄴ과 각 ㄹㅁㄴ의 크기를 구합니다.
② 각 ㅁㄴㄹ의 크기를 구합니다.
③ 각 ㄱㄴㄷ의 크기를 구합니다.

(각 ㅁㄹㄴ)=(각 ㄹㅁㄴ)=$130^\circ \div 2=65^\circ$

(각 ㅁㄴㄹ)=$180^\circ-65^\circ-65^\circ=50^\circ$

⇨ (각 ㄱㄴㅁ)=(각 ㅁㄴㄹ)=(각 ㄹㄴㄷ)=50°이므로 (각 ㄱㄴㄷ)=$50^\circ+50^\circ+50^\circ=$**$150^\circ$**입니다.

예제 2-2 해법 순서

① 각 ㅂㄱㄴ의 크기를 구합니다.
② 각 ㄱㄴㅁ의 크기를 구합니다.
③ 각 ㄴㅁㅂ의 크기를 구합니다.
④ ㉠의 크기를 구합니다.

(각 ㅂㄱㄴ)=(각 ㄷㄹㅁ)=105°,

(각 ㄱㄴㅁ)=(각 ㄹㅁㄴ)=75°이므로

(각 ㄴㅁㅂ)=(각 ㅁㄴㄷ)=$130^\circ-75^\circ=55^\circ$입니다.

사각형 ㄱㄴㅁㅂ에서

㉠=$360^\circ-105^\circ-75^\circ-55^\circ=$**$125^\circ$**

참고
두 사다리꼴은 서로 합동이므로 대응점을 찾아보면 점 ㄱ과 점 ㄹ, 점 ㄴ과 점 ㅁ, 점 ㅁ과 점 ㄴ, 점 ㅂ과 점 ㄷ입니다.

응용 3 생각 열기 서로 합동인 삼각형을 찾아봅니다.

(1) 삼각형 ㄱㄴㄹ과 삼각형 ㅁㄹㄴ은 서로 합동이므로 똑같이 삼각형 ㄴㅂㄹ만큼 자르면 남은 두 삼각형도 서로 합동입니다.

(2) (변 ㄱㅂ)=(변 ㅁㅂ)=6 cm
⇨ (변 ㄱㄹ)=6+10=16 (cm)

(3) (변 ㄱㄴ)=(변 ㅁㄹ)=8 cm
⇨ (직사각형 ㄱㄴㄷㄹ의 넓이)=16×8
=**128 (cm^2)**

참고
삼각형 ㄱㄴㅂ과 삼각형 ㅁㄹㅂ이 서로 합동이므로 삼각형 ㄴㅂㄹ은 이등변삼각형입니다.

예제 3-1 삼각형 ㄱㄴㄷ과 삼각형 ㄷㅁㄱ은 서로 합동이므로 똑같이 삼각형 ㄱㅂㄷ만큼 자르면 삼각형 ㄱㄴㅂ과 삼각형 ㄷㅁㅂ도 서로 합동입니다.

(변 ㄴㅂ)=(변 ㅁㅂ)=12 cm

⇨ (변 ㄴㄷ)=12+15=27 (cm)

(변 ㄱㄴ)=(변 ㄷㅁ)=9 cm

⇨ (직사각형 ㄱㄴㄷㄹ의 넓이)=27×9=**243 (cm^2)**

예제 3-2 해법 순서

① 직사각형의 가로를 구합니다.
② 직사각형의 세로를 구합니다.
③ 직사각형의 넓이를 구합니다.

삼각형 ㅇㅅㅂ과 삼각형 ㅁㄹㅂ은 서로 합동이므로

(변 ㅂㅅ)=(변 ㅂㄹ)=3 cm,

(변 ㅂㅇ)=(변 ㅂㅁ)=5 cm입니다.

삼각형 ㅅㄴㅁ과 삼각형 ㄷㄴㅁ은 서로 합동이므로

(변 ㅁㄷ)=(변 ㅁㅅ)=5+3=8 (cm)입니다.

(변 ㄱㄹ)=16+5+3=24 (cm),

(변 ㄹㄷ)=4+8=12 (cm)

⇨ (직사각형 ㄱㄴㄷㄹ의 넓이)
=24×12=**288 (cm^2)**

응용 4

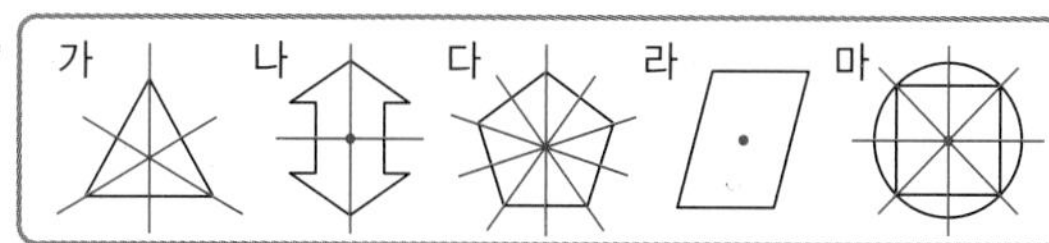

(1) 선대칭도형: 가, 나, 다, 마
(2) 점대칭도형: 나, 라, 마
(3) 선대칭도형도 되고 점대칭도형도 되는 것: 나, 마
⇨ **2개**

예제 4-1 선대칭인 알파벳: A, B, C, D, E, H, I, K, M, O

점대칭인 알파벳: H, I, N, O

⇨ 선대칭이면서 점대칭인 알파벳은 H, I, O이므로 모두 **3개**입니다.

예제 4-2 선대칭인 수: 1 3 8 0

⇨ 만들 수 있는 가장 큰 네 자리 수: 8 3 1 0

점대칭인 수: 1 5 8 0

⇨ 만들 수 있는 가장 작은 네 자리 수: 1 0 5 8

따라서 8310+1058=**9368**입니다.

주의
점대칭인 수로 만들 수 있는 가장 작은 네 자리 수를 0158이라고 하면 안 됩니다.

참고
네 수 ㉠, ㉡, ㉢, ㉣이 ㉠>㉡>㉢>㉣일 때 네 자리 수 만들기
- 만들 수 있는 가장 큰 수: ㉠㉡㉢㉣
- 만들 수 있는 가장 작은 수: ㉣㉢㉡㉠
(단, 천의 자리 숫자는 0이 될 수 없습니다.)

응용 5 생각 열기 선대칭도형에서 각각의 대응점에서 대칭축까지의 거리가 서로 같습니다.

(1) (선분 ㄹㅁ)=(선분 ㄱㅁ)=6 cm,
(선분 ㄴㅂ)=(선분 ㄷㅂ)=11 cm

(2) 도형의 둘레가 60 cm이므로
(변 ㄱㄴ)+(변 ㄹㄷ)
=60−(6+6+11+11)=26 (cm)
⇨ (변 ㄱㄴ)=(변 ㄹㄷ)
=26÷2=**13 (cm)**

예제 5-1 해법 순서
① 변 ㄷㄹ, 변 ㄹㅁ의 길이를 각각 구합니다.
② 변 ㄱㅁ의 길이를 구합니다.
③ 선분 ㄱㅂ의 길이를 구합니다.
(변 ㄷㄹ)=(변 ㄷㄴ)=15 cm
(변 ㄹㅁ)=(변 ㄴㄱ)=10 cm
(변 ㄱㅁ)=72−(10+15+10+15)=22 (cm)
⇨ (선분 ㄱㅂ)=(선분 ㅁㅂ)=22÷2=**11 (cm)**

참고
선대칭도형에서 대응점끼리 이은 선분은 대칭축과 수직으로 만나고, 대칭축은 대응점끼리 이은 선분을 둘로 똑같이 나눕니다.

예제 5-2 해법 순서
① 삼각형 ㄱㄴㄷ의 넓이를 이용하여 사각형 ㄱㄴㄷㄹ의 넓이를 구하는 식을 세웁니다.
② 선분 ㄴㅁ의 길이를 구합니다.
③ 선분 ㄴㄹ의 길이를 구합니다.
(사각형 ㄱㄴㄷㄹ의 넓이)
=(삼각형 ㄱㄴㄷ의 넓이)+(삼각형 ㄱㄹㄷ의 넓이)
$=42\ cm^2$
(삼각형 ㄱㄴㄷ의 넓이)=(삼각형 ㄱㄹㄷ의 넓이)이므로 (삼각형 ㄱㄴㄷ의 넓이)×2=42입니다.
7×(선분 ㄴㅁ)÷2×2=42,
(선분 ㄴㅁ)=42÷7=6 (cm)
⇨ (선분 ㄴㄹ)=6×2=**12 (cm)**

응용 6 생각 열기 선대칭도형을 완성하면 어떤 도형이 되는지 알아봅니다.

(1) 각 점에서 대칭축에 수직으로 그은 선분만큼 반대쪽에 있는 대응점을 찾아 연결합니다.

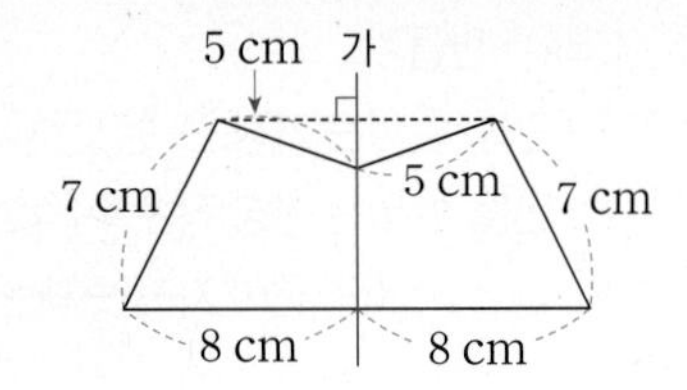

참고
선대칭도형을 그리는 방법
① 각 점에서 대칭축에 수선을 긋습니다.
② 각각의 대응점에서 대칭축까지의 거리가 같도록 대응점을 찾습니다.
③ 대응점을 이어 선대칭도형을 완성합니다.

(2) 완성된 도형의 둘레는 5 cm, 7 cm, 8 cm가 각각 2개씩이므로 (5+7+8)×2=**40 (cm)**입니다.

예제 6-1

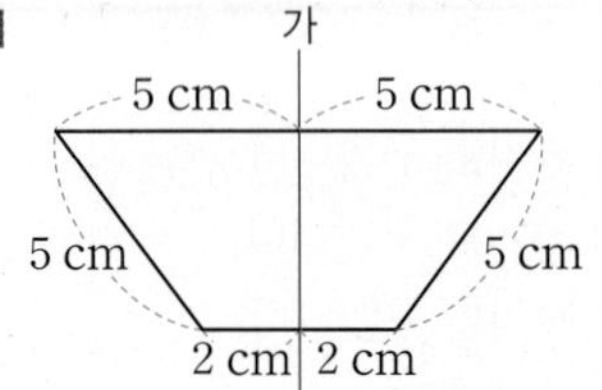

각 점에서 대칭축에 수직으로 그은 선분만큼 반대쪽에 있는 대응점을 찾아 연결합니다. 완성된 도형의 둘레는 5 cm, 5 cm, 2 cm가 각각 2개씩이므로 (5+5+2)×2=**24 (cm)**입니다.

예제 6-2

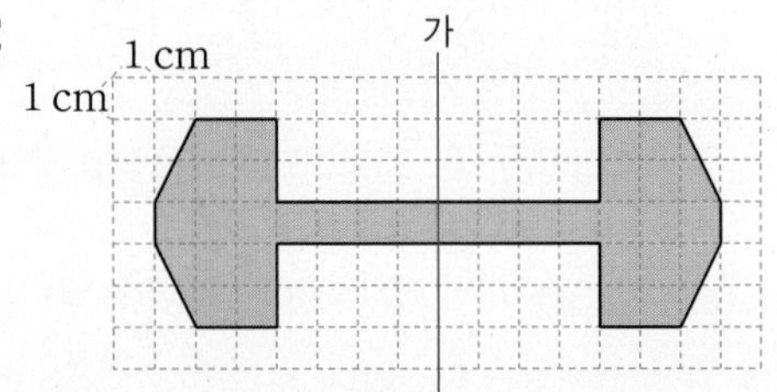

완성한 선대칭도형은 모눈 34칸으로 이루어져 있으므로 넓이는 $\mathbf{34\ cm^2}$입니다.

다른 풀이

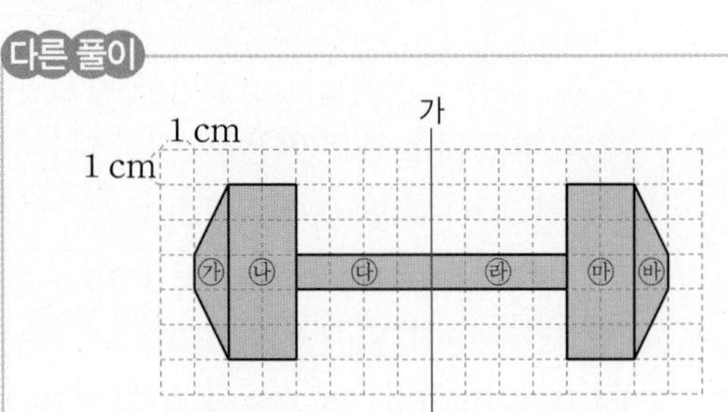

(㉮의 넓이)=(㉳의 넓이)
$=(5+1)\times1\div2=3\ (cm^2)$
(㉯의 넓이)=(㉲의 넓이)
$=2\times5=10\ (cm^2)$
(㉰의 넓이)=(㉱의 넓이)$=4\times1=4\ (cm^2)$
⇨ (전체 넓이)$=(3+10+4)\times2=34\ (cm^2)$

응용 7 생각 열기 점대칭도형에서 각각의 대응변의 길이가 서로 같습니다.

(1) (변 ㄱㅇ)=(변 ㄷㅇ), (변 ㄹㅇ)=(변 ㄴㅇ)이고 문제에서 (변 ㄱㅇ)=(변 ㄹㅇ)이므로 (변 ㄱㅇ)=(변 ㄴㅇ)입니다.
따라서 삼각형 ㄱㄴㅇ은 이등변삼각형입니다.

(2) 삼각형 ㄱㄴㅇ은 이등변삼각형이므로
(각 ㄴㄱㅇ)=(각 ㄱㄴㅇ)=75°입니다.
(3) 삼각형 ㄱㄴㅇ에서
(각 ㄱㅇㄴ)=180°−75°−75°=**30**°입니다.

예제 **7-1** 점대칭도형에서 대응변의 길이가 서로 같으므로
(변 ㄴㅇ)=(변 ㄷㅇ), (변 ㄱㅇ)=(변 ㄹㅇ)이고
문제에서 (변 ㄴㅇ)=(변 ㄹㅇ)이므로
(변 ㄱㅇ)=(변 ㄴㅇ)입니다.
따라서 삼각형 ㄱㅇㄴ은 이등변삼각형입니다.
삼각형 ㄱㅇㄴ은 이등변삼각형이므로
(각 ㅇㄱㄴ)=(각 ㅇㄴㄱ)=40°입니다.
따라서 삼각형 ㄱㅇㄴ에서
(각 ㄱㅇㄴ)−180°−40°−40°=**100**°입니다.

예제 **7-2** 생각 열기 점대칭도형의 각 변의 길이를 알고 점대칭도형의 둘레를 구합니다.
(선분 ㄹㅈ)=(선분 ㅇㅈ)=2 cm이므로
(변 ㅁㄹ)=(변 ㄱㅇ)=11−2−2=7 (cm)입니다.
정사각형은 네 변의 길이가 모두 같으므로
(변 ㄱㄴ)=(변 ㄴㄷ)=(변 ㄷㄹ)=(변 ㅁㅂ)
=(변 ㅂㅅ)=(변 ㅅㅇ)=11 cm입니다.
⇨ (점대칭도형의 둘레)=11×6+7×2
=66+14=**80 (cm)**

응용 **8** 생각 열기 점대칭도형을 완성한 후 각각의 대응변의 길이가 서로 같음을 이용하여 둘레를 구합니다.
(1) 대칭의 중심을 중심으로 반대 방향으로 같은 거리에 있는 대응점을 찾아 점대칭도형을 완성합니다.

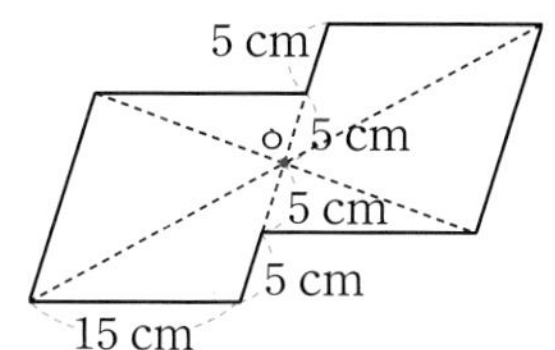

(2) 완성한 점대칭도형에는 15 cm인 변과 5 cm인 변이 각각 6개, 2개 있습니다.
(완성한 점대칭도형의 둘레)
=15×6+5×2=90+10=**100 (cm)**

예제 **8-1**

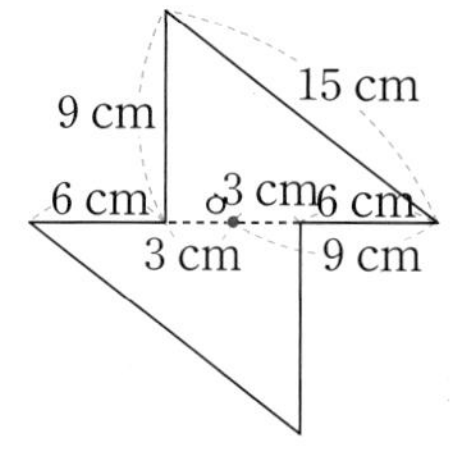

완성한 점대칭도형에는 9 cm인 변이 2개, 6 cm인 변이 2개, 15 cm인 변이 2개 있습니다.
⇨ (점대칭도형의 둘레)
=(9+6+15)×2=**60 (cm)**

예제 **8-2**

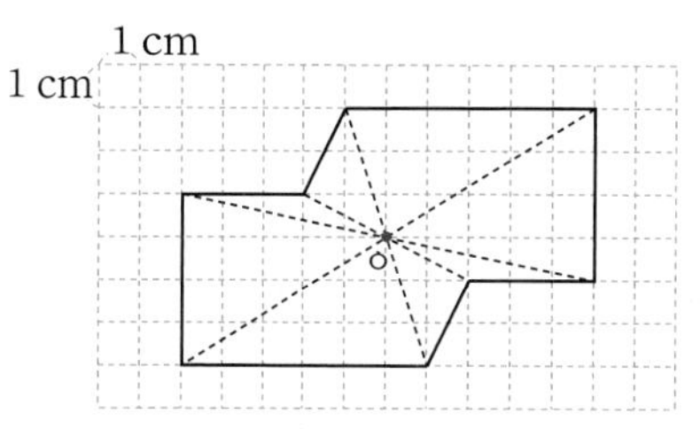

완성한 점대칭도형은 모눈 46칸으로 이루어져 있으므로 넓이는 **46 cm²**입니다.

참고
점대칭도형을 완성한 뒤 넓이를 구할 수 있는 도형으로 나누어 넓이를 구해도 됩니다.

STEP 3 응용 유형 **뛰어넘기** 78 ~ 82쪽

01 7개 **02** 2개 **03** 44 cm²
04 60 cm² **05** 보라
06 예 사각형 ㅅㄴㅁㅂ은 점대칭도형이므로
(각 ㅁㄴㅅ)=(각 ㅅㅂㅁ)=45°입니다.
(각 ㄱㄴㄷ)=70°+45°=115°이고
사각형 ㄱㄴㄷㄹ은 점대칭도형이므로
(각 ㄱㄹㄷ)=(각 ㄷㄴㄱ)=115°입니다.
(각 ㄴㄷㄹ)=(각 ㄹㄱㄴ)=□라 하면
□+115°+□+115°=360°,
□×2+230°=360°, □×2=130°, □=65°입니다.
; 65°
07 50° **08** 192 cm²
09 예 선분 ㅅㅇ을 대칭축으로 하는 선대칭도형이므로
(변 ㅂㅁ)=(변 ㄱㄴ)=13 cm이고 선분 ㄴㅁ을 대칭축으로 하는 선대칭도형이므로
(변 ㄴㄷ)=(변 ㄴㄱ)=13 cm,
(변 ㄱㅂ)=(변 ㄷㄹ)=14 cm,
(변 ㄹㅁ)=(변 ㅂㅁ)=13 cm입니다.
⇨ (도형의 둘레)=13+13+14+13+13+14
=80 (cm) ; 80 cm
10 75°
11 예 변 ㄱㄴ의 길이를 □cm라 하면
(변 ㄱㄴ)=(변 ㄴㄷ)=(변 ㅁㅂ)=(변 ㄹㅁ)=□cm입니다.
(선분 ㄴㅅ)=(선분 ㅁㅅ)=2 cm이므로
(선분 ㄴㅂ)=(4+□) cm입니다.
(변 ㄱㄴ)×(선분 ㄴㅂ)÷2=48,
□×(4+□)÷2=48, □×(4+□)=96,
8×12=96이므로 □=8입니다. ; 8 cm
12 36 cm² **13** 4개 **14** 54 cm²

01 생각 열기 선대칭도형은 도형의 모양에 따라 대칭축의 개수가 다릅니다.

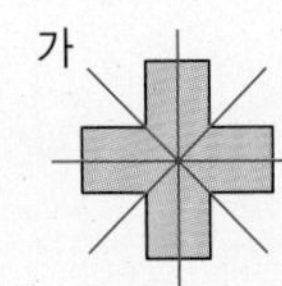

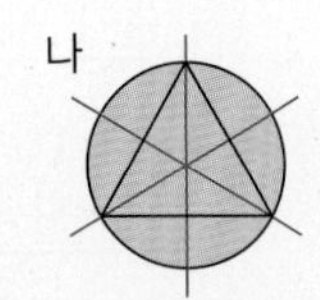

가의 대칭축은 4개, 나의 대칭축은 3개이므로 두 도형의 대칭축은 모두 $4+3=$**7(개)**입니다.

주의
선대칭도형에서 대칭축은 도형에 따라 여러 개일 수 있지만 점대칭도형에서 대칭의 중심은 항상 1개입니다.

02 해법 순서
① 선대칭이 되는 알파벳을 찾아봅니다.
② 점대칭이 되는 알파벳을 찾아봅니다.
③ 선대칭도 되고 점대칭도 되는 알파벳을 찾아봅니다.
선대칭인 알파벳: **A, H, X**
점대칭인 알파벳: **H, N, S, X**
따라서 선대칭도 되고 점대칭도 되는 알파벳은 **H, X**로 **2개**입니다.

03 서로 합동인 두 개의 삼각형을 겹쳐서 만든 도형이므로 ㉠과 ㉡은 서로 합동입니다. 따라서 ㉡의 넓이는 ㉠의 넓이와 같은 **44 cm^2**입니다.

04 생각 열기 합동인 도형에서 각각의 대응변의 길이가 서로 같습니다.
해법 순서
① 변 ㅅㄷ의 길이를 구합니다.
② 사각형 ㄱㄴㄷㅅ의 넓이를 구합니다.
사각형 ㄱㄴㄷㅅ과 사각형 ㄹㅁㅂㅅ은 서로 합동이므로
(변 ㅅㄹ)=(변 ㄴㄷ)=6 cm,
(변 ㅅㄷ)$=6+4=10$ (cm)입니다.
⇨ (사각형 ㄱㄴㄷㅅ의 넓이)$=6\times10=$**60 (cm^2)**

05 생각 열기 그림을 그려서 알아봅니다.
동수: 예

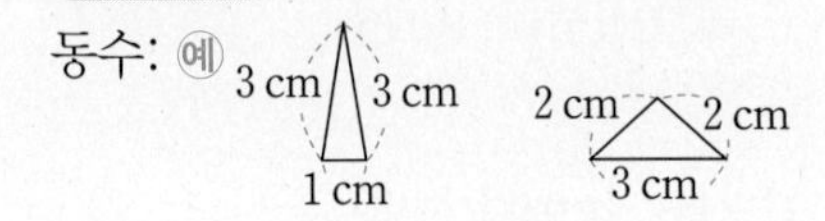

⇨ 둘레는 같지만 합동이 아닙니다.
혁이: 예

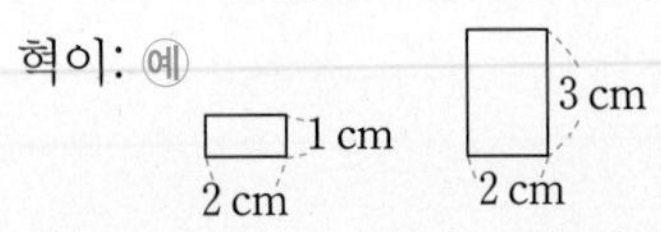

⇨ 가로는 같지만 합동이 아닙니다.
따라서 항상 서로 합동인 도형을 말한 사람은 **보라**입니다.

참고
둘레가 같은 두 정사각형도 항상 서로 합동입니다.

06 서술형 가이드 점대칭도형에서 각각의 대응각의 크기가 서로 같음을 이용하여 각 ㄴㄷㄹ의 크기를 구하는 과정이 들어 있어야 합니다.

채점 기준

상	점대칭도형에서 각각의 대응각의 크기가 서로 같음을 이용하여 답을 바르게 구함.
중	점대칭도형에서 각각의 대응각의 크기가 서로 같음을 알고 있지만 실수를 하여 답이 틀림.
하	점대칭도형에서 각각의 대응각의 크기가 서로 같음을 몰라 풀이를 쓰지 못하고 답도 틀림.

07 (각 ㄴㄱㄹ)=(각 ㄷㄹㄱ)$=80^\circ$이므로
(각 ㄱㄹㄴ)$=180^\circ-80^\circ-75^\circ=25^\circ$이고,
(각 ㄹㄱㄷ)=(각 ㄱㄹㄴ)$=25^\circ$이므로
(각 ㄱㅁㄹ)$=180^\circ-25^\circ-25^\circ=130^\circ$입니다.
⇨ (각 ㄹㅁㄷ)$=180^\circ-130^\circ=$**50°**

08 생각 열기 완성한 선대칭도형의 넓이는 주어진 도형의 넓이의 2배입니다.

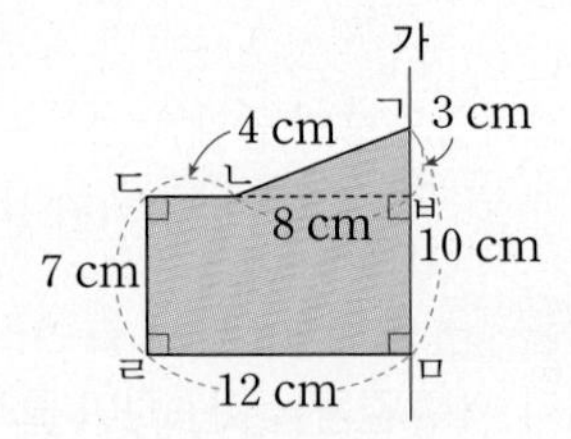

(선분 ㄷㅂ)=(변 ㄹㅁ)=12 cm이므로
(선분 ㄴㅂ)$=12-4=8$ (cm)이고,
(선분 ㅂㅁ)=(변 ㄷㄹ)=7 cm이므로
(선분 ㄱㅂ)$=10-7=3$ (cm)입니다.
⇨ (완성한 선대칭도형의 넓이)
=(주어진 도형의 넓이)×2
$=(12\times7+8\times3\div2)\times2$
$=(84+12)\times2$
$=96\times2=$**192 (cm^2)**

09 서술형 가이드 선대칭도형임을 이용하여 대응변을 찾아 도형의 둘레를 구하는 과정이 들어 있어야 합니다.

채점 기준

상	선대칭도형의 성질을 이용하여 대응변을 찾아 둘레를 바르게 구함.
중	선대칭도형의 성질을 이용하여 대응변을 바르게 찾았지만 둘레를 구하는 과정에서 계산 실수를 하여 답이 틀림.
하	선대칭도형의 성질을 몰라 풀이를 쓰지 못하고 답도 틀림.

10 (각 ㄴㄱㅁ)=(각 ㄴㅅㄷ)=40°,
(각 ㄱㅇㄴ)=180°−70°=110°이므로
(각 ㄱㄴㅇ)=180°−40°−110°=30°입니다.
(변 ㄱㄴ)=(변 ㅅㄴ)이므로 삼각형 ㄱㄴㅅ은 이등변삼각형입니다.
⇨ ㉠=(180°−30°)÷2=**75°**

참고
삼각형 ㄱㄴㅁ과 삼각형 ㅅㄴㄷ은 서로 합동이므로 대응점끼리 짝 지으면 점 ㄱ과 점 ㅅ, 점 ㄴ과 점 ㄴ, 점 ㅁ과 점 ㄷ입니다.

11 서술형 가이드 점대칭도형에서 각각의 대응변의 길이가 서로 같음을 이용하여 변 ㄱㄴ의 길이를 구하는 과정이 들어 있어야 합니다.

채점 기준

상	점대칭도형에서 각각의 대응변의 길이가 서로 같음을 이용하여 변 ㄱㄴ의 길이를 바르게 구함.
중	점대칭도형에서 각각의 대응변의 길이가 서로 같음을 알고 있으나 변 ㄱㄴ의 길이를 구하는 과정에서 실수하여 답이 틀림.
하	점대칭도형에서 각각의 대응변을 찾지 못해 변 ㄱㄴ의 길이를 구하지 못함.

12 해법 순서
① 완성한 선대칭도형에서 겹치는 부분의 넓이를 구합니다.
② 완성한 점대칭도형에서 겹치는 부분의 넓이를 구합니다.
③ ①과 ②의 차를 구합니다.
선대칭도형:
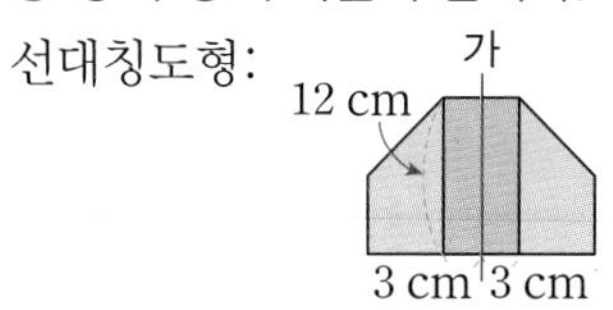

(겹치는 부분의 넓이)
$=6\times12=72\,(cm^2)$
점대칭도형:
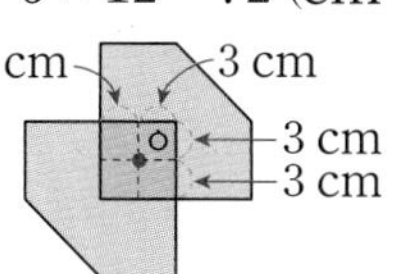

(겹치는 부분의 넓이)
$=6\times6=36\,(cm^2)$
⇨ $72-36=$ **$36\,(cm^2)$**

참고
주어진 도형을 선대칭도형으로 완성하면 겹치는 부분은 직사각형이고, 점대칭도형으로 완성하면 겹치는 부분은 정사각형입니다.

13 해법 순서
① 선대칭도 되고 점대칭도 되는 낱자를 찾아봅니다.
② ①을 이용하여 만들 수 있는 글자의 수를 구합니다.
선대칭이 되는 낱자: ㅈ, ㅇ, ㅍ, ㅣ, ㅗ, ㅠ
점대칭이 되는 낱자: ㅇ, ㅍ, ㅣ
선대칭도 되고 점대칭도 되는 낱자: ㅇ, ㅍ, ㅣ
따라서 만들 수 있는 글자는 이, 피, 잎, 핑으로 모두 **4개**입니다.

14 직각삼각형 6개는 서로 합동이므로 각각의 대응변의 길이가 서로 같습니다.
⇨ (변 ㄱㄴ)=(변 ㄴㄷ)=(변 ㄷㄹ)=(변 ㄹㅁ)=(변 ㅁㅂ)
=(변 ㅂㄱ)
6개의 변의 길이가 모두 같은 육각형 ㄱㄴㄷㄹㅁㅂ의 둘레가 72 cm이므로
(변 ㄹㅁ)=72÷6=12 (cm)입니다.
⇨ (직각삼각형 한 개의 넓이)=12×9÷2
=**54 (cm²)**

참고
(삼각형의 넓이)
=(밑변의 길이)×(높이)÷2

실력평가

83 ~ 85쪽

01 2개
02 (왼쪽부터) 60, 6
03 예
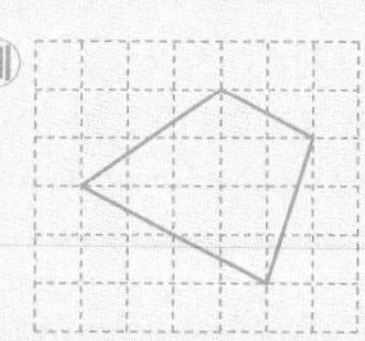
04
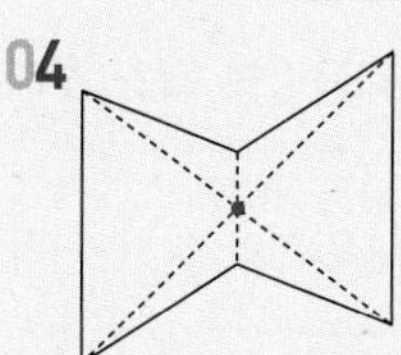
05 (왼쪽부터) 6, 80
06 공장
07 예 (각 ㄱㄹㄷ)=(각 ㄱㄴㄷ)=25°
(각 ㄹㄱㄷ)=180°−90°−25°=65°
; 65°
08 16 cm
09 138°

10

11 ⑤

12 2개

13 예 합동인 직사각형의 가로를 □cm라 하면 세로는 (□×4) cm입니다.
(□+□×4)×2=30, □×5=15, □=3
(정사각형 ㄱㄴㄷㄹ의 한 변의 길이)
=□×4=3×4=12 (cm)
⇨ (정사각형 ㄱㄴㄷㄹ의 둘레)=12×4=48 (cm)
; 48 cm

14 125°

15 9 cm

16 8 cm

17 54 cm

18 5 cm

19 $24\ cm^2$

20 예 (선분 ㄱㅇ)=(선분 ㄹㅇ)=5 cm
(변 ㄱㄴ)+(변 ㄴㄷ)+(변 ㄷㄹ)=29−5−5=19(cm)
⇨ (점대칭도형의 둘레)=19×2=38 (cm)
; 38 cm

01 합동인 도형은 완전히 겹치므로 모양과 크기가 같습니다. 도형 가와 모양과 크기가 같은 도형은 나, 마로 모두 **2개**입니다.

02 합동인 도형에서 대응변의 길이와 대응각의 크기가 각각 같습니다.

03 주어진 도형의 꼭짓점과 같은 위치에 점을 찍은 후 점들을 연결하여 그립니다.

04 대응점끼리 이은 선분들이 만나는 점을 찾습니다.

05 생각 열기 선대칭도형의 대응변과 대응각을 각각 찾아봅니다.
선대칭도형에서 대응변의 길이와 대응각의 크기가 각각 같습니다.

06 생각 열기 대칭축을 찾아 그어 봅니다.

과수원: 1개, 병원: 1개, 공장: 8개
특별시 • 광역시 • 도청소재지: 4개
⇨ 대칭축이 가장 많은 기호는 **공장**입니다.

주의
과수원의 대칭축이 여러 개라고 생각하지 않도록 주의합니다.

07 서술형 가이드 서로 합동인 도형에서 대응각을 찾아 각 ㄹㄱㄷ의 크기를 구하는 과정이 들어 있어야 합니다.

채점 기준

상	각 ㄱㄹㄷ의 크기를 구해 각 ㄹㄱㄷ의 크기를 바르게 구함.
중	각 ㄱㄹㄷ의 크기를 구했으나 각 ㄹㄱㄷ의 크기를 구하는 과정에서 실수를 하여 답이 틀림.
하	각 ㄱㄹㄷ의 크기를 구하지 못해 각 ㄹㄱㄷ의 크기를 구하지 못함.

08 생각 열기 점대칭도형에서 대칭의 중심은 대응점을 이은 선분을 둘로 똑같이 나누므로 각각의 대응점에서 대칭의 중심까지의 거리가 서로 같습니다.
(선분 ㄹㅇ)=(선분 ㄱㅇ)=8 cm
⇨ (선분 ㄱㄹ)=8+8=**16 (cm)**

다른 풀이
점 ㅇ은 대칭의 중심이므로 대응점끼리 이은 선분은 대칭의 중심에 의해 길이가 같게 나누어집니다.
(선분 ㄱㄹ)÷2=8
⇨ (선분 ㄱㄹ)=8×2=16 (cm)

09 삼각형 ㄱㄴㄷ은 정삼각형이므로
(각 ㄴㄱㅁ)=60°+42°=102°이고
삼각형 ㄱㄴㄷ과 삼각형 ㄱㄹㅁ은 서로 합동이므로 삼각형 ㄱㄹㅁ도 정삼각형입니다. (각 ㄱㅁㄹ)=60°
사각형 ㄱㄴㅂㅁ에서
(각 ㄴㅂㅁ)=360°−102°−60°−60°=**138°**입니다.

10 각 점에서 대칭축에 수선을 긋고, 대칭축까지의 거리가 같은 대응점을 먼저 찾은 후 선대칭도형을 완성합니다.

11 ⑤ 사각형의 둘레가 같다고 항상 합동이 되는 것은 아닙니다.

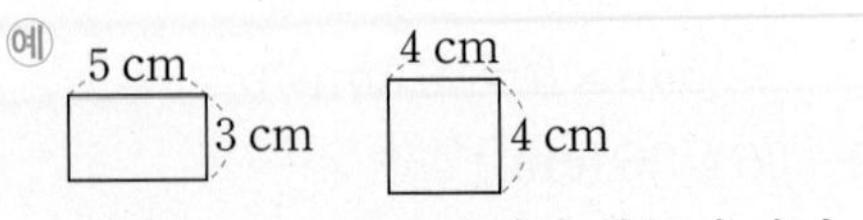

⇨ 둘레는 16 cm로 같지만 합동이 아닙니다.

참고
• 둘레가 같은 정사각형은 항상 서로 합동입니다.
• 지름의 길이가 같은 원은 항상 서로 합동입니다.

12 한 점을 중심으로 180° 돌렸을 때 처음 도형과 완전히 겹치는 도형을 점대칭도형이라고 하므로 점대칭인 알파벳은 H, Z로 **2개**입니다.

참고
주어진 알파벳 중에서 선대칭인 것은 C, H, T, U입니다.

13 서술형 가이드 정사각형의 한 변을 구한 후 정사각형의 둘레를 구하는 과정이 들어 있어야 합니다.

채점 기준

상	직사각형의 둘레를 이용하여 정사각형의 한 변의 길이를 구한 후 정사각형의 둘레를 바르게 구함.
중	직사각형의 둘레를 이용하여 정사각형의 한 변의 길이를 구하는 식을 썼지만 계산 실수를 하여 정사각형의 한 변의 길이를 잘못 구함.
하	정사각형의 한 변의 길이를 구하는 방법을 몰라 풀이를 쓰지 못하고 정사각형의 둘레도 구하지 못함.

14

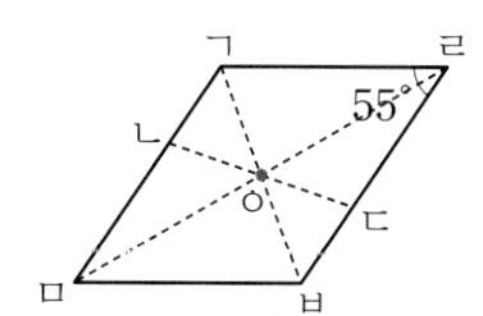

점대칭도형을 완성하면 사각형이 됩니다.
(각 ㅂㅁㄴ)=(각 ㄱㄹㄷ)=55°
(각 ㅁㅂㄹ)=(각 ㄹㄱㅁ)
=(360°−55°−55°)÷2=**125°**

15 각각의 대응점에서 대칭의 중심까지의 거리가 서로 같으므로 (선분 ㄹㅇ)=(선분 ㄴㅇ)=8 cm입니다.
선분 ㄷㅇ의 길이를 □cm라 하면
(선분 ㄱㅇ)=(선분 ㄷㅇ)=□cm이고
두 대각선의 길이의 합이 34 cm이므로
8+8+□+□=34, 16+□×2=34,
□×2=18, □=9

16 해법 순서
① 변 ㄱㄴ의 길이를 구합니다.
② 변 ㄴㄷ의 길이를 구합니다.
(변 ㄱㄴ)=(변 ㄷㄹ)=6 cm
(변 ㄴㄷ)=(변 ㄹㄱ)
=(28−6×2)÷2
=(28−12)÷2=**8 (cm)**

17 생각 열기 정육각형은 6개의 변의 길이가 모두 같습니다.

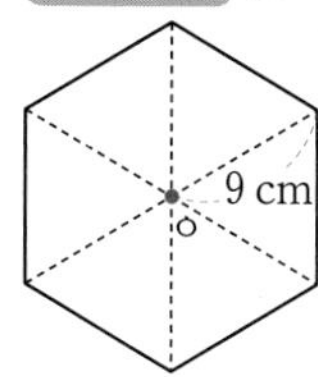

완성한 정육각형을 합동인 정삼각형 6개를 합친 모양으로 생각하면 합동인 정삼각형의 한 변의 길이는 9 cm입니다.
⇨ (정육각형의 둘레)=9×6=**54 (cm)**

참고
(정다각형의 둘레)=(정다각형의 한 변의 길이)×(변의 수)

18 생각 열기 사각형 ㄱㄷㅁㅅ은 네 각이 모두 직각이고 네 변의 길이가 모두 같습니다.
해법 순서
① 사각형 ㄱㄷㅁㅅ의 넓이를 구합니다.
② 사각형 ㄴㄹㅂㅇ의 넓이를 구합니다.
③ 변 ㅇㅂ의 길이를 구합니다.
삼각형 ㅇㄱㄴ, 삼각형 ㄴㄷㄹ, 삼각형 ㄹㅁㅂ, 삼각형 ㅂㅅㅇ은 서로 합동이므로 사각형 ㄱㄷㅁㅅ은 정사각형입니다.
(변 ㄹㅁ)=(변 ㄴㄷ)=4 cm,
(변 ㄷㅁ)=3+4=7 (cm)이므로
사각형 ㄱㄷㅁㅅ의 넓이는 7×7=49 (cm^2)입니다.
(사각형 ㄴㄹㅂㅇ의 넓이)
=(사각형 ㄱㄷㅁㅅ의 넓이)
−(합동인 삼각형 4개의 넓이의 합)
=49−(3×4÷2)×4=49−24=25 (cm^2)
⇨ 사각형 ㄴㄹㅂㅇ은 정사각형이고 5×5=25이므로 변 ㅇㅂ은 **5 cm**입니다.

19 해법 순서
① 변 ㄷㄹ의 길이를 구합니다.
② 변 ㄴㄷ의 길이를 구합니다.
③ 삼각형 ㄴㄷㄹ의 넓이를 구합니다.
사각형 ㄱㄴㄷㄹ은 선대칭도형이므로 대응변의 길이가 서로 같습니다.
(변 ㄷㄹ)=(변 ㄱㄹ)=8 cm
(변 ㄴㄷ)=(변 ㄴㄱ)=(28−8×2)÷2
=(28−16)÷2=6 (cm)
(각 ㄴㄷㄹ)=(각 ㄴㄱㄹ)=90°
⇨ (삼각형 ㄴㄷㄹ의 넓이)=8×6÷2=**24 (cm^2)**

20 서술형 가이드 선분 ㄱㅇ의 길이를 구해 점대칭도형의 둘레를 구하는 과정이 들어 있어야 합니다.

채점 기준

상	선분 ㄱㅇ의 길이를 구해 점대칭도형의 둘레를 바르게 구함.
중	선분 ㄱㅇ의 길이를 구했으나 점대칭도형의 둘레를 구하는 과정에서 실수하여 답이 틀림.
하	선분 ㄱㅇ의 길이를 구하지 못해 점대칭도형의 둘레를 구하지 못함.

꼼꼼 풀이집

4 소수의 곱셈

STEP 1 기본 유형 익히기 92 ~ 95쪽

1-1 (1) 5.6 (2) 0.96
1-2 1.92 kg
1-3 9.8 L
2-1 (1) 18.2 (2) 54.72
2-2 <
2-3 14.4 m
3-1 (1) 6.3 (2) 1.68
3-2 1.92 m^2
3-3 $17 \times 0.7 = 11.9$; 11.9 L
4-1 (1) 7.6 (2) 25.47
4-2 ㉡
4-3 112 km
5-1 (1) 0.368 (2) 0.196
5-2 4.8, 0.5 (또는 0.48, 5)
5-3 예 900 m=0.9 km이고 한 바퀴의 0.68배는 0.68 바퀴입니다.
⇨ (연주가 걸은 거리)$=0.9 \times 0.68 = 0.612$ (km)
; 0.612 km
6-1 (1) 4.86 (2) 15.408
6-2 ㉣, ㉡, ㉠, ㉢
6-3 46.339
6-4 36.28 cm^2
7-1 (1) 4960 (2) 0.496
7-2 ㉢
7-3 (1) 0.17 (2) 0.425
7-4 예 어떤 수를 □라 하면 바르게 계산한 값은 □×8이고 잘못 계산한 값은 □×0.08입니다. 따라서 □×8은 □×0.08의 100배입니다. ; 100배

1-1 생각 열기 소수 한 자리 수는 분모가 10인 분수로, 소수 두 자리 수는 분모가 100인 분수로 나타내어 계산합니다.

(1) $0.8 \times 7 = \frac{8}{10} \times 7 = \frac{8 \times 7}{10} = \frac{56}{10} = \mathbf{5.6}$

(2) $0.24 \times 4 = \frac{24}{100} \times 4 = \frac{24 \times 4}{100} = \frac{96}{100} = \mathbf{0.96}$

1-2

$$\begin{array}{r} 48 \\ \times \quad 4 \\ \hline 192 \end{array} \Rightarrow \begin{array}{r} 0.48 \\ \times \quad 4 \\ \hline \mathbf{1.92} \end{array}$$

참고
(1) 덧셈식으로 계산하기
$0.48 \times 4 = 0.48 + 0.48 + 0.48 + 0.48 = 1.92$
(2) 분수의 곱셈으로 계산하기
$0.48 \times 4 = \frac{48}{100} \times 4 = \frac{48 \times 4}{100} = \frac{192}{100} = 1.92$

1-3 생각 열기 1주일은 7일이므로 2주일은 14일입니다.
(승재가 2주일 동안 마시는 주스의 양)
$= 0.4 \times 14 = 5.6$ (L)
(의건이가 2주일 동안 마시는 주스의 양)
$= 0.3 \times 14 = 4.2$ (L)
⇨ $5.6 + 4.2 = \mathbf{9.8}$ **(L)**

다른 풀이
승재와 의건이가 하루에 마시는 주스의 양은 $0.4 + 0.3 = 0.7$ (L)입니다.
⇨ (승재와 의건이가 2주일 동안 마시는 주스의 양)
$= 0.7 \times 14 = 9.8$ (L)

2-1 (1) $2.6 \times 7 = \frac{26}{10} \times 7 = \frac{26 \times 7}{10} = \frac{182}{10} = \mathbf{18.2}$

(2) $9.12 \times 6 = \frac{912}{100} \times 6 = \frac{912 \times 6}{100} = \frac{5472}{100} = \mathbf{54.72}$

다른 풀이
(1) $26 \times 7 = 182$
↓ $\frac{1}{10}$배 ↓ $\frac{1}{10}$배
$2.6 \times 7 = 18.2$
(2) $912 \times 6 = 5472$
↓ $\frac{1}{100}$배 ↓ $\frac{1}{100}$배
$9.12 \times 6 = 54.72$

2-2 생각 열기 소수의 곱셈을 계산한 후 크기를 비교합니다.
$8.4 \times 7 = 58.8$
$6.7 \times 9 = 60.3$
⇨ $58.8 < 60.3$

2-3 생각 열기 색 테이프를 겹치지 않게 길게 이어 붙였으므로 소수의 곱셈으로 계산합니다.
$1.8 \times 8 = \mathbf{14.4}$ **(m)**

3-1 (1)

$$\begin{array}{r} 9 \\ \times \ 0.7 \\ \hline \mathbf{6.3} \end{array}$$

(2)

$$\begin{array}{r} 21 \\ \times 0.08 \\ \hline \mathbf{1.68} \end{array}$$

참고
곱하는 수가 $\frac{1}{10}$배가 되면 계산 결과도 $\frac{1}{10}$배가 되고, 곱하는 수가 $\frac{1}{100}$배가 되면 계산 결과도 $\frac{1}{100}$배가 됩니다.

3-2 (평행사변형의 넓이)$=2\times0.96$
$=\mathbf{1.92\ (m^2)}$

참고
(평행사변형의 넓이)=(밑변의 길이)×(높이)

3-3 서술형 가이드 $17\times0.7=11.9$라는 식을 썼는지 확인합니다.

채점 기준

상	식 $17\times0.7=11.9$를 쓰고 답을 바르게 구함.
중	식 17×0.7만 썼음.
하	식을 쓰지 못하고 답도 틀림.

4-1 (1) $4\times1.9=\mathbf{7.6}$ (2) $9\times2.83=\mathbf{25.47}$

4-2 생각 열기 ㉠, ㉡, ㉢의 값을 구한 후 크기를 비교합니다.
㉠ $4\times1.98=7.92$
㉡ $2\times4.18=8.36$
㉢ $3\times2.01=6.03$
⇨ ㉡>㉠>㉢

4-3 생각 열기 1시간 45분은 몇 시간인지 소수로 나타내어 계산합니다.
1시간 45분$=1\frac{45}{60}$시간$=1\frac{3}{4}$시간$=1\frac{75}{100}$시간
$=1.75$시간
⇨ $64\times1.75=\mathbf{112\ (km)}$

참고
1시간=60분이므로 ■분$=\frac{■}{60}$시간입니다.

5-1 (1) $0.46\times0.8=\mathbf{0.368}$ (2) 0.7×0.28: 56, 14, $\mathbf{0.196}$

다른 풀이
(1) $46\times8=368$
$\frac{1}{100}$배, $\frac{1}{10}$배, $\frac{1}{1000}$배
$0.46\times0.8=0.368$
(2) $7\times28=196$
$\frac{1}{10}$배, $\frac{1}{100}$배, $\frac{1}{1000}$배
$0.7\times0.28=0.196$

5-2 $0.48\times0.5=0.24$여야 하는데 잘못 눌러서 2.4가 나왔으므로 0.48과 5를 눌렀거나 4.8과 0.5를 누른 것입니다.

5-3 서술형 가이드 900 m=0.9 km, 한 바퀴의 0.68배는 0.68바퀴임을 알고 연주가 걸은 거리를 구하는 과정이 들어 있어야 합니다.

채점 기준

상	900 m=0.9 km, 한 바퀴의 0.68배는 0.68바퀴임을 알고 연주가 걸은 거리를 바르게 구함.
중	900 m=0.9 km, 한 바퀴의 0.68배는 0.68바퀴임은 알고 있으나 연주가 걸은 거리를 구하는 과정에서 실수가 있어서 답이 틀림.
하	풀이 과정을 쓰지 못하고 답도 틀림.

6-1 (1) 2.7×1.8: 216, 27, $\mathbf{4.86}$ (2) 4.28×3.6: 2568, 1284, $\mathbf{15.408}$

6-2 ㉠ $5.2\times5.8=30.16$
㉡ $8.46\times3.7=31.302$
㉢ $4.53\times6.5=29.445$
㉣ $7.9\times4.1=32.39$
⇨ ㉣>㉡>㉠>㉢

6-3 생각 열기 소수의 크기를 비교할 때에는 자연수, 소수 첫째 자리, 소수 둘째 자리 순으로 비교합니다.
$7.45>7.09>6.81>6.22$이므로
가장 큰 수는 7.45, 가장 작은 수는 6.22입니다.
⇨ $7.45\times6.22=\mathbf{46.339}$

6-4 해법 순서
① 직사각형의 넓이를 구합니다.
② 정사각형의 넓이를 구합니다.
③ ①과 ②의 차를 구합니다.
(직사각형의 넓이)$=3.9\times1.2=4.68\ (cm^2)$
(정사각형의 넓이)$=6.4\times6.4=40.96\ (cm^2)$
⇨ $40.96-4.68=\mathbf{36.28\ (cm^2)}$

7-1 생각 열기 소수점 위치를 확인한 후 계산합니다.
(1) 0.8×6200은 0.8×62보다 62에 0이 2개 더 있으므로 49.6에서 소수점을 오른쪽으로 두 칸 옮기면 **4960**입니다.
(2) 0.008×62는 0.8×62보다 0.8에 소수점 아래 자리 수가 2개 더 늘어났으므로 49.6에서 소수점을 왼쪽으로 두 칸 옮기면 **0.496**입니다.

7-2 ㉠, ㉡, ㉣: 0.01, ㉢: 0.001

참고
곱하는 수의 0이 하나씩 늘어날 때마다 곱의 소수점이 오른쪽으로 한 칸씩 옮겨집니다.
곱하는 소수의 소수점 아래 자리 수가 하나씩 늘어날 때마다 곱의 소수점이 왼쪽으로 한 칸씩 옮겨집니다.

7-3 (1) 4.25는 425의 0.01배인데 0.7225는 7225의 0.0001배이므로 □는 17의 0.01배인 **0.17**입니다.
(2) 1700은 17의 100배인데 722.5는 7225의 0.1배이므로 □는 425의 0.001배인 **0.425**입니다.

7-4 서술형 가이드 어떤 수를 □로 놓고 바르게 계산한 값과 잘못 계산한 값에서 소수점 위치를 이용하는 과정이 들어 있어야 합니다.

채점 기준

상	어떤 수를 □로 놓고 바르게 계산한 값과 잘못 계산한 값에서 소수점 위치를 이용하여 답을 바르게 구함.
중	어떤 수를 □로 놓고 바르게 계산한 값과 잘못 계산한 값에서 소수점 위치를 이용했지만 답이 틀림
하	풀이 과정을 쓰지 못하고 답도 틀림.

STEP 2 응용 유형 익히기 96 ~ 103쪽

응용 **1** 5.9 m
예제 **1-1** 14.6 m　　예제 **1-2** 1.9 m
응용 **2** 100000배
예제 **2-1** 0.0001배　　예제 **2-2** 100000배
응용 **3** 4개
예제 **3-1** 3개　　예제 **3-2** 57, 58, 59, 60
예제 **3-3** 56
응용 **4** 190.74 km
예제 **4-1** 30.82 m　　예제 **4-2** 56.2275 L
응용 **5** 161.2 kg
예제 **5-1** 153.6 kg　　예제 **5-2** 700원
응용 **6** 97.5 L
예제 **6-1** 118.25 L　　예제 **6-2** 20.4 km
응용 **7** 51.92 cm^2
예제 **7-1** 127.7 cm^2　　예제 **7-2** 49.5966 cm^2
응용 **8** 2.197 m
예제 **8-1** 1.25 m　　예제 **8-2** 16.675 m

응용 **1** 생각 열기 정삼각형과 정사각형은 모든 변의 길이가 같습니다.
(1) (정삼각형 가의 둘레)$=0.9\times3=2.7$ (m)
(2) (정사각형 나의 둘레)$=0.8\times4=3.2$ (m)
(3) $2.7+3.2=$ **5.9 (m)**

예제 **1-1** 해법 순서
① 마름모 가의 둘레를 구합니다.
② 직사각형 나의 둘레를 구합니다.
③ ①과 ②의 합을 구합니다.
(마름모 가의 둘레)$=1.7\times4=6.8$ (m)
(직사각형 나의 둘레)$=(2.5+1.4)\times2=7.8$ (m)
⇨ $6.8+7.8=$ **14.6 (m)**

참고
(마름모의 둘레)=(한 변의 길이)×4
(직사각형의 둘레)={(가로)+(세로)}×2

예제 **1-2** 생각 열기 정다각형은 모든 변의 길이가 같습니다.
해법 순서
① 정오각형 가의 둘레를 구합니다.
② 정칠각형 나의 둘레를 구합니다.
③ ①과 ②의 차를 구합니다.
(정오각형 가의 둘레)$=2.9\times5=14.5$ (m)
(정칠각형 나의 둘레)$=1.8\times7=12.6$ (m)
⇨ $14.5-12.6=$ **1.9 (m)**

참고
정오각형과 정칠각형은 각각 변의 길이가 모두 같습니다.

응용 **2** 생각 열기 등호(=)의 양쪽에 있는 수의 소수점 위치를 비교합니다.
(1) 3.752×㉠=3752에서 3752는 3.752에서 소수점이 오른쪽으로 3칸 옮겨졌으므로 ㉠=1000입니다.
(2) 37.52×㉡=0.3752에서 0.3752는 37.52에서 소수점이 왼쪽으로 2칸 옮겨졌으므로 ㉡=0.01입니다.
(3) ㉠은 ㉡의 **100000배**입니다.

예제 **2-1** 해법 순서
① ㉠의 값을 구합니다.
② ㉡의 값을 구합니다.
③ ㉠은 ㉡의 몇 배인지 구합니다.
0.068은 6.8에서 소수점이 왼쪽으로 2칸 옮겨졌으므로 ㉠=0.01입니다.
47.01은 0.4701에서 소수점이 오른쪽으로 2칸 옮겨졌으므로 ㉡=100입니다.
따라서 ㉠은 ㉡의 **0.0001배**입니다.

예제 **2-2** 해법 순서

① ㉠의 □ 안에 알맞은 수를 구합니다.
② ㉡의 □ 안에 알맞은 수를 구합니다.
③ ㉢의 □ 안에 알맞은 수를 구합니다.
④ ①, ②, ③에서 구한 수 중 가장 큰 수는 가장 작은 수의 몇 배인지 구합니다.

㉠ $146 \times □ = 1.46$ ⇨ $□ = 0.01$
㉡ $□ \times 46.8 = 4680$ ⇨ $□ = 100$
㉢ $32.6 \times □ = 0.0326$ ⇨ $□ = 0.001$
따라서 가장 큰 수는 100이고, 가장 작은 수는 0.001이므로 100은 0.001의 **100000배**입니다.

응용 **3** 생각 열기 소수의 곱셈을 계산한 후 수의 범위를 알아봅니다.

(1) $4.83 \times 10 = 48.3$
(2) $0.527 \times 100 = 52.7$
(3) $48.3 < □ < 52.7$
따라서 □ 안에 들어갈 수 있는 자연수는 49, 50, 51, 52로 모두 **4개**입니다.

예제 **3-1** 해법 순서

① 0.0834×100의 값을 구합니다.
② 1.18×10의 값을 구합니다.
③ ①과 ②의 값을 이용하여 □ 안에 들어갈 수 있는 자연수의 개수를 구합니다.

$0.0834 \times 100 = 8.34$, $1.18 \times 10 = 11.8$
⇨ $8.34 < □ < 11.8$
따라서 □ 안에 들어갈 수 있는 자연수는 9, 10, 11로 모두 **3개**입니다.

예제 **3-2** 해법 순서

① 0.56×100의 값을 구합니다.
② 6.08×10의 값을 구합니다.
③ ①과 ②의 값을 이용하여 □ 안에 들어갈 수 있는 자연수를 구합니다.

$0.56 \times 100 = 56$, $6.08 \times 10 = 60.8$
⇨ $56 < □ < 60.8$
따라서 □ 안에 들어갈 수 있는 자연수는 **57, 58, 59, 60**입니다.

예제 **3-3** 해법 순서

① 0.485×10의 값을 구합니다.
② 0.114×100의 값을 구합니다.
③ ①과 ②의 값을 이용하여 □ 안에 들어갈 수 있는 자연수를 구한 후 그 합을 구합니다.

$0.485 \times 10 = 4.85$, $0.114 \times 100 = 11.4$
⇨ $4.85 < □ < 11.4$
따라서 □ 안에 들어갈 수 있는 자연수는 5, 6, 7, 8, 9, 10, 11이므로 합은
$5+6+7+8+9+10+11=$**56**입니다.

응용 **4** 생각 열기 먼저 2시간 12분이 몇 시간인지 소수로 나타냅니다.

(1) 2시간 12분$=$2시간$+\frac{12}{60}$시간
$=$2시간$+$0.2시간$=$2.2시간
(2) (2시간 12분 동안 달리는 거리)$=86.7 \times 2.2$
$=$**190.74 (km)**

예제 **4-1** 해법 순서

① 2시간 18분이 몇 시간인지 소수로 나타냅니다.
② 2시간 18분 동안 기어가는 거리를 구합니다.

2시간 18분$=$2시간$+\frac{18}{60}$시간$=$2시간$+$0.3시간
$=$2.3시간
따라서 2시간 18분 동안 기어가는 거리는
$13.4 \times 2.3 =$ **30.82 (m)**입니다.

참고

1시간=60분이므로 ■시간 ▲분=■$\frac{▲}{60}$시간입니다.

예제 **4-2** 해법 순서

① 1시간 동안 달리는 데 필요한 휘발유의 양을 구합니다.
② 4시간 15분이 몇 시간인지 소수로 나타냅니다.
③ 필요한 휘발유의 양을 구합니다.

(1시간 동안 달리는 데 필요한 휘발유의 양)
$= 94.5 \times 0.14 = 13.23$ (L)
4시간 15분$=$4시간$+\frac{15}{60}$시간$=$4시간$+$0.25시간
$=$4.25시간
⇨ (4시간 15분 동안 달리는 데 필요한 휘발유의 양)
$= 13.23 \times 4.25 =$ **56.2275 (L)**

응용 **5** 생각 열기 윤호의 몸무게를 이용하여 미라와 경수의 몸무게를 구합니다.

(1) (미라의 몸무게)$= 52 \times 0.9$
$= 46.8$ (kg)
(2) (경수의 몸무게)$= 52 \times 1.2$
$= 62.4$ (kg)
(3) (세 사람의 몸무게의 합)
$= 52 + 46.8 + 62.4 =$ **161.2 (kg)**

예제 **5-1** 해법 순서

① 민범이의 몸무게를 이용하여 윤석이의 몸무게를 구합니다.
② 민범이의 몸무게를 이용하여 지현이의 몸무게를 구합니다.
③ 세 사람의 몸무게의 합을 구합니다.

(윤석이의 몸무게)$=48\times1.4$
$=67.2$ (kg)
(지현이의 몸무게)$=48\times0.8$
$=38.4$ (kg)
⇨ (세 사람의 몸무게의 합)
$=48+67.2+38.4=$**153.6 (kg)**

예제 **5-2** 해법 순서

① 3월 저금액을 이용하여 4월 저금액을 구합니다.
② 4월 저금액을 이용하여 5월 저금액을 구합니다.
③ 5월 저금액과 3월 저금액의 차를 구합니다.

(4월 저금액)$=5600\times1.25$
$=7000$(원)
(5월 저금액)$=7000\times0.9$
$=6300$(원)
⇨ $6300-5600=$**700(원)**

응용 **6** 생각 열기 12분 30초가 몇 분인지 소수로 나타내어 계산합니다.

(1) (2개의 수도에서 1분 동안 나오는 물의 양)
$=3.6+4.2=7.8$ (L)
(2) 12분 30초$=$12분$+\frac{30}{60}$분$=$12분$+$0.5분
$=$12.5분
(3) (12분 30초 동안 받은 물의 양)
$=7.8\times12.5=$**97.5 (L)**

예제 **6-1** 해법 순서

① 2개의 수도에서 1분 동안 나오는 물의 양을 구합니다.
② 13분 45초가 몇 분인지 소수로 나타냅니다.
③ 13분 45초 동안 받은 물의 양을 구합니다.

(2개의 수도에서 1분 동안 나오는 물의 양)
$=2.9+5.7=8.6$ (L)
13분 45초$=$13분$+\frac{45}{60}$분$=$13분$+$0.75분
$=$13.75분
⇨ (13분 45초 동안 받은 물의 양)
$=8.6\times13.75=$**118.25 (L)**

예제 **6-2** 해법 순서

① 1분 동안 벌어지는 두 자동차 사이의 거리를 구합니다.
② 4분 15초가 몇 분인지 소수로 나타냅니다.
③ 4분 15초 후에 두 자동차 사이의 거리를 구합니다.

(1분 동안 벌어지는 두 자동차 사이의 거리)
$=2.13+2.67=4.8$ (km)
4분 15초$=$4분$+\frac{15}{60}$분$=$4분$+$0.25분
$=$4.25분
⇨ (4분 15초 후에 두 자동차 사이의 거리)
$=4.8\times4.25=$**20.4 (km)**

응용 **7** 생각 열기 평행사변형과 직사각형의 넓이를 각각 구해 봅니다.

(1) (평행사변형의 넓이)$=14.8\times16.6$
$=245.68$ (cm^2)
(2) (직사각형의 넓이)$=19.84\times15$
$=297.6$ (cm^2)
(3) $297.6-245.68=$**51.92 (cm^2)**

> 참고
> 계산 결과에서 소수점 아래 끝자리의 0은 생략하여 나타냅니다.
> $19.84\times15=297.60=297.6$

예제 **7-1** 해법 순서

① 정사각형의 넓이를 구합니다.
② 평행사변형의 넓이를 구합니다.
③ ①과 ②의 차를 구합니다.

(정사각형의 넓이)$=14.6\times14.6$
$=213.16$ (cm^2)
(평행사변형의 넓이)$=24.7\times13.8$
$=340.86$ (cm^2)
⇨ $340.86-213.16=$**127.7 (cm^2)**

예제 **7-2** 해법 순서

① 정사각형 ㄱㄴㄷㄹ의 넓이를 구합니다.
② 직사각형 ㅁㅂㅅㄹ의 넓이를 구합니다.
③ ①과 ②의 차를 이용하여 색칠한 부분의 넓이를 구합니다.

(정사각형 ㄱㄴㄷㄹ의 넓이)$=8.46\times8.46$
$=71.5716$ (cm^2)
(직사각형 ㅁㅂㅅㄹ의 넓이)$=(8.46-2.6)\times3.75$
$=21.975$ (cm^2)
⇨ (색칠한 부분의 넓이)$=71.5716-21.975$
$=$**49.5966 (cm^2)**

응용 8 생각 열기 공이 튀어 오를 때마다 각각의 높이를 구합니다.

(1) (첫 번째로 튀어 오른 높이)
$=$(떨어진 높이)$\times 0.65$
$=8\times 0.65=5.2$ (m)

(2) 두 번째로 떨어진 높이는 첫 번째로 튀어 오른 높이와 같으므로 5.2 m입니다.
(두 번째로 튀어 오른 높이)
$=$(두 번째로 떨어진 높이)$\times 0.65$
$=5.2\times 0.65=3.38$ (m)

(3) 세 번째로 떨어진 높이는 두 번째로 튀어 오른 높이와 같으므로 3.38 m입니다.
(세 번째로 튀어 오른 높이)
$=$(세 번째로 떨어진 높이)$\times 0.65$
$=3.38\times 0.65=$**2.197 (m)**

예제 8-1 해법 순서
① 첫 번째로 튀어 오른 높이를 구합니다.
② 두 번째로 튀어 오른 높이를 구합니다.
③ 세 번째로 튀어 오른 높이를 구합니다.
(첫 번째로 튀어 오른 높이)$=10\times 0.5=5$ (m)
(두 번째로 튀어 오른 높이)$=5\times 0.5=2.5$ (m)
⇨ (세 번째로 튀어 오른 높이)
$=2.5\times 0.5=$**1.25 (m)**

예제 8-2 해법 순서
① 첫 번째로 땅에 닿을 때까지 공이 움직인 거리를 구합니다.
② 두 번째로 땅에 닿을 때까지 공이 움직인 거리를 구합니다.
③ 세 번째로 땅에 닿을 때까지 공이 움직인 거리를 구합니다.
첫 번째로 땅에 닿을 때까지 공이 움직인 거리는 떨어진 높이와 같으므로 4.6 m입니다.
(두 번째로 땅에 닿을 때까지 공이 움직인 거리)
$=4.6+(4.6\times 0.75)\times 2=4.6+6.9=11.5$ (m)
(세 번째로 땅에 닿을 때까지 공이 움직인 거리)
$=11.5+(4.6\times 0.75\times 0.75)\times 2$
$=11.5+5.175$
$=$**16.675 (m)**

주의
공이 땅에 닿을 때까지의 움직인 거리는 위로 튀어 올랐다가 떨어진 거리까지 생각해야 합니다.

STEP 3 응용 유형 뛰어넘기 104 ~ 108쪽

01 15개　　02 10배
03 0.2618　　04 190400원
05 예 어떤 수를 □라 하면 잘못 계산한 식은 □$\div 15=0.7$입니다. ⇨ □$=0.7\times 15=10.5$
따라서 바르게 계산하면 $10.5\times 15=157.5$입니다.
; 157.5
06 4.82 km　　07 51.2 cm^2
08 0.376 kg
09 예 (이어 붙인 종이의 전체 가로)
$=0.98\times 5-0.14\times 4=4.9-0.56=4.34$ (m)
⇨ (이어 붙인 종이의 전체 넓이)
$=4.34\times 0.32=1.3888$ (m^2)
; 1.3888 m^2
10 0.4668
11 예 (아버지의 몸무게)$=45\times 1.8=81$ (kg)
(어머니의 몸무게)$=45\times 1.15=51.75$ (kg)
⇨ $81-51.75=29.25$ (kg)
; 29.25 kg
12 38.35 km　　13 2
14 1721 m

01 해법 순서
① 80×5.5의 값을 구합니다.
② 86×5.3의 값을 구합니다.
③ ①과 ②의 값을 이용하여 □ 안에 들어갈 수 있는 자연수의 개수를 구합니다.
$80\times 5.5=440$, $86\times 5.3=455.8$
$440<$□<455.8에서 □ 안에 들어갈 수 있는 자연수는 441, 442, 443, ……, 454, 455로 모두 **15개**입니다.

02 생각 열기 ㉮에 얼마를 곱하는지 알아봅니다.
$100\times 0.1=10$, $10\times 0.01=0.1$
⇨ ㉮$\times 100\times 0.1\times 0.01=$㉮$\times 0.1=$㉯이므로 ㉮는 ㉯의 **10배**입니다.

03 해법 순서
① 3.85×6.8을 구합니다.
② 어떤 수를 □라 놓고 식을 세웁니다.
③ 어떤 수를 구합니다.
어떤 수를 □라 하면 $3.85\times 6.8=100\times$□, $26.18=100\times$□, □$=0.2618$입니다.
따라서 어떤 수는 **0.2618**입니다.

04 해법 순서

① 2주일은 며칠인지 구합니다.
② 2주일 동안 사용하는 밀가루의 무게를 구합니다.
③ 2주일 동안 사용하는 밀가루의 값을 구합니다.

2주일은 $7\times2=14$(일)입니다.
(2주일 동안 사용하는 밀가루의 무게)
$=13.6\times14=190.4$ (kg)
⇨ (2주일 동안 사용하는 밀가루의 값)
$=190.4\times1000=$**190400(원)**

05 해법 순서

① 어떤 수를 □라 하고 식을 세웁니다.
② 어떤 수를 구합니다.
③ ②에서 구한 값을 이용하여 바르게 계산합니다.

서술형 가이드 어떤 수를 구한 후 바르게 계산하는 과정이 들어 있어야 합니다.

채점 기준

상	잘못 계산한 식을 세워 어떤 수를 구한 후 바르게 계산한 답을 구함.
중	잘못 계산한 식을 세워 어떤 수를 구했지만 계산 과정에서 실수하여 답이 틀림.
하	풀이 과정을 쓰지 못하고 답도 틀림.

06 해법 순서

① 3분 15초가 몇 분인지 소수로 나타냅니다.
② 자기 부상 열차가 터널을 완전히 통과할 때까지 움직인 거리를 구합니다.
③ 터널의 길이를 구합니다.

3분 15초$=$3분$+\frac{15}{60}$분$=$3분$+0.25$분$=3.25$분
(터널을 완전히 통과할 때까지 움직인 거리)
$=1.56\times3.25=5.07$ (km)
250 m$=$0.25 km이므로
(터널의 길이)$=5.07-0.25=$**4.82 (km)**입니다.

주의
터널의 길이를 구할 때에는 자기 부상 열차가 터널을 들어가기 시작하여 터널을 완전히 통과할 때까지 움직인 거리에서 자기 부상 열차의 길이를 빼야 합니다.

07 생각 열기 세로로 나누면 세 직사각형의 넓이의 합으로 구할 수 있습니다.

(병원 마크의 넓이)
$=3.2\times3.2+3.2\times(3.2\times3)+3.2\times3.2$
$=10.24+30.72+10.24$
$=$**51.2 (cm²)**

다른 풀이
병원 마크의 넓이는 한 변의 길이가 3.2 cm인 정사각형의 넓이의 5배입니다.
(병원 마크의 넓이)
$=(3.2\times3.2)\times5=10.24\times5=51.2$ (cm²)

08 (식용유 250 mL의 무게)$=5.24-4.86=0.38$ (kg)
1 L$=$1000 mL$=$250 mL$\times4$이므로
(식용유 1 L의 무게)$=0.38\times4=1.52$ (kg)입니다.
(식용유 3.2 L의 무게)$=1.52\times3.2$
$=4.864$ (kg)
⇨ (빈 병의 무게)$=5.24-4.864=$**0.376 (kg)**

09 해법 순서

① 이어 붙인 종이의 전체 가로를 구합니다.
② 이어 붙인 종이의 전체 넓이를 구합니다.

서술형 가이드 이어 붙인 종이의 전체 가로를 구한 후 전체 넓이를 구하는 과정이 들어 있어야 합니다.

채점 기준

상	이어 붙인 종이의 전체 가로를 구한 후 종이의 넓이를 바르게 구함.
중	이어 붙인 종이의 전체 가로를 구했으나 종이의 넓이를 구하는 과정에서 실수하여 답이 틀림.
하	풀이 과정을 쓰지 못하고 답도 틀림.

10 해법 순서

① 바르게 식을 세워 계산한 값을 구합니다.
② 잘못 식을 세워 계산한 값을 구합니다.
③ ①과 ②의 합을 구합니다.

(바르게 식을 세워 계산한 값)$=0.965\times0.24=0.2316$
(잘못 식을 세워 계산한 값)$=0.245\times0.96=0.2352$
⇨ $0.2316+0.2352=$**0.4668**

11 해법 순서

① 아버지의 몸무게를 구합니다.
② 어머니의 몸무게를 구합니다.
③ 몸무게의 차를 구합니다.

서술형 가이드 아버지와 어머니의 몸무게를 구하는 과정이 들어 있어야 합니다.

채점 기준

상	아버지와 어머니의 몸무게를 구한 후 차를 바르게 구함.
중	아버지와 어머니의 몸무게를 구했지만 답이 틀림.
하	풀이 과정을 쓰지 못하고 답도 틀림.

12 해법 순서

① 1시간 후 택시와 버스 사이의 거리를 구합니다.

② 3시간 15분이 몇 시간인지 소수로 나타냅니다.

③ 3시간 15분 후 택시와 버스 사이의 거리를 구합니다.

1시간에 택시는 $45.2\times2=90.4$ (km)를 달리고 버스는 $26.2\times3=78.6$ (km)를 달리므로 한 시간 후 택시와 버스 사이의 거리는 $90.4-78.6=11.8$ (km)입니다.

3시간 15분=3.25시간이므로

3.25시간 후 택시와 버스 사이의 거리는

$11.8\times3.25=$ **38.35 (km)**입니다.

13 생각 열기 0.8을 1번, 2번, 3번⋯⋯ 곱한 후 곱의 소수 끝자리 숫자들의 규칙을 찾아봅니다.

$$0.8=0.8$$
$$0.8\times0.8=0.64$$
$$0.8\times0.8\times0.8=0.512$$
$$0.8\times0.8\times0.8\times0.8=0.4096$$
$$0.8\times0.8\times0.8\times0.8\times0.8=0.32768$$
$$\vdots$$

곱의 소수 끝자리 숫자가 8, 4, 2, 6으로 되풀이되는 규칙입니다.

따라서 0.8을 27번 곱했을 때 소수 27째 자리 숫자는 $27\div4=6\cdots3$이므로 되풀이되는 숫자 중에서 세 번째 숫자와 같은 **2**입니다.

14 해법 순서

① 기온이 5 ℃ 올라갈 때 소리가 더 갈 수 있는 거리를 구합니다.

② 기온이 1 ℃ 올라갈 때 소리가 더 갈 수 있는 거리를 구합니다.

③ 기온이 22 ℃일 때 소리가 1초 동안 가는 거리를 구합니다.

④ 번개가 친 곳으로부터 천둥 소리를 들은 곳까지의 거리를 구합니다.

기온이 $15-10=5$ (℃) 올라갈 때 소리는 1초에 $340-337=3$ (m)$=300$ (cm)를 더 가므로

기온이 1 ℃ 올라갈 때 소리는 1초에 $300\div5=60$ (cm)$=0.6$ (m)를 더 갑니다.

⇨ 기온이 22 ℃일 때 소리는 1초에 $340+0.6\times(22-15)=340+4.2=344.2$ (m)를 가므로 번개가 친 곳으로부터 $344.2\times5=$ **1721 (m)** 떨어져 있습니다.

실력평가 109 ~ 111쪽

01 (1) $1.2\times6=\frac{12}{10}\times6=\frac{12\times6}{10}=\frac{72}{10}=7.2$

(2) $8\times0.49=8\times\frac{49}{100}=\frac{8\times49}{100}=\frac{392}{100}=3.92$

02 (1) 199.8 (2) 19.98 (3) 1.998

03 (1) 4.815 (2) 0.8944

04 86.2, 86200

05 0.306

06 1.72 L

07 예 (소수 두 자리 수)×(소수 한 자리 수)=(소수 세 자리 수)인데 곱의 소수점 위치를 잘못 찍었습니다.

; $\begin{array}{r} 9.52 \\ \times\ 0.8 \\ \hline 7.616 \end{array}$

08 10

09 ㉠, ㉡, ㉢, ㉣

10 5개

11 예 3주일은 $7\times3=21$(일)입니다.

⇨ (민영이가 3주일 동안 마시는 우유의 양)

$=1.9\times21=39.9$ (L)

; 39.9 L

12 21.6 m

13 12.96 km

14 168.6 cm

15 1.386 m

16 13.44 cm, 10.976 cm^2

17 63.84

18 예 5분 18초$=$5분$+\frac{18}{60}$분$=$5분$+$0.3분$=$5.3분

(5분 18초 동안 줄어든 초의 길이)

$=1.5\times5.3=7.95$ (cm)

⇨ (5분 18초 후 남은 초의 길이)

$=14-7.95=6.05$ (cm)

; 6.05 cm

19 8.04 km

20 0.432

01 소수 한 자리 수는 분모가 10인 분수, 소수 두 자리 수는 분모가 100인 분수로 나타내어 계산합니다.

02 곱하는 수의 소수점 아래 자리 수가 하나씩 늘어날 때마다 곱의 소수점을 왼쪽으로 한 칸씩 옮깁니다.

03 (1) $\begin{array}{r} 3.21 \\ \times\ 1.5 \\ \hline 1605 \\ 321\ \\ \hline \mathbf{4.815} \end{array}$ (2) $\begin{array}{r} 2.08 \\ \times\ 0.43 \\ \hline 624 \\ 832\ \\ \hline \mathbf{0.8944} \end{array}$

04 $8.62\times10=$ **86.2**

$86.2\times1000=$ **86200**

05 $0.9>0.82>0.74>0.34$이므로
가장 큰 수는 0.9이고, 가장 작은 수는 0.34입니다.
⇨ $0.9\times0.34=$**0.306**

06 $2\times0.86=$**1.72 (L)**

07 서술형 가이드 잘못된 곳을 찾아 이유를 쓰고 바르게 계산하는 과정이 들어 있어야 합니다.

채점 기준

상	잘못된 곳을 찾아 이유를 쓰고 바르게 계산함.
중	이유나 바른 계산 중 하나만 맞음.
하	잘못된 곳을 찾지 못해 이유를 쓰지 못하고 바르게 계산하지도 못함.

08 $8300\times0.01=83$, $8.3\times\square=83$
⇨ 8.3에서 소수점을 오른쪽으로 한 자리 옮겨서 83이 되었으므로 $\square=$**10**입니다.

09 ㉠ $63\times0.07=4.41$
㉡ $0.92\times7.5=6.9$
㉢ $3.5\times2.4=8.4$
㉣ $2.38\times3.55=8.449$
⇨ **㉠<㉡<㉢<㉣**

10 해법 순서
① 9.2×6의 값을 구합니다.
② 85×0.71의 값을 구합니다.
③ □ 안에 들어갈 수 있는 자연수를 구한 후 그 개수를 구합니다.
$9.2\times6=55.2$, $85\times0.71=60.35$
⇨ $55.2<\square<60.35$이므로 □ 안에 들어갈 수 있는 자연수는 56, 57, 58, 59, 60으로 모두 **5개**입니다.

11 서술형 가이드 3주일이 며칠인지 알고 소수의 곱셈을 이용하여 구하는 과정이 들어 있어야 합니다.

채점 기준

상	3주일이 며칠인지 알고 소수의 곱셈을 이용하여 답을 바르게 구함.
중	3주일이 며칠인지 알았지만 소수의 곱셈을 잘못하여 답이 틀림.
하	풀이 과정을 쓰지 못하고 답도 틀림.

12 해법 순서
① 도형 ㉮의 둘레를 구합니다.
② ①에서 구한 값을 이용하여 도형 ㉯의 둘레를 구합니다.
(도형 ㉮의 둘레)$=1.8\times3=5.4$ (m)
도형 ㉯의 한 변의 길이가 5.4 m이므로
도형 ㉯의 둘레는 $5.4\times4=$**21.6 (m)**입니다.

참고
(정다각형의 둘레)=(한 변의 길이)×(변의 수)

13 해법 순서
① 120 m가 몇 km인지 소수로 나타냅니다.
② ①에서 구한 값을 이용하여 재훈이가 1.8시간 동안 걸을 수 있는 거리를 구합니다.
1000 m=1 km이므로 120 m=0.12 km입니다.
(한 시간 동안 걷는 거리)$=0.12\times60=7.2$ (km)
⇨ (1.8시간 동안 걷는 거리)
$=7.2\times1.8=$**12.96 (km)**

14 생각 열기 이어 붙인 색 테이프의 전체 길이는 색 테이프 12장의 길이의 합에서 겹친 부분의 길이의 합을 빼서 구합니다.
(색 테이프 12장의 길이의 합)$=15.7\times12$
$=188.4$ (cm)
(겹친 부분의 길이의 합)$=1.8\times11$
$=19.8$ (cm)
⇨ (이어 붙인 색 테이프의 전체 길이)
$=188.4-19.8$
=168.6 (cm)

15 해법 순서
① 첫 번째로 튀어 오른 공의 높이를 구합니다.
② 두 번째로 튀어 오른 공의 높이를 구합니다.
③ 세 번째로 튀어 오른 공의 높이를 구합니다.
(첫 번째로 튀어 오른 공의 높이)$=3\times0.7=2.1$ (m)
(두 번째로 튀어 오른 공의 높이)$=(2.1+0.3)\times0.7$
$=1.68$ (m)
⇨ (세 번째로 튀어 오른 공의 높이)
$=(1.68+0.3)\times0.7$
=1.386 (m)

주의
두 번째와 세 번째로 튀어 오른 공의 높이부터 0.3 m의 계단이 있음을 주의합니다.

16 생각 열기 먼저 직사각형의 가로부터 구해 봅니다.
(가로)=(세로)$\times$1.4=2.8$\times$1.4=3.92 (cm)
⇨ (둘레)=(3.92+2.8)$\times$2=**13.44 (cm)**
(넓이)=3.92$\times$2.8=**10.976 (cm²)**

참고
(직사각형의 둘레)={(가로)+(세로)}$\times$2
(직사각형의 넓이)=(가로)$\times$(세로)

17 계산 결과가 크려면 높은 자리 수가 커야 합니다.
⇨ 8.6$\times$7.4=63.64(또는 7.4$\times$8.6=63.64)
8.4$\times$7.6=63.84(또는 7.6$\times$8.4=63.84)
따라서 가장 큰 곱은
8.4$\times$7.6=**63.84**(또는 7.6$\times$8.4=**63.84**)입니다.

18 서술형 가이드 5분 18초 동안 줄어든 초의 길이를 구하여 5분 18초 후 남은 초의 길이를 구하는 과정이 들어 있어야 합니다.

채점 기준

상	5분 18초 동안 줄어든 초의 길이를 구하여 5분 18초 후 남은 초의 길이를 바르게 구함.
중	5분 18초 동안 줄어든 초의 길이를 구했으나 5분 18초 후 남은 초의 길이를 구하는 과정에서 실수하여 답이 틀림.
하	5분 18초 동안 줄어든 초의 길이를 구하지 못함.

19 해법 순서
① 보라가 걸은 거리를 구합니다.
② 혁이가 걸은 거리를 구합니다.
③ 동수가 걸은 거리를 구합니다.
④ ②와 ③의 합을 구합니다.
1시간은 60분이므로 1시간 동안 걷는 거리는 10분 동안 걷는 거리의 6배입니다.
(보라가 걸은 거리)
=500$\times$6=3000 (m)=3 (km)
(혁이가 걸은 거리)
=3$\times$1.23=3.69 (km)
(동수가 걸은 거리)
=3$\times$1.45=4.35 (km)
⇨ 3.69+4.35=**8.04 (km)**

20 어떤 수를 □라 하면
□÷0.36+0.5=1.3, □÷0.36=0.8,
□=0.8$\times$0.36=0.288입니다.
⇨ 0.288$\times$1.5=**0.432**

5 직육면체

STEP 1 기본 유형 익히기 118 ~ 121쪽

1-1 ⑤ **1-2** 직사각형
1-3 ㉡
1-4 예 직육면체에서 면은 6개, 모서리는 12개, 꼭짓점은 8개이므로 모두 더하면 6+12+8=26(개)입니다.
; 26개
2-1 (위부터) 6 ; 12, 12 ; 8, 8
2-2 12개 **2-3** 24 mm
3-1
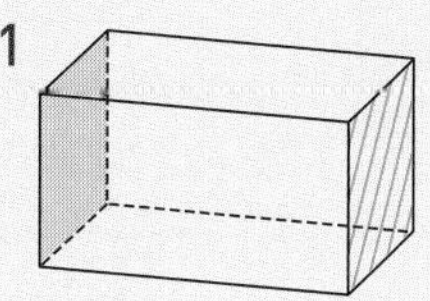

3-2 (1) 면 ㅁㅂㅅㅇ, 면 ㄴㅂㅅㄷ, 면 ㄹㄷㅅㅇ
(2) 면 ㄱㄴㅂㅁ, 면 ㅁㅂㅅㅇ, 면 ㄹㄷㅅㅇ, 면 ㄱㄴㄷㄹ
3-3 보라 **3-4** 36 cm
4-1 ㉣
4-2 (위부터) 3 ; 9, 3 ; 7, 1
4-3 예 보이는 모서리는 점선으로, 보이지 않는 모서리는 실선으로 잘못 그렸습니다.
4-4
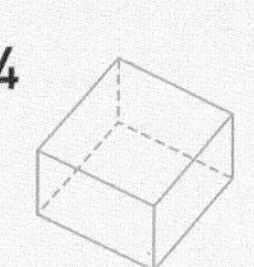

5-1 ㉠ **5-2** 면 바
5-3 예
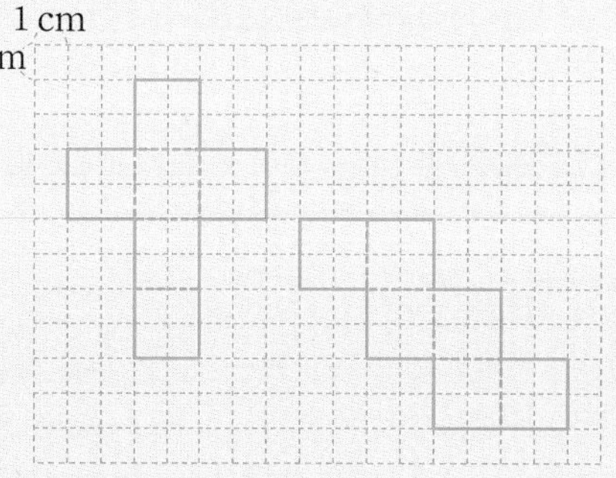

6-1 면 가, 면 나, 면 다, 면 바
6-2 예 잘리지 않는 모서리는 실선으로, 잘린 모서리는 점선으로 잘못 그렸습니다.
6-3 예
1 cm
1 cm

6-4 다

1-1 생각 열기 직육면체는 직사각형 6개로 둘러싸인 도형입니다.
직사각형 6개로 둘러싸인 도형을 찾습니다.

참고
그림과 같이 직사각형 6개로 둘러싸인 도형을 직육면체라고 합니다.

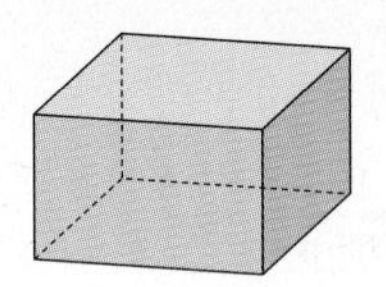

그림과 같이 정사각형 6개로 둘러싸인 도형을 정육면체라고 합니다.

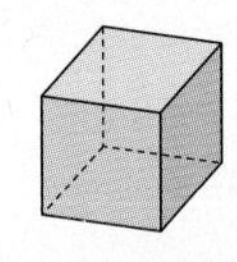

1-2 생각 열기 직육면체는 직사각형으로 둘러싸여 있습니다.
직육면체의 면 6개는 모두 **직사각형** 모양입니다.

1-3 생각 열기 직육면체의 구성 요소를 알아봅니다.
직육면체에서 모서리와 모서리가 만나는 점을 꼭짓점이라고 합니다.

참고
면: 직육면체에서 선분으로 둘러싸인 부분
모서리: 면과 면이 만나는 선분
꼭짓점: 모서리와 모서리가 만나는 점

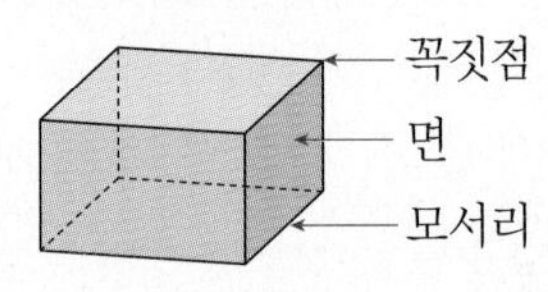

1-4 서술형 가이드 직육면체의 면의 수, 모서리의 수, 꼭짓점의 수를 쓰고 모두 더하는 풀이 과정이 들어 있어야 합니다.

채점 기준

상	직육면체의 구성 요소 각각의 수를 알고 답을 바르게 구함.
중	직육면체의 구성 요소 각각의 수를 알았지만 모두 더하는 과정에서 실수하여 답이 틀림.
하	직육면체의 구성 요소 각각의 수를 알지 못하여 답을 구하지 못함.

2-1 직육면체와 정육면체의 면의 수, 모서리의 수, 꼭짓점의 수는 각각 같습니다.

2-2 정육면체에서 모서리의 길이는 모두 같습니다.
⇨ 정육면체의 모서리는 **12개**입니다.

2-3 생각 열기 정육면체에서 모서리의 길이는 모두 같습니다.
정육면체의 모서리는 12개이고, 길이가 모두 같습니다.
⇨ $2\times12=\mathbf{24}$ **(mm)**

3-1 생각 열기 색칠한 면과 서로 마주 보는 면을 찾습니다.
색칠한 면과 서로 마주 보는 면을 찾아 빗금을 긋습니다.

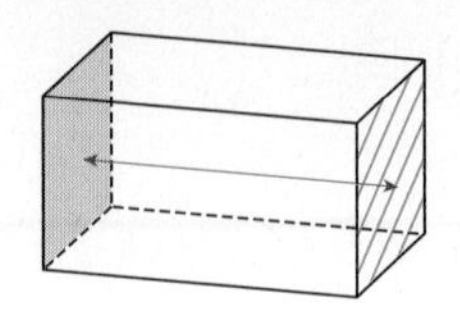

3-2 (1) 주어진 면과 서로 마주 보는 면을 찾습니다.

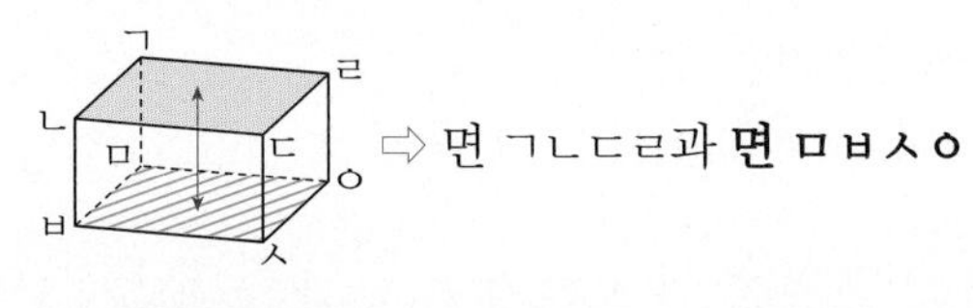

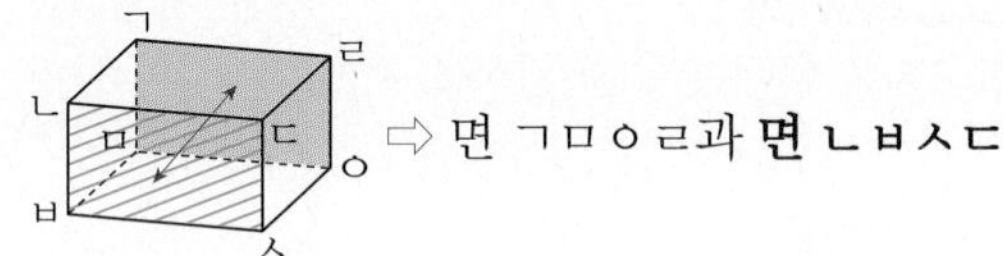

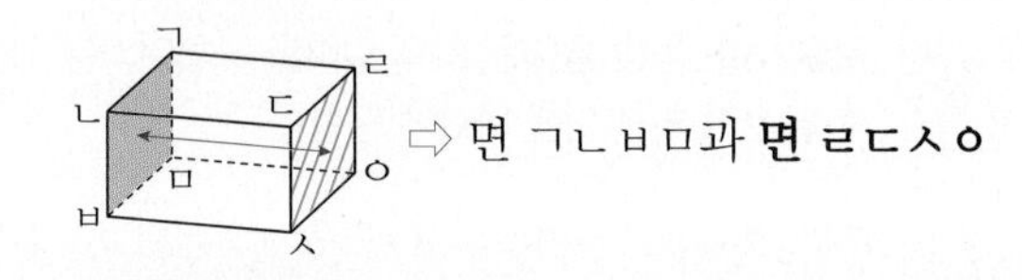

(2) 생각 열기 직육면체에서 한 면과 수직인 면은 그 면과 평행한 면을 제외한 나머지 4개의 면입니다.
면 ㄴㅂㅅㄷ과 평행한 면은 면 ㄱㅁㅇㄹ이므로 면 ㄱㅁㅇㄹ을 제외한 **면 ㄱㄴㅂㅁ**, **면 ㅁㅂㅅㅇ**, **면 ㄹㄷㅅㅇ**, **면 ㄱㄴㄷㄹ**입니다.

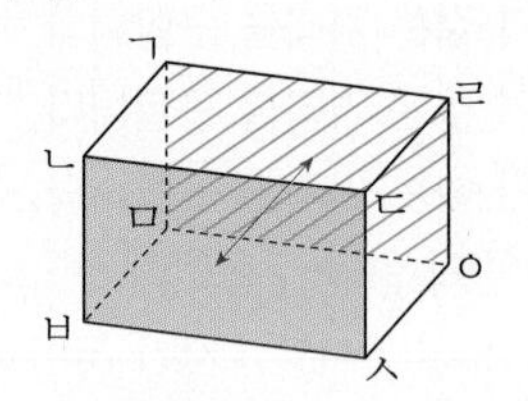

3-3 직육면체에서 서로 평행한 면은 모두 3쌍입니다.

3-4 색칠한 면과 평행한 면은 가로가 7 cm, 세로가 11 cm인 직사각형입니다.
⇨ $7+11+7+11=\mathbf{36}$ **(cm)**

4-1 보이는 모서리는 실선으로, 보이지 않는 모서리는 점선으로 그린 것을 찾습니다.

참고
직육면체의 겨냥도는 직육면체 모양을 잘 알 수 있도록 나타낸 그림으로 보이는 모서리는 실선으로, 보이지 않는 모서리는 점선으로 그립니다.

4-2 생각 열기 겨냥도에서 보이는 부분과 보이지 않는 부분을 따로 그려 생각합니다.

 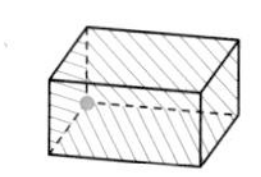

(보이는 부분) (보이지 않는 부분)

위 그림을 보면 보이는 부분은 면 3개, 모서리 9개, 꼭짓점 7개이고, 보이지 않는 부분은 면 3개, 모서리 3개, 꼭짓점 1개입니다.

4-3 서술형 가이드 보이는 모서리는 점선으로, 보이지 않는 모서리는 실선으로 잘못 그렸다는 내용이 들어 있는지 확인합니다.

채점 기준

상	직육면체의 겨냥도를 그리는 방법을 알고 바르게 설명함.
중	직육면체의 겨냥도를 그리는 방법은 알지만 설명이 미흡함.
하	직육면체의 겨냥도를 그리는 방법을 알지 못하여 설명을 하지 못함.

4-4 생각 열기 직육면체의 겨냥도는 보이는 모서리는 실선으로, 보이지 않는 모서리는 점선으로 그립니다.

보이는 모서리는 실선으로 그린 후 보이지 않는 모서리를 생각하여 점선으로 그립니다.

5-1 ㉡ 전개도를 접었을 때 겹치는 선분의 길이가 다릅니다.
㉢ 전개도를 접었을 때 겹치는 면이 있습니다.
㉣ 면이 5개입니다.

직육면체의 전개도는 직사각형 모양의 면이 6개이고 전개도를 접었을 때 겹치는 면이 없어야 합니다. 또한 서로 겹치는 선분의 길이가 같아야 함에 주의합니다.

5-2 생각 열기 정육면체에서 한 면과 평행한 면은 서로 마주 보는 면입니다.

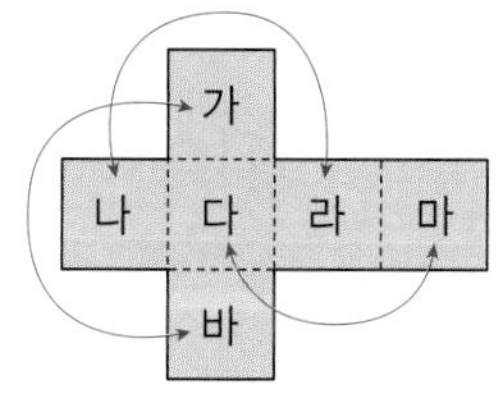

정육면체의 전개도를 접었을 때 면 가와 평행한 면은 면 바입니다.

면 가와 수직인 면은 면 바를 제외한 면 나, 면 다, 면 라, 면 마입니다.

5-3 한 모서리의 길이가 2 cm인 정육면체의 전개도는 한 변의 길이가 2 cm인 정사각형 6개로 이루어져 있다.

참고

다양한 정육면체의 전개도를 그릴 수 있습니다.

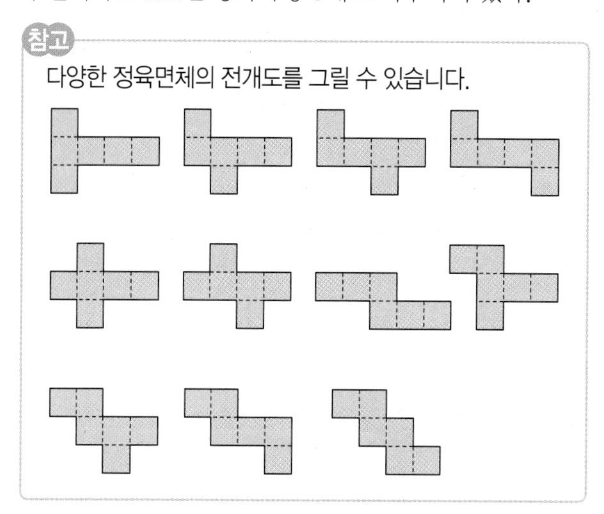

6-1 생각 열기 직육면체의 전개도를 접었을 때 한 면과 수직인 면은 한 면과 평행한 면을 제외한 나머지 4개의 면이 수직인 면입니다.

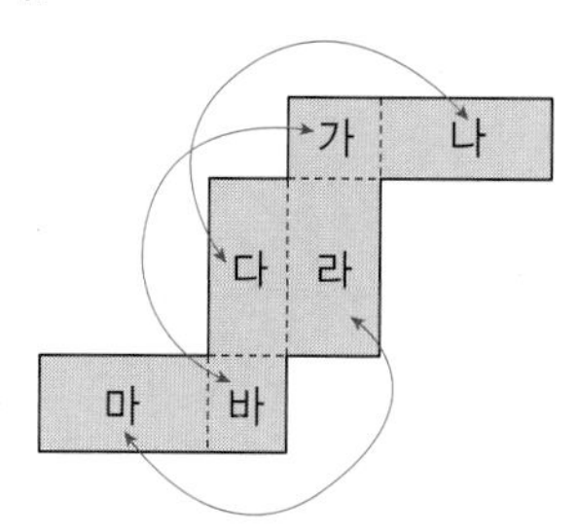

면 마와 평행한 면은 면 라이므로 면 마와 수직인 면은 면 라와 면 마를 제외한 나머지 면입니다.

⇨ 면 **가**, 면 **나**, 면 **다**, 면 **바**

6-2 서술형 가이드 잘리지 않는 모서리는 실선으로, 잘린 모서리는 점선으로 잘못 그렸다는 내용이 들어 있는지 확인합니다.

채점 기준

상	직육면체의 전개도를 그리는 방법을 알고 바르게 설명함.
중	직육면체의 전개도를 그리는 방법은 알지만 설명이 미흡함.
하	직육면체의 전개도를 그리는 방법을 알지 못하여 설명을 하지 못함.

6-3 전개도는 다양한 방법으로 그릴 수 있습니다.

직육면체의 전개도를 그릴 때 서로 겹치는 부분이 없는지, 겹치는 모서리의 길이는 같은지, 평행한 면은 3쌍이 있는지, 한 면과 수직인 면이 4개인지 등에 주의합니다.

6-4 직육면체를 만들 수 있는 서로 다른 직사각형은 서로 겹치는 변의 길이가 같아야 합니다.

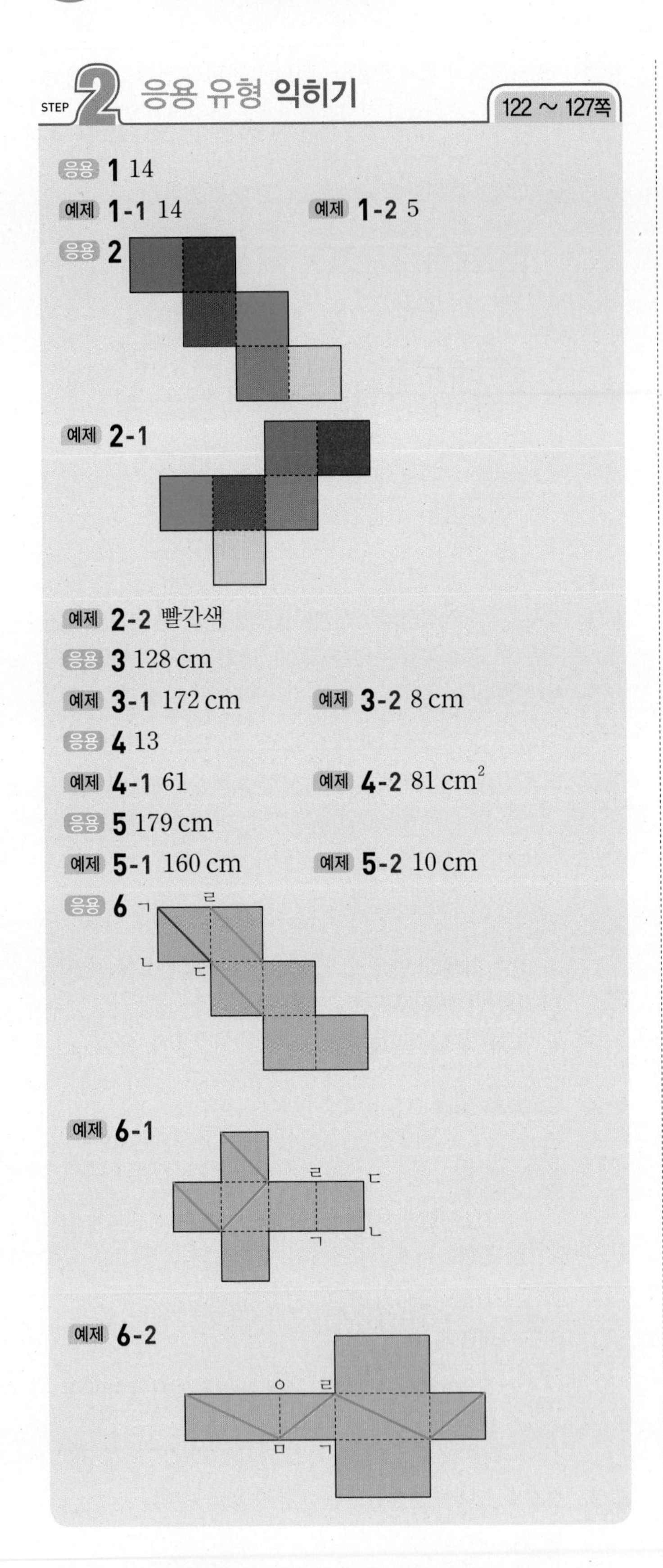

응용 1 생각 열기 주사위에서 서로 평행한 두 면의 눈의 수의 합이 7임을 알고 3의 눈이 그려진 면과 수직인 면의 눈의 수를 구합니다.

(1) 주사위에서 서로 평행한 두 면의 눈의 수의 합이 7이므로 3의 눈이 그려진 면과 평행한 면의 눈의 수는 $7-3=4$입니다.

(2) 3의 눈이 그려진 면과 수직인 면의 눈의 수는 3과 4를 제외한 1, 2, 5, 6입니다.

(3) $1+2+5+6=\mathbf{14}$

다른 풀이

3의 눈이 그려진 면과 수직인 면은 네 면이고, 이 네 면에는 서로 평행한 두 면이 2쌍 있습니다. 서로 평행한 두 면의 눈의 수의 합이 7이므로 3의 눈이 그려진 면과 수직인 면의 눈의 수의 합은 $7\times2=14$입니다.

예제 1-1 생각 열기 ㉠은 눈의 수가 2인 면과 수직인 면입니다.

해법 순서

① 눈의 수가 2인 면과 평행한 면의 눈의 수를 구합니다.

② 2와 ①에서 구한 눈의 수를 제외한 나머지 눈의 수를 모두 더합니다.

㉠에는 눈의 수가 2인 면과 평행한 면의 눈의 수는 올 수 없습니다. 눈의 수가 2인 면과 평행한 면의 눈의 수는 $7-2=5$이므로 ㉠에는 2와 5를 제외한 1, 3, 4, 6이 올 수 있습니다. ⇨ $1+3+4+6=\mathbf{14}$

예제 1-2 생각 열기 직육면체의 한 면과 평행하지 않은 네 면은 한 면과 모두 수직으로 만납니다.

해법 순서

① 눈의 수가 1인 면과 수직인 면의 눈의 수를 구하여 1인 면과 평행한 면의 수를 구합니다.

② 눈의 수가 3인 면과 수직인 면의 눈의 수를 구하여 3인 면과 평행한 면의 수를 구합니다.

③ ①과 ②에서 구한 눈의 수를 제외한 나머지 수의 눈의 수가 2와 평행한 면입니다.

1이 쓰여 있는 면과 수직인 면에는 2, 3, 4, 5가 쓰여 있으므로 평행한 면에는 6이 쓰여 있습니다.

3이 쓰여 있는 면과 수직인 면에는 1, 2, 5, 6이 쓰여 있으므로 평행한 면에는 4가 쓰여 있습니다.

따라서 2가 쓰여 있는 면과 평행한 면에는 **5**가 쓰여 있습니다.

응용 2 생각 열기 주어진 그림을 살펴보면서 서로 평행한 면들의 색을 찾습니다.

(1) 면 6개에 색칠된 색깔은 초록색, 분홍색, 노란색, 보라색, 파란색, 빨간색입니다.

(2) 가운데 그림과 맨 오른쪽 그림을 보면 빨간색과 분홍색이 서로 마주 보는 면이고 파란색과 초록색, 보라색과 노란색이 각각 서로 마주 봅니다.

예제 2-1 생각 열기 주어진 그림을 살펴보면서 서로 평행한 면들의 색을 찾습니다.

해법 순서

① 정육면체의 면 6개에 색칠된 색깔들을 구해 봅니다.

② 주어진 정육면체를 보면서 서로 마주 보는 면을 구해 봅니다.
③ ②에서 구한 서로 마주 보는 면을 전개도에 색칠합니다.

맨 왼쪽 그림과 맨 오른쪽 그림을 보면 노란색과 파란색이 서로 마주 봅니다.
맨 왼쪽 그림과 가운데 그림을 이용하여 전개도에 색을 넣으면 초록색과 분홍색, 보라색과 빨간색이 서로 마주 봅니다.

참고
정육면체에서 마주 보는 면은 보이지 않고 수직으로 만나는 면만 보입니다.

예제 2-2 생각 열기 주어진 그림에서 파란색으로 색칠된 면과 평행한 면은 보이지 않으므로 파란색으로 색칠된 면과 수직인 면을 알아봅니다.

해법 순서
① 정육면체의 면 6개의 색깔을 알아봅니다.
② 파란색으로 색칠된 면과 수직인 면을 알아봅니다.
③ 파란색으로 색칠된 면과 평행한 면의 색깔을 구합니다.

면 6개에 색칠된 색깔은 빨간색, 노란색, 초록색, 보라색, 파란색, 주황색입니다. 가운데 그림과 맨 오른쪽 그림을 보면 파란색으로 색칠된 면과 수직인 면에 색칠된 색깔은 보라색, 노란색, 주황색, 초록색입니다. 따라서 파란색으로 색칠된 면과 평행한 면의 색깔은 **빨간색**입니다.

참고
직육면체에서 평행한 두 면은 동시에 보일 수 없습니다.

응용 3 생각 열기 직육면체에는 길이가 같은 모서리가 4개씩 3쌍 있습니다.

(1) 전개도를 접어서 만든 직육면체에서 길이가 다른 세 모서리의 길이의 합은 $15+11+6=32$ (cm)입니다.
(2) 따라서 직육면체의 모든 모서리 길이의 합은 $32\times4=$ **128 (cm)**입니다.

참고
직육면체에서 서로 평행한 모서리끼리는 길이가 같습니다.

예제 3-1 생각 열기 직육면체에는 길이가 같은 모서리가 4개씩 3쌍 있습니다.

해법 순서
① 전개도를 접어서 만든 직육면체의 길이가 다른 세 모서리의 길이의 합을 구해 봅니다.
② 직육면체의 모든 모서리의 길이의 합을 구해 봅니다.

직육면체에는 길이가 같은 모서리가 4개씩 3쌍 있습니다.
⇨ (직육면체의 모든 모서리의 길이의 합)
$=(18+9+16)\times4=43\times4$
$=$ **172 (cm)**

예제 3-2 생각 열기 직육면체에는 길이가 같은 모서리가 4개씩 3쌍 있습니다.

해법 순서
① 선분 ㅌㅍ의 길이를 □cm라 놓고 식을 세웁니다.
② ①에서 세운 식을 계산합니다.

직육면체에는 길이가 같은 모서리가 4개씩 3쌍 있습니다. 선분 ㅌㅍ의 길이를 □cm라 하면 $(24+16+\square)\times4=192$입니다.
⇨ $24+16+\square=48$, $\square=$ **8**

응용 4 생각 열기 직육면체에서 모든 모서리 길이의 합은 길이가 같은 모서리가 4개씩 3쌍 있습니다.

(1), (2) $(3+12+\square)\times4=112$, $3+12+\square=28$, $\square=$ **13**

예제 4-1 해법 순서
① 직육면체에는 길이가 같은 모서리가 4개씩 3쌍 있음을 이용하여 식을 세웁니다.
② ①에서 세운 식을 계산 순서에 맞게 계산합니다.

1 m=100 cm이고 직육면체에는 길이가 같은 모서리가 4개씩 3쌍 있으므로
$(81+\square+100)\times4=968$입니다.
⇨ $81+\square+100=242$, $181+\square=242$,
$\square=242-181=$ **61**

주의
m 단위가 있으므로 m 단위를 cm 단위로 바꾸어 계산해야 함을 주의합니다.

예제 4-2 생각 열기 직육면체에서 보이지 않는 모서리 길이의 합을 4배 하면 직육면체의 모든 모서리 길이의 합입니다.

해법 순서
① 보이지 않는 모서리 길이의 합을 이용하여 직육면체의 모든 모서리 길이의 합을 구합니다.
② ①에서 구한 길이로 정육면체에서 한 모서리의 길이를 구합니다.
③ ②에서 구한 길이로 정육면체의 한 면의 넓이를 구합니다.

(직육면체에서 모든 모서리 길이의 합)
$=27\times4=108$ (cm)
(정육면체에서 한 모서리의 길이)
$=108\div12=9$ (cm)
⇨ (정육면체의 한 면의 넓이) $=9\times9=$ **81 (cm²)**

참고
정육면체는 모서리가 12개 있고 모든 모서리의 길이가 같습니다.

응용 5 생각 열기 각 모서리 길이와 평행한 끈의 개수를 알아본 후 매듭의 길이를 더해야 합니다.

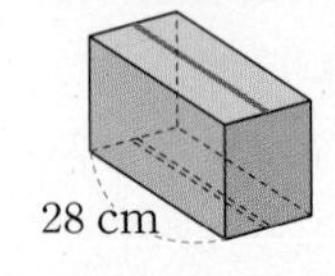
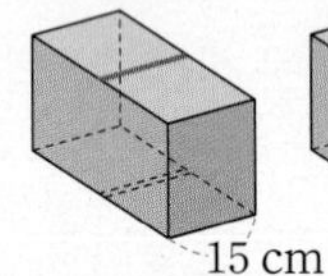
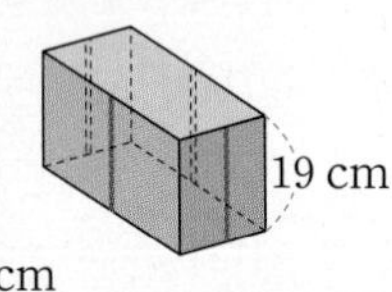

(1) 28 cm 2개, 15 cm 2개, 19 cm 4개입니다.
(2) (각 모서리 길이와 평행한 끈의 길이의 합)
$=28\times2+15\times2+19\times4$
$=56+30+76=162$ (cm)
(3) (상자를 묶는 데 사용한 끈의 길이)
=(각 모서리 길이와 평행한 끈의 길이의 합)
+(매듭으로 사용한 끈의 길이)
$=162+17=$ **179 (cm)**

예제 5-1 25 cm 2개, 14 cm 2개, 15 cm 4개이므로 매듭 이외의 끈의 길이는
$25\times2+14\times2+15\times4$
$=50+28+60=138$ (cm)입니다.
여기에 매듭의 길이를 더해야 하므로 상자를 묶는 데 사용한 끈의 길이는 $138+22=$ **160 (cm)**입니다.

예제 5-2 해법 순서
① 12 cm, 8 cm, ㉮인 부분이 몇 개인지 구합니다.
② 12 cm와 8 cm인 끈의 길이와 매듭의 길이의 합을 구합니다.
③ 전체 끈의 길이에서 ②에서 구한 길이를 빼어 ㉮의 길이를 구합니다.
12 cm 2개, 8 cm 4개, ㉮ 2개이므로 12 cm, 8 cm인 끈의 길이와 매듭의 길이의 합은
$12\times2+8\times4+17=73$ (cm)이고,
㉮ 2개의 길이는 $93-73=20$ (cm)입니다.
따라서 ㉮의 길이는 $20\div2=$ **10 (cm)**입니다.

응용 6 생각 열기 정육면체에서 각각의 선은 어떤 꼭짓점끼리 이은 것인지 확인합니다.
(1) 선은 점 ㄱ과 점 ㄷ, 점 ㄷ과 점 ㅂ, 점 ㄹ과 점 ㅅ을 이은 것입니다.
(2) 면 ㄱㄴㄷㄹ과 만나는 면부터 꼭짓점을 찾아봅니다.

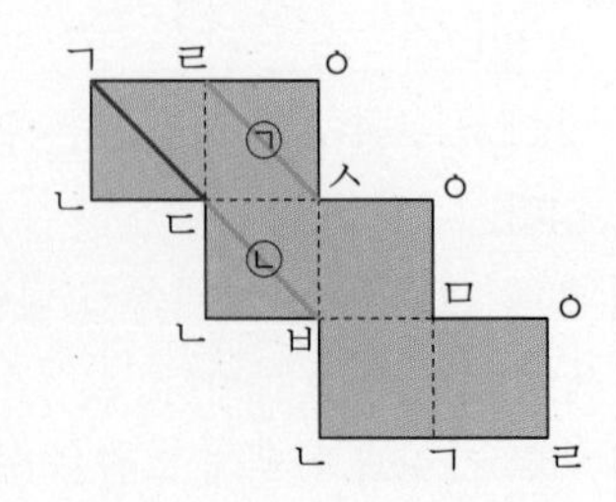

면 ㄱㄴㄷㄹ과 만나는 면 중에서 선분 ㄹㄷ을 한 모서리로 갖는 면은 면 ㄹㄷㅅㅇ이므로 ㉠의 두 꼭짓점은 ㅇ, ㅅ이 됩니다.
면 ㄹㄷㅅㅇ과 만나는 면 중에서 선분 ㄷㅅ을 한 모서리로 갖는 면은 면 ㄴㅂㅅㄷ이므로 ㉡의 두 꼭짓점은 ㄴ ㅂ이 됩니다.
위 방법과 서로 만나는 꼭짓점을 이용하여 전개도의 꼭짓점을 모두 찾아보면 위와 같습니다.
(3) 전개도에 점 ㄱ과 점 ㄷ, 점 ㄷ과 점 ㅂ, 점 ㄹ과 점 ㅅ을 이어 선이 지나간 자리를 그립니다.

주의
점 ㄱ과 점 ㄷ, 점 ㄷ과 점 ㅂ, 점 ㄹ과 점 ㅅ을 이을 때에는 한 면에 있는 것끼리 이어야 합니다.

예제 6-1 전개도에 정육면체의 꼭짓점의 위치를 표시합니다.

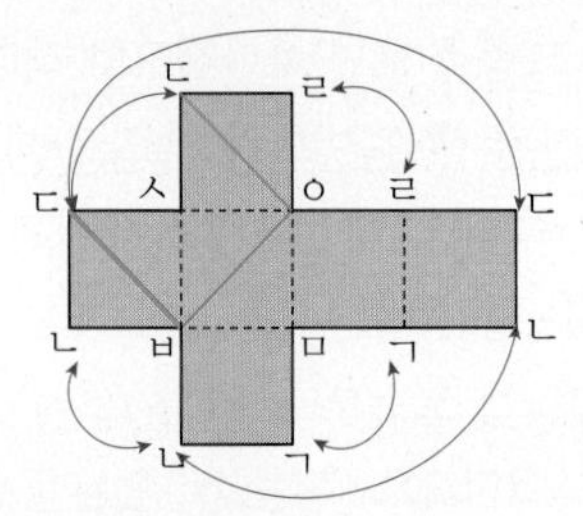

정육면체에 그은 선은 점 ㄷ, 점 ㅂ, 점 ㅇ, 점 ㄷ을 차례로 이은 것입니다.
따라서 전개도에서 각 점의 위치를 찾고, 선이 지나간 자리를 그립니다.

예제 6-2 전개도에 직육면체의 꼭짓점의 위치를 표시합니다.

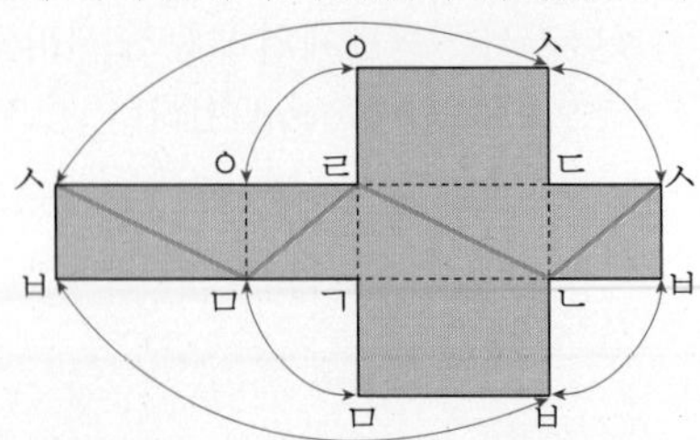

정육면체에서 그은 선은 점 ㄹ, 점 ㄴ, 점 ㅅ, 점 ㅁ, 점 ㄹ을 차례로 이은 것입니다.
따라서 전개도에서 각 점의 위치를 찾고, 선이 지나간 자리를 그립니다.

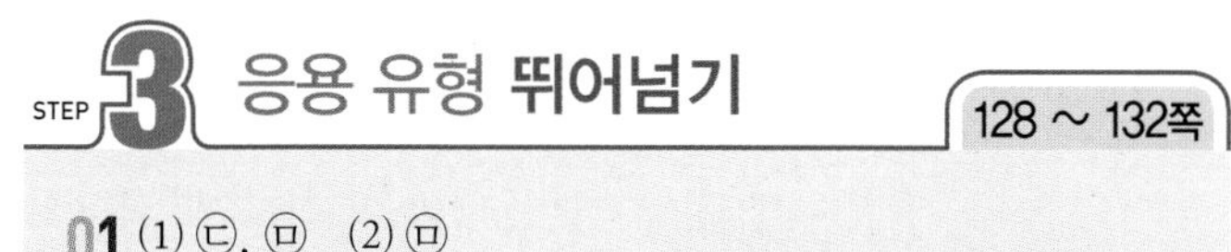

01 (1) ㉢, ㉤ (2) ㉤

02

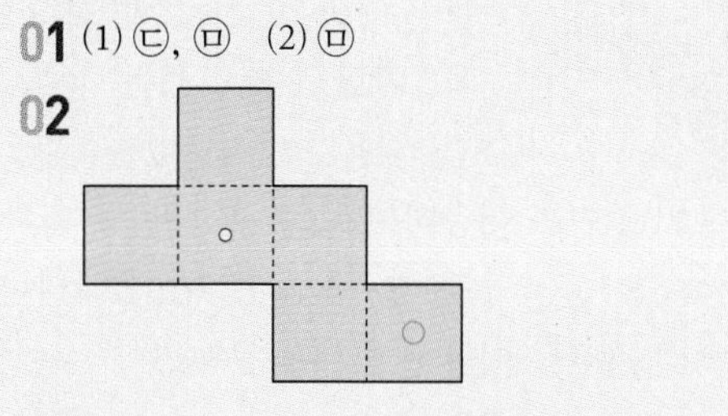

03 112 cm

04 7

05

06 예 면 ㉠과 면 ㉢은 평행하므로 면 ㉠과 면 ㉢의 눈의 수의 합은 7입니다. 면 ㉡은 눈의 수가 5인 면과 평행하므로 면 ㉡의 눈의 수는 2입니다.
⇨ $7-2=5$; 5

07 ㉮, ㉯, ㉰, ㉴

08 예 4, 3, 2의 최소공배수가 12이므로 한 모서리의 길이가 12 cm인 정육면체를 만들면 됩니다.
따라서 직육면체를 $12\div4=3$(개)씩, $12\div3=4$(줄)로 $12\div2=6$(층)을 쌓아야 하므로
$3\times4\times6=72$(개) 필요합니다. ; 72개

09 2가지

10 예 전개도의 둘레가 가장 짧은 경우는 가장 긴 모서리가 가장 적게 잘리고 가장 짧은 모서리가 가장 많이 잘리는 경우입니다.

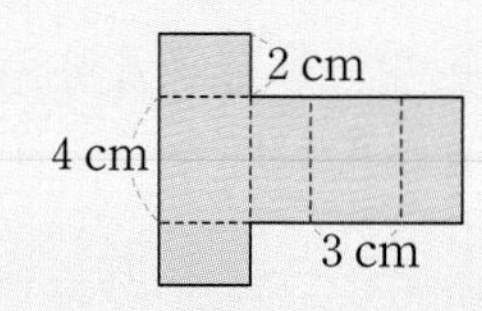

⇨ $4\times2+2\times8+3\times4=36$ (cm)
; 36 cm

11 176 cm

12 18

13 80 cm

14 20개

01 (1) 직사각형 6개로 둘러싸인 도형을 찾습니다.
(2) 정사각형 6개로 둘러싸인 도형을 찾습니다.

주의
정육면체도 직육면체라고 할 수 있으므로 직육면체를 찾을 때에는 정육면체도 함께 찾습니다.

02 생각 열기 전개도에서 구멍이 뚫린 면과 평행한 면을 찾습니다.

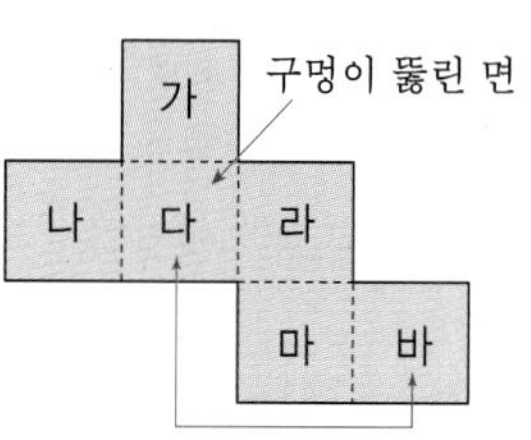

오른쪽 전개도에서 면 나는 면 라와 평행합니다. 면 마는 면 나, 면 다, 면 라, 면 바와 만나는 선분이 있으므로 면 가와 평행합니다. 면 나와 면 라, 면 마와 면 가가 서로 평행하므로 면 다는 면 바와 평행합니다.

03 생각 열기 직육면체에는 길이가 같은 모서리가 4개씩 3묶음 있고 정육면체는 모서리의 길이가 모두 같습니다.
(사용한 철사의 길이)
$=(15+17+10)\times4=42\times4=168$ (cm)
(정육면체의 한 모서리의 길이)$=168\div12=14$ (cm)
⇨ (정육면체의 두 면을 만드는 데 사용한 철사의 길이)
$=(14\times4)\times2=56\times2=$ **112 (cm)**

04 생각 열기 길이가 5 cm, 4 cm, □ cm인 모서리가 보이지 않는 모서리입니다.
보이지 않는 모서리는 5 cm짜리 1개, 4 cm짜리 1개, □ cm짜리 1개이므로 $5+4+□=16$입니다.
⇨ $□=16-5-4=$ **7**

05 휴지 상자의 두 면에 초록색 테이프를 붙였으므로 전개도에 초록색인 부분과 만나는 선분을 찾아 색칠합니다.

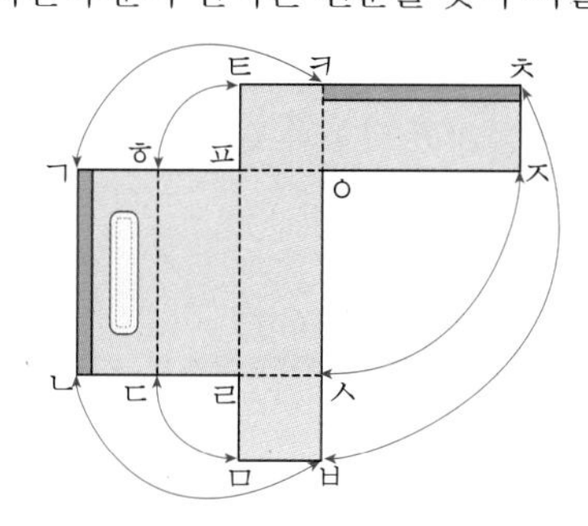

점 ㄱ ↔ 점 ㅋ, 점 ㄴ ↔ 점 ㅂ ↔ 점 ㅊ
⇨ 선분 ㄱㄴ ↔ 선분 ㅋㅊ

06 해법 순서
① 면 ㉠과 면 ㉢이 평행함을 알아야 합니다.
② 면 ㉡과 평행한 면을 찾습니다.

서술형 가이드 주사위의 전개도에서 각 면과 평행한 면을 찾는 풀이 과정이 들어 있어야 합니다.

채점 기준

상	면 ㉠과 면 ㉢이 평행하고 면 ㉡과 평행한 면을 찾아 답을 바르게 구함.
중	면 ㉠과 면 ㉢이 평행하고 면 ㉡과 평행한 면을 찾았지만 답이 틀림.
하	풀이 과정을 쓰지 못하고 답도 틀림.

07 생각 열기 각각의 위치를 다른 한 면으로 두고 전개도를 접었을 때 정육면체를 만들 수 있는지 생각합니다.

㉣, ㉤, ㉥, ㉦를 한 면의 위치로 정하면 접었을 때 두 면이 겹치므로 나머지 한 면의 위치로 될 수 있는 곳은 ㉮, ㉯, ㉰, ㉳입니다.

08 해법 순서

① 4, 3, 2의 최소공배수를 구합니다.

② 구한 최소공배수로 각 모서리에 쌓아야 할 개수를 구합니다.

서술형 가이드 각 모서리의 길이의 최소공배수를 구한 후 각 모서리에 쌓아야 할 개수를 구하는 풀이 과정이 들어 있어야 합니다.

채점 기준

상	주어진 모서리의 최소공배수를 구한 후 직육면체의 가로, 세로, 높이에 각각 몇 개씩 놓아야 하는지 알고 답을 바르게 구함.
중	주어진 모서리의 최소공배수를 구한 후 직육면체의 가로, 세로, 높이에 각각 몇 개씩 놓아야 하는지 알지만 답이 틀림.
하	풀이 과정을 쓰지 못하고 답도 틀림.

09 생각 열기 직육면체는 길이가 같은 모서리가 4개씩 3쌍 있음을 이용합니다.

㉠, ㉡, ㉢을 각각 2장씩 이어 붙이면 다음과 같은 직육면체가 됩니다.

⇨ 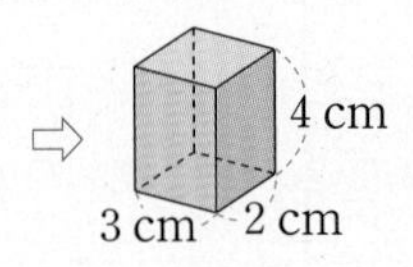

㉢, ㉤, ㉥을 각각 2장씩 이어 붙이면 다음과 같은 직육면체가 됩니다.

⇨ 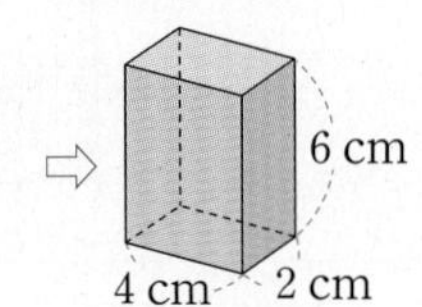

⇨ **2가지**

10 해법 순서

① 전개도의 둘레가 가장 짧은 경우를 이해합니다.

② 전개도의 둘레가 가장 짧은 경우의 전개도를 그려 둘레를 구합니다.

서술형 가이드 전개도의 둘레가 가장 짧은 경우를 이해하고 전개도를 그려 둘레를 구합니다.

채점 기준

상	전개도의 둘레가 가장 짧은 경우를 알고 답을 바르게 구함.
중	전개도의 둘레가 가장 짧은 경우를 알지만 계산 과정에서 실수하여 답이 틀림.
하	풀이 과정을 쓰지 못하고 답도 틀림.

11 생각 열기 테이프가 각 면을 몇 번 지나갔는지 알아봅니다.

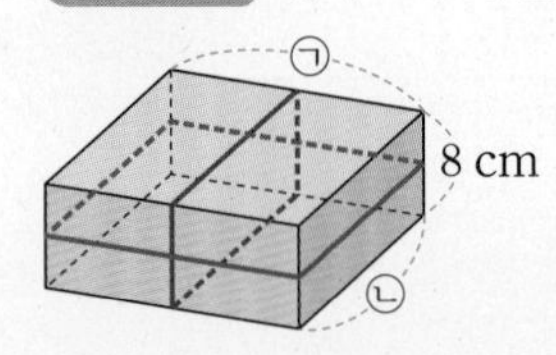

빨간색 테이프는 8 cm인 부분을 2번, ㉡을 2번 지나갔고, 파란색 테이프는 ㉠을 2번, ㉡을 2번 지나갔습니다.

빨간색 테이프의 길이를 이용하여 ㉡을 구하면

$(㉡+8)\times 2=48$, $㉡=48\div 2-8=16$ (cm)입니다.

파란색 테이프의 길이를 이용하여 ㉠을 구하면

$(㉠+16)\times 2=72$, $㉠=72\div 2-16=20$ (cm)입니다.

따라서 직육면체의 모든 모서리 길이의 합은

$(8+16+20)\times 4=$**176 (cm)**입니다.

12 해법 순서

① 주사위 1개의 눈의 수의 합을 구해 봅니다.

② 주사위 2개의 눈의 수의 합을 구해 봅니다.

③ ②에서 구한 값에서 그림에서 보이는 면의 눈의 수의 합을 뺍니다.

(주사위 1개의 눈의 수의 합)

$=1+2+3+4+5+6=21$

(주사위 2개의 눈의 수의 합)$=21\times 2=42$

(그림에서 보이는 면의 눈의 수의 합)

$=3+6+5+6+4=24$

⇨ (그림에서 보이지 않는 면의 눈의 수의 합)

$=42-24=$**18**

13

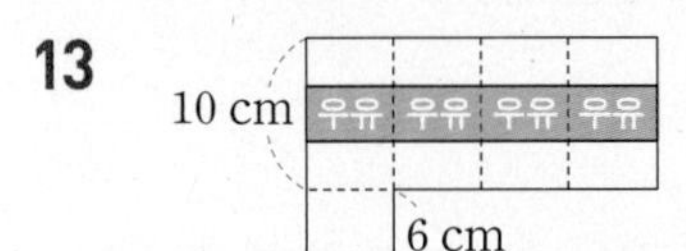

전개도의 둘레가 가장 짧게 되도록 4개의 모서리를 자르려면 길이가 10 cm인 모서리 1개와 길이가 6 cm인 모서리 3개를 잘라야 합니다. 따라서 펼친 우유갑의 둘레는 $6\times 10+10\times 2=$**80 (cm)**입니다.

주의

우유갑의 전개도에서 직사각형의 수는 5개입니다.

14 해법 순서

① 두 면에만 색칠된 정육면체는 윗줄, 중간줄, 아랫줄에 각각 몇 개씩 있는지 세어 봅니다.

② ①에서 구한 값을 모두 더합니다.

두 면에만 색칠된 정육면체는 윗줄에 8개, 중간줄에 4개, 아랫줄에 8개가 있습니다.

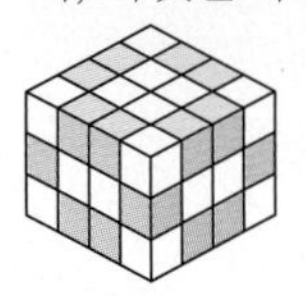

⇨ $8+4+8=$**20**(개)

실력평가 133 ~ 135쪽

01

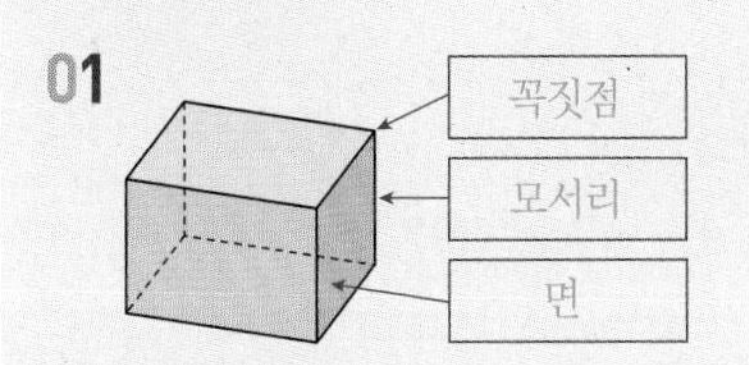

02 직사각형

03

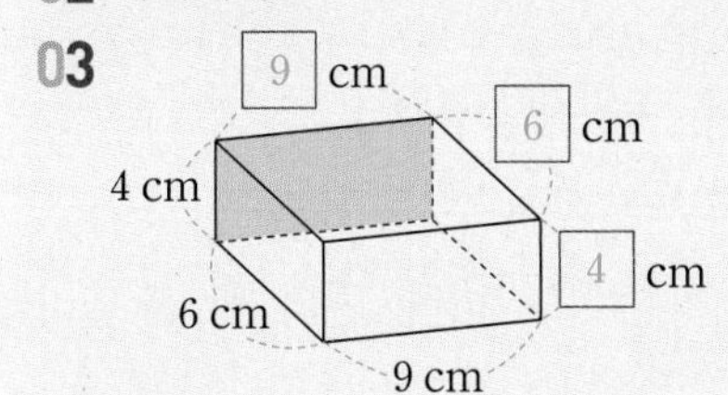

04 26 cm

05

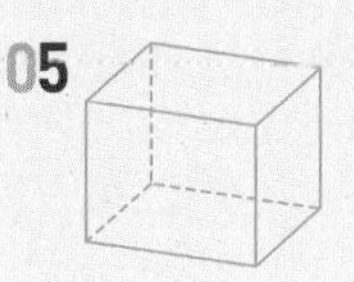

06 면 ㄹㄷㅅㅇ

07 면 ㄱㄴㅂㅁ, 면 ㅂㄴㄷㅅ, 면 ㄹㄷㅅㅇ, 면 ㅁㄱㄹㅇ

08 **공통점** 예 면의 수, 모서리의 수, 꼭짓점의 수가 각각 같습니다.

차이점 예 면의 모양, 크기가 같은 면의 수, 길이가 같은 모서리의 수가 다릅니다.

09 18 cm

10 예

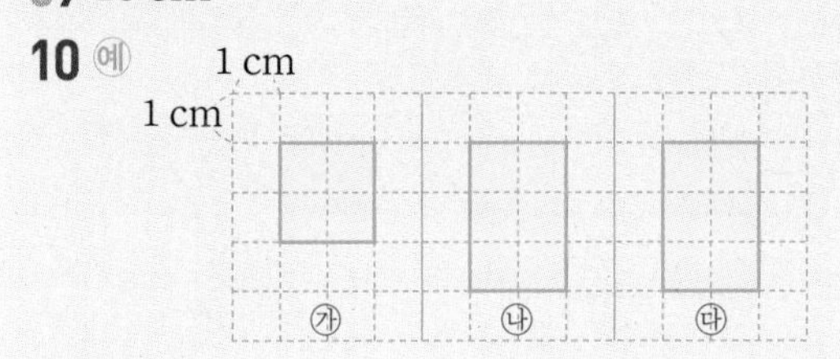

11 ㉠, ㉣

12 ㉠, ㉢, ㉡, ㉣

13 ㉢

14 예 전개도를 접었을 때 겹치는 선분끼리는 길이가 같아야 합니다. ㉢은 겹치는 선분의 길이가 같지 않습니다.

15 예 $(16+6+\square)\times 4=120$, $22+\square=120\div 4$, $\square=30-22$, $\square=8$; 8

16

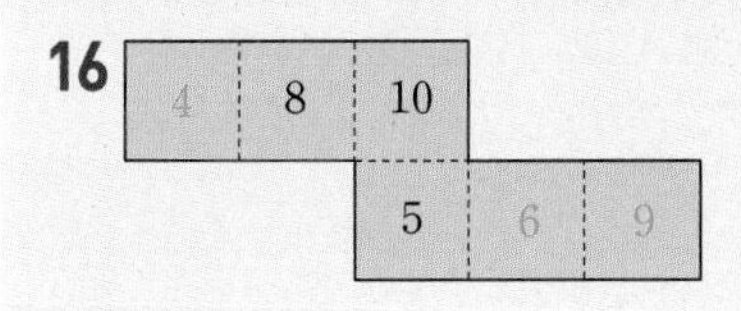

17 246 cm

18 **19**

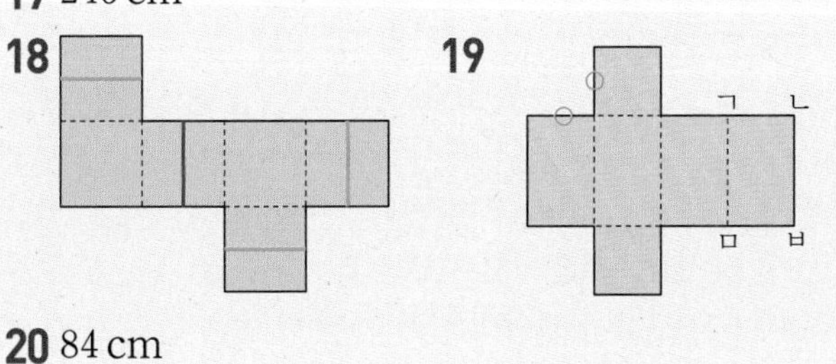

20 84 cm

01 직육면체에서 선분으로 둘러싸인 부분을 **면**이라 하고, 면과 면이 만나는 선분을 **모서리**라고 합니다. 또 모서리와 모서리가 만나는 점은 **꼭짓점**이라고 합니다.

02 직육면체의 면 6개는 모두 직사각형입니다.

참고 직육면체는 직사각형 6개로 둘러싸인 도형입니다.

03 생각 열기 직육면체에서 서로 마주 보는 모서리의 길이는 같습니다.

직육면체에서 평행한 모서리끼리는 길이가 같습니다.

04 색칠된 면은 가로가 9 cm, 세로가 4 cm인 직사각형이 입니다.

⇨ (둘레) $=9+4+9+4=$ **26 (cm)**

05 직육면체의 겨냥도를 그릴 때에는 보이는 모서리는 실선으로, 보이지 않는 모서리는 점선으로 그립니다.

참고 직육면체의 겨냥도는 직육면체 모양을 잘 알 수 있도록 나타낸 그림입니다.

06 면 ㄱㄴㅂㅁ과 마주 보는 면은 **면 ㄹㄷㅅㅇ**입니다.

참고 직육면체에는 평행한 면이 3쌍 있고 이 평행한 면은 각각 밑면이 될 수 있습니다.

07 생각 열기 직육면체에서 한 면과 수직인 면은 그 면과 평행한 면을 제외한 나머지 4개의 면입니다.

다음 그림에서 면 ㄱㄴㄷㄹ과 평행한 면은 면 ㅁㅂㅅㅇ이므로 면 ㅁㅂㅅㅇ을 제외한 **면 ㄱㄴㅂㅁ, 면 ㅂㄴㄷㅅ, 면 ㄹㄷㅅㅇ, 면 ㅁㄱㄹㅇ**입니다.

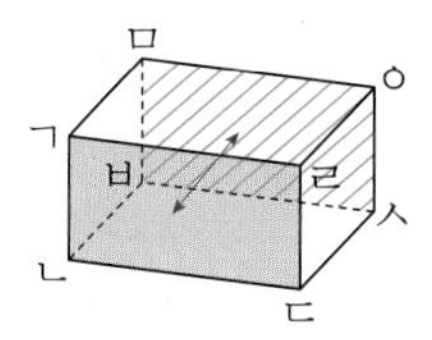

08 서술형 가이드 직육면체와 정육면체의 여러 가지 구성 요소 중에서 공통점과 차이점을 찾아 구분하여 바르게 설명했는지 확인합니다.

채점 기준

상	공통점과 차이점을 모두 바르게 씀.
중	공통점과 차이점 중 한 가지만 바르게 씀.
하	공통점과 차이점을 모두 쓰지 못함.

09 직육면체의 겨냥도에서 보이지 않는 모서리 3개는 각각 5 cm, 7 cm, 6 cm이므로 세 모서리 길이의 합은 $5+6+7=\mathbf{18}$ **(cm)**입니다.

참고
직육면체의 겨냥도에서 보이는 모서리는 9개입니다.

10 직육면체를 ㉮, ㉯, ㉰ 방향에서 본 모양은 모두 직사각형입니다.

11 ㉠ 정육면체의 면은 모두 정사각형입니다.
㉣ 한 모서리에서 만나는 두 면은 서로 수직입니다.

참고
정육면체는 정사각형 6개로 둘러싸인 도형입니다.

12 ㉠ 9개 ㉡ 3개 ㉢ 7개 ㉣ 1개
⇨ 9(㉠) > 7(㉢) > 3(㉡) > 1(㉣)

13 ㉢을 접었을 때 겹치는 선분의 길이가 다르므로 직육면체가 만들어지지 않습니다.

참고
바른 직육면체의 전개도는 모양과 크기가 같은 면이 3쌍 있고, 접었을 때 겹치는 선분끼리는 길이가 같아야 합니다. 또한 전개도를 접었을 때 서로 평행한 면은 모양과 크기가 같습니다.

14 서술형 가이드 겹치는 선분의 길이가 다르다는 표현이 들어 있어야 합니다.

채점 기준

상	직육면체의 전개도를 이해하여 이유를 바르게 씀.
중	직육면체의 전개도를 이해하여 이유는 썼지만 미흡함.
하	직육면체의 전개도를 이해하지 못하여 이유를 쓰지 못함.

15 서술형 가이드 16 cm, 6 cm, □ cm인 모서리 길이의 합의 4배가 모든 모서리 길이의 합임을 이용한 풀이 과정이 들어 있어야 합니다.

채점 기준

상	길이가 16 cm, 6 cm, □ cm인 모서리 길이의 합의 4배가 120 cm임을 이용하여 답을 바르게 구함.
중	길이가 16 cm, 6 cm, □ cm인 모서리 길이의 합의 4배가 120 cm임을 이용했지만 계산 과정에서 실수하여 답이 틀림.
하	길이가 16 cm, 6 cm, □ cm인 모서리 길이의 합의 4배가 120 cm임을 알지 못하여 답을 구하지 못함.

16 정육면체의 전개도에서 서로 평행한 면을 찾으면 다음과 같습니다.

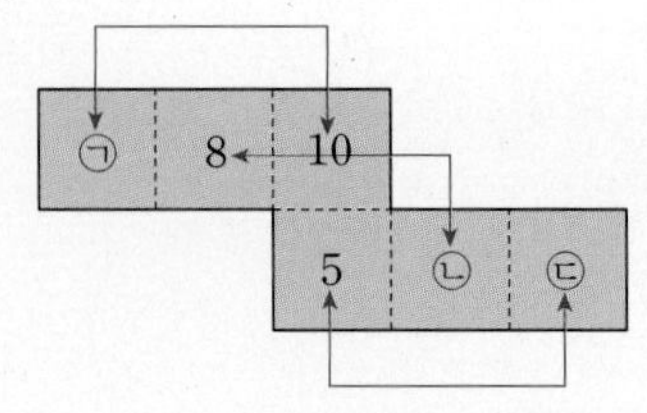

따라서 8의 면과 마주 보는 면인 ㉡은 6입니다.
10의 면과 마주 보는 면인 ㉠은 4입니다.
5의 면과 마주 보는 면인 ㉢은 9입니다.

17 생각 열기 각 모서리 길이와 평행한 끈의 개수를 알아봅니다.
33 cm인 부분 2개, 30 cm인 부분 2개, 25 cm인 부분 4개이므로 매듭 이외의 끈의 길이는
$33\times2+30\times2+25\times4$
$=66+60+100=226$ (cm)입니다.
여기에 매듭의 길이를 더해야 하므로 상자를 묶는 데 사용한 끈의 길이는 $226+20=\mathbf{246}$ **(cm)**입니다.

18 생각 열기 전개도에서 서로 만나는 점을 생각해 봅니다.
전개도에 정육면체의 꼭짓점의 위치를 찾아 표시한 후 선을 긋습니다.

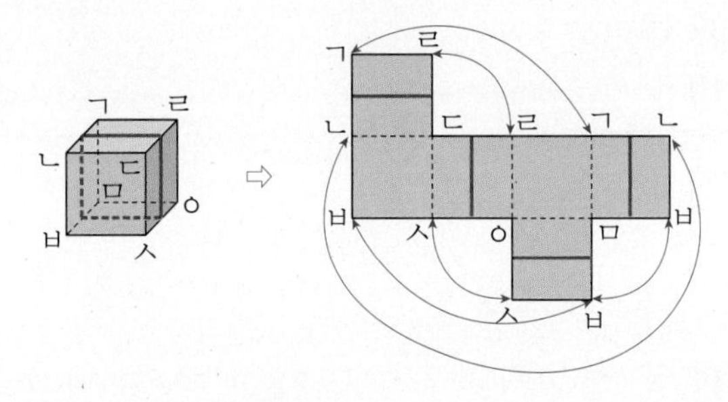

19 전개도에 직육면체의 꼭짓점의 위치를 찾아 표시한 후 선분 ㄴㄷ을 찾습니다.

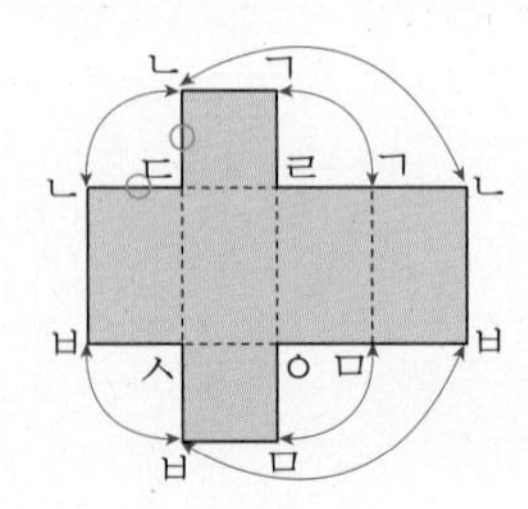

20

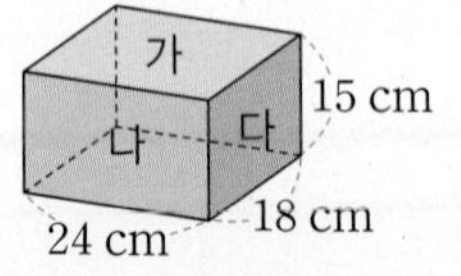

면 가: $(24+18)\times2=42\times2=84$ (cm)
면 나: $(24+15)\times2=39\times2=78$ (cm)
면 다: $(18+15)\times2=33\times2=66$ (cm)
따라서 모서리 길이의 합이 가장 긴 면은 면 가로 모서리 길이의 합은 **84 cm**입니다.

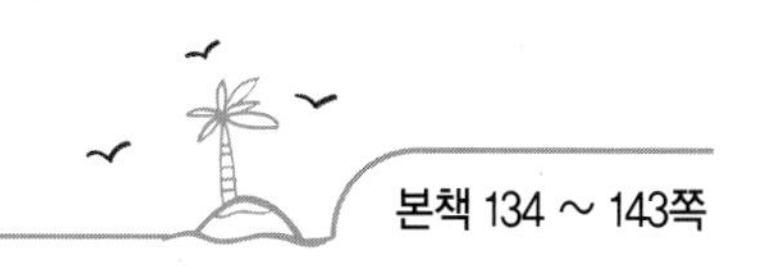

6 평균과 가능성

STEP 1 기본 유형 익히기

142 ~ 145쪽

1-1 25장 **1-2** 5장
1-3 101번 **1-4** 정훈, 영주
2-1 40, 20 ; 18, 22, 16, 20
2-2 예 첫째 주와 둘째 주의 기록을 비교하면 둘째 주 120에서 10을 100에 주면 도윤이의 평균 타자 기록은 110타가 됩니다. 셋째 주와 넷째 주도 같으므로 평균 타자 기록은 110타가 됩니다.
2-3 90점
2-4 예 (위부터) 80, 100, 100, 380 ; 90, 100, 90, 380
3-1 슬기네 학교 **3-2** 소라네 모둠, 1 cm
3-3 15일
3-4 예 35+31+40+27+15+□가 30×6과 같거나 커야 합니다. 148+□=180, □=32이므로 마지막에 32와 같거나 더 많이 넘어야 합니다. 따라서 마지막에 최소 32번 넘어야 합니다. ; 32번
4-1 예 불가능하다에 ○표
4-2
4-3 예 ① 1월 1일 다음 날이 1월 2일일 가능성
② 흰색 공만 들어 있는 주머니에서 흰색 공을 꺼낼 가능성
4-4 ㉡
5-1 ㉡, ㉣, ㉢, ㉠, ㉤ **5-2** ②
5-3
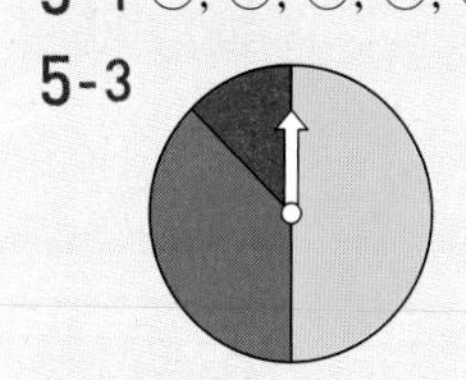
6-1 (1) 0 (2) 1
6-2
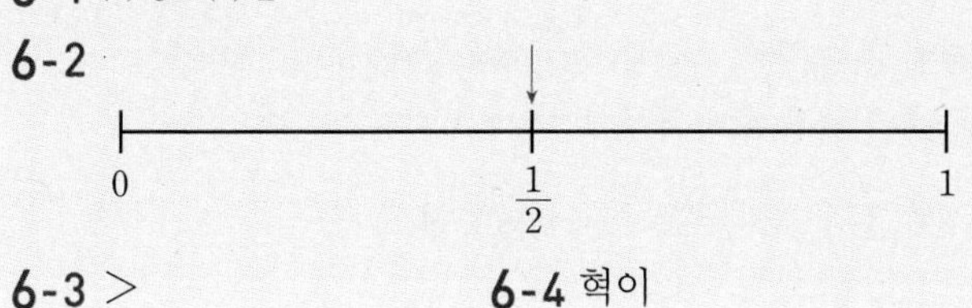

6-3 > **6-4** 혁이

1-1 5+7+4+5+4=**25(장)**

1-2 생각 열기 (요일별 받는 칭찬 붙임딱지 수의 평균)
=(5일 동안 받은 칭찬 붙임딱지 수의 총합)÷5
(평균)=25÷5=**5(장)**

참고
(평균)=(자료의 값을 모두 더한 수)÷(자료의 수)

1-3 (평균)=(94+102+110+98)÷4=404÷4
=**101(번)**

1-4 생각 열기 등교하는 데 걸리는 시간의 평균을 구합니다.
(평균)=(20+25+30+22+13)÷5=110÷5
=22(분)
따라서 등교하는 데 걸린 시간이 평균보다 더 긴 학생은 **정훈, 영주**입니다.

2-1 방법 1 은 합이 40이 되도록 기록을 두 개씩 묶어 평균을 구하는 방법입니다.

2-2 서술형 가이드 도윤이의 타자 기록의 평균을 예상한 후 자료를 고르게 하여 평균을 구하는 방법이 들어 있어야 합니다.

채점 기준

상	도윤이의 타자 기록의 평균을 예상한 후 타자 기록의 평균을 바르게 구함.
중	도윤이의 타자 기록의 평균을 바르게 구했으나 설명이 부족함.
하	도윤이의 타자 기록의 평균을 예상하지 못해 타자 기록의 평균을 구하지 못함.

2-3 (평균)=(90+80+100+90)÷4=360÷4
=**90(점)**

2-4 다음 시험에서 평균을 5점 올리기 위해서는 총점이 5×4=20(점) 높아져야 합니다.

3-1 생각 열기 학생 1명이 사용하는 운동장 넓이의 평균을 비교합니다.
해법 순서
① 학생 1명이 사용하는 운동장 넓이의 평균을 각 학교마다 구합니다.
② ①에서 구한 평균을 비교합니다.
학생 1명이 사용하는 운동장 넓이의 평균은
선혜네 학교가 9360÷780=12 (m^2),
슬기네 학교가 8970÷690=13 (m^2)입니다.
⇨ 12 m^2 < 13 m^2이므로 **슬기네 학교**가 더 넓게 사용하고 있습니다.

3-2 해법 순서
① 소라네 모둠의 키의 평균을 구합니다.
② 영재네 모둠의 키의 평균을 구합니다.
③ ①과 ②를 비교하여 키의 평균의 차를 구합니다.
(소라네 모둠의 키의 평균)
$=(147+150+141+146)\div4=584\div4$
$=146$ (cm)
(영재네 모둠의 키의 평균)
$=(160+140+135)\div3=435\div3=145$ (cm)
⇨ **소라네 모둠**의 키의 평균이 $146-145=$ **1 (cm)** 더 큽니다.

3-3 10시간 45분$=$600분$+$45분$=$645분
인터넷을 한 날수를 □일이라 하면
$645\div□=43$, $□=645\div43=$ **15**입니다.

3-4 서술형 가이드 평균을 이용하여 전체 횟수에서 나머지 수를 빼어 구하는 내용이 풀이 과정에 들어 있어야 합니다.

채점 기준

상	평균을 이용하여 전체 횟수를 구한 후 답을 바르게 구함.
중	평균을 이용하여 전체 횟수를 구했지만 답이 틀림.
하	풀이 과정을 쓰지 못하고 답도 틀림.

4-1 생각 열기 눈은 기온이 언제일 때 내리는지 생각해 봅니다.
8월에 우리나라는 기온이 높으므로 눈이 올 가능성이 없습니다.

4-2
- 해가 동쪽에서 뜨는 것은 '확실하다'입니다.
- 10원짜리 동전은 그림 면과 숫자 면으로 되어 있으므로 그림 면이 나올 가능성은 '반반이다'입니다.
- 고래가 땅을 걸어다니는 것은 '불가능하다'입니다.

4-3 서술형 가이드 실생활에서 일이 일어날 가능성이 '확실하다'인 경우를 2가지 써야 합니다.

채점 기준

상	일이 일어날 가능성이 '확실하다'인 경우 2가지를 바르게 씀.
중	일이 일어날 가능성이 '확실하다'인 경우 1가지만 씀.
하	일이 일어날 가능성이 '확실하다'인 경우를 쓰지 못함.

4-4 ㉠ 일주일 안에 눈이 올 가능성은 확실하지 않습니다.

5-1 초록색 부분이 넓을수록 초록색에 멈출 가능성이 높습니다.

5-2 ① 해가 동쪽에서 뜰 가능성은 확실합니다.
② 2장의 수 카드 중에서 1을 뽑을 가능성은 반반입니다.
③ 대한민국은 날씨가 사계절이므로 여름이 안 올 가능성은 불가능합니다.
④ 고양이의 다리는 4개이므로 2개일 가능성은 불가능합니다.

5-3 생각 열기 회전판을 차지하는 부분이 넓을수록 화살이 멈출 가능성이 더 높습니다.
화살이 노란색에 멈출 가능성이 가장 높기 때문에 회전판에서 가장 넓은 곳에 노란색을 색칠하면 됩니다. 화살이 파란색에 멈출 가능성이 빨간색에 멈출 가능성의 2배이므로 가장 좁은 부분에 빨간색을 색칠하고, 빨간색을 색칠한 부분보다 넓이가 3배 넓은 부분에 파란색을 색칠하면 됩니다.

6-1 (1) 흰색 공을 꺼내는 것은 불가능하므로 가능성을 수로 표현하면 **0**입니다.
(2) 검은색 공을 꺼내는 것은 확실하므로 가능성을 수로 표현하면 **1**입니다.

6-2 노란색은 회전판 4칸 중 2칸이므로 노란색을 맞힐 가능성은 $\mathbf{\frac{1}{2}}$입니다.

6-3 왼쪽 상자: 1, 오른쪽 상자: $\frac{1}{2}$ ⇨ $1>\frac{1}{2}$

6-4 **혁이**: $\frac{1}{2}$, 보라, 동수: 0

STEP 2 응용 유형 익히기 146 ~ 151쪽

응용 **1** 진호, 수진
예제 **1-1** 금요일, 토요일, 일요일
예제 **1-2** 많이 읽은 편입니다.
응용 **2** 93점
예제 **2-1** 수학, 20점 예제 **2-2** 95점, 80점
응용 **3** 검은색 바둑돌
예제 **3-1** 유리구슬 예제 **3-2** $\frac{1}{2}$
응용 **4** 87번
예제 **4-1** 50번 예제 **4-2** 4명
응용 **5** ㉡, ㉠, ㉢
예제 **5-1** ㉢, ㉠, ㉡ 예제 **5-2** 1
응용 **6** 42 kg
예제 **6-1** 151 cm 예제 **6-2** 34분
예제 **6-3** 65점, 90점

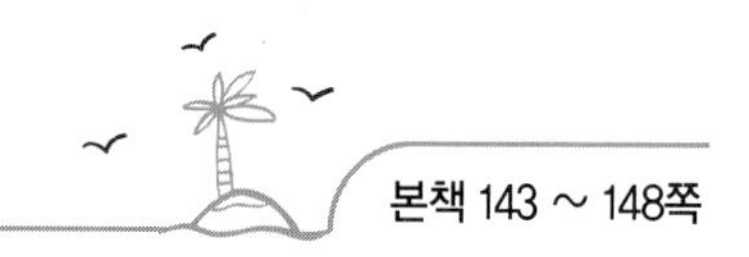

응용 **1** 생각 열기 전체 평균을 구한 후 평균과 비교합니다.

(1) $25+29+18+16+21+17=126$(장)

(2) $126\div6=21$(장)

(3) 붙임딱지를 평균보다 많이 가지고 있는 학생은 **진호, 수진**입니다.

예제 **1-1** 해법 순서

① 일주일 동안 입장객 수를 구합니다.

② 입장객 수의 평균을 구합니다.

③ ②에서 구한 값과 비교합니다.

(일주일 동안 입장객 수)

$=95+80+112+110+128+158+206$

$=889$(명)

(입장객 수의 평균)$=889\div7=127$(명)

따라서 입장객 수가 평균보다 많은 요일은 **금요일, 토요일, 일요일**입니다.

예제 **1-2** 생각 열기 철화네 반 학생들이 한 달 동안 읽은 책의 평균을 구해 비교합니다.

해법 순서

① 철화네 반 학생 28명이 한 달 동안 읽은 책의 수를 구합니다.

② 읽은 책의 평균을 구합니다.

③ 철화가 읽은 책의 수가 ②에서 구한 평균보다 많은지 적은지 비교합니다.

(철화네 반 학생 28명이 한 달 동안 읽은 책의 수)

$=60+54+76+58+60+28=336$(권)

(읽은 책의 평균)$=336\div28=12$(권)

따라서 평균이 12권이고 철화는 13권 읽었으므로 철화는 반에서 책을 평균보다 **많이 읽은 편**입니다.

응용 **2** 생각 열기 5회까지의 평균을 구한 후 평균을 더 올리기 위한 점수를 구합니다.

(1) $(85+72+90+88+70)\div5=405\div5$
$=81$(점)

(2) $2\times6=12$(점)

(3) $81+12=$**93(점)**

예제 **2-1** 해법 순서

① 5과목의 점수의 평균을 구합니다.

② 평균을 4점 올리기 위해서는 총점이 몇 점 높아져야 하는지 구합니다.

③ 어떤 과목의 점수를 몇 점 올려야 하는지 구합니다.

(평균)$=(95+70+85+90+85)\div5=425\div5$
$=85$(점)

평균을 4점 올리기 위해서는 총점이 $4\times5=20$(점) 높아져야 하므로 점수가 가장 낮은 과목인 **수학**을 **20점** 올려야 합니다.

예제 **2-2** 해법 순서

① 4단원과 5단원의 점수의 합을 구합니다.

② 4단원과 5단원 점수를 각각 구합니다.

(4단원과 5단원의 점수의 합)

$=90\times5-(100+80+95)$

$=450-275=175$(점)

$$\begin{array}{r} 9\square \\ +\triangle\,0 \\ \hline 175 \end{array}$$

• $\square+0=5,\ \square=5$

• $9+\triangle=17,\ \triangle=8$

따라서 4단원은 **95점**, 5단원은 **80점**입니다.

응용 **3** 생각 열기 두 사람이 바둑돌을 꺼내고 남은 바둑돌의 수로 가능성을 구합니다.

(1) 검은색 바둑돌만 4개 남아 있습니다.

(2) 흰색 바둑돌이 나올 가능성은 0, 검은색 바둑돌이 나올 가능성은 1입니다.

(3) $0<1$이므로 검은색 바둑돌이 나올 가능성이 더 큽니다.

예제 **3-1** 해법 순서

① 현진이와 민정이가 구슬을 꺼낸 후 상자 안에 남아 있는 구슬을 구합니다.

② ①에서 구한 구슬의 종류와 개수를 비교하여 가능성을 구합니다.

현진이와 민정이가 구슬을 꺼낸 후 상자 안에는 유리구슬만 3개 남았습니다. 진수가 구슬 한 개를 꺼낼 때 유리구슬이 나올 가능성은 1, 쇠구슬이 나올 가능성은 0입니다.

따라서 **유리구슬**이 나올 가능성이 더 큽니다.

예제 **3-2** 해법 순서

① 정수와 경호가 클립을 꺼낸 후 주머니 안에 남아 있는 클립을 구합니다.

② ①에서 구한 클립의 종류와 개수를 비교하여 가능성을 수로 표현합니다.

정수와 경호가 클립을 꺼낸 후 주머니 안에는 파란색 클립 1개, 초록색 클립 1개가 남았습니다.

정아가 클립 한 개를 꺼낼 때 파란색 클립이 나올 가능성은 $\frac{1}{2}$, 초록색 클립이 나올 가능성은 $\frac{1}{2}$입니다.

따라서 정아가 초록색 클립을 꺼낼 가능성은 $\mathbf{\frac{1}{2}}$입니다.

응용 4 생각 열기 찬수의 줄넘기 기록의 평균을 이용하여 영미의 줄넘기 기록을 구합니다.

(1) (찬수의 줄넘기 기록의 평균)
$=(56+88+42+62)\div4$
$=248\div4=62$(번)

(2) (영미의 줄넘기 기록의 합계)$=62\times5=310$(번)

(3) $310-(48+39+57+79)=310-223$
$=$**87(번)**

예제 4-1 생각 열기 두 사람의 윗몸 일으키기 기록의 평균이 같으므로 먼저 수정이의 윗몸 일으키기 평균을 구합니다.

해법 순서
① 수정이의 윗몸 일으키기 평균을 구합니다.
② 진호의 윗몸 일으키기 기록의 합을 구합니다.
③ 진호의 3회의 윗몸 일으키기 횟수를 구합니다.

(수정이의 윗몸 일으키기 기록의 평균)
$=(38+36+29+33)\div4=136\div4=34$(번)
(진호의 윗몸 일으키기 기록의 합)
$=34\times5=170$(번)
⇨ $170-(32+20+28+40)=170-120$
$=$**50(번)**

예제 4-2 생각 열기 두 모둠의 자전거를 탄 평균 시간이 같으므로 먼저 현지네 모둠의 평균을 구합니다.

해법 순서
① 현지네 모둠이 자전거를 탄 시간의 평균을 구합니다.
② 진우네 모둠이 자전거를 탄 시간의 합을 구합니다.
③ □를 구합니다.
④ 두 모둠에서 자전거를 1시간 이상 탄 학생 수를 구합니다.

(현지네 모둠이 자전거를 탄 시간의 평균)
$=(65+48+52+55+70)\div5=290\div5$
$=58$(분)
(진우네 모둠이 자전거를 탄 시간의 합)
$=58\times4=232$(분)
$\square=232-(45+50+75)=232-170=62$
따라서 두 모둠에서 자전거를 1시간 이상 탄 학생은 62분, 75분, 65분, 70분을 탄 학생으로 모두 **4명**입니다.

응용 5 생각 열기 각각의 일이 일어날 가능성을 수로 표현해 봅니다.

(1) ㉠: $\frac{1}{2}$, ㉡: 1, ㉢: 0

(2) $1>\frac{1}{2}>0$이므로 **㉡, ㉠, ㉢**입니다.

예제 5-1 해법 순서
① ㉠, ㉡, ㉢이 일어날 가능성을 각각 수로 표현합니다.
② 일이 일어날 가능성이 큰 순서대로 기호를 씁니다.

일이 일어날 가능성을 수로 표현하면
㉠: $\frac{1}{2}$, ㉡: 0, ㉢: 1입니다.
따라서 $1>\frac{1}{2}>0$이므로 **㉢, ㉠, ㉡**입니다.

예제 5-2 해법 순서
① 혁이, 보라, 동수가 말하는 일이 일어날 가능성을 각각 수로 표현합니다.
② 일이 일어날 가능성을 나타낸 수의 합을 구합니다.

혁이: 0, 보라: $\frac{1}{2}$, 동수: $\frac{1}{2}$
⇨ $0+\frac{1}{2}+\frac{1}{2}=$**1**

응용 6 생각 열기 두 사람의 몸무게의 합을 각각 구한 후 4명으로 나누어 몸무게의 평균을 구합니다.

(1) $40\times2=80$ (kg)
(2) $44\times2=88$ (kg)
(3) (평균)$=(80+88)\div4=168\div4=$**42 (kg)**

예제 6-1 해법 순서
① 남학생 3명의 키의 합을 구합니다.
② 여학생 3명의 키의 합을 구합니다.
③ 성은이네 모둠 학생들의 키의 평균을 구합니다.

(남학생 3명의 키의 합)$=156\times3$
$=468$ (cm)
(여학생 3명의 키의 합)$=146\times3$
$=438$ (cm)
⇨ (모둠 학생들의 평균 키)$=(468+438)\div6$
$=906\div6$
$=$**151 (cm)**

예제 6-2 해법 순서
① 반 학생들의 스마트폰 이용 시간의 합을 구합니다.
② 남학생들의 스마트폰 이용 시간의 합을 구합니다.
③ 여학생들의 하루 스마트폰 이용 시간의 평균을 구합니다.

(반 학생들의 스마트폰 이용 시간의 합)
$=40\times30=1200$(분)
(남학생들의 스마트폰 이용 시간의 합)
$=44\times18=792$(분)
⇨ (여학생들의 하루 스마트폰 이용 시간의 평균)
$=(1200-792)\div12=408\div12=$**34(분)**

예제 **6-3** 해법 순서

① 두 반의 전체 학생의 총점을 구합니다.

② ①에서 구한 총점을 이용하여 승우네 반의 평균을 구합니다.

③ 승우네 반의 평균을 이용하여 수진이네 반의 평균을 구합니다.

(두 반 전체 학생의 총점)

$=77\times(26+24)=77\times50$

$=3850$(점)

(승우네 반의 평균)

$=(3850-25\times24)\div50$

$=3250\div50=$**65(점)**

(수진이네 반의 평균)$=65+25$

$=$**90(점)**

STEP 3 응용 유형 **뛰어넘기**

152 ~ 156쪽

01 15 kg　　**02** 26명

03 예

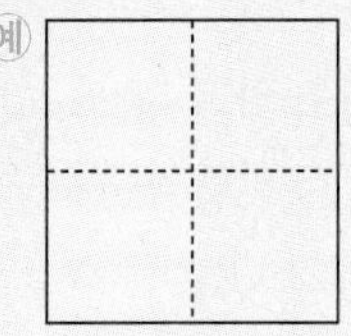

04 예 7일째 외운 영어 단어 수를 □개라 하면
(140+□)÷7=25, 140+□=25×7,
140+□=175, □=175−140=35입니다.
; 35개

05 ㉠, ㉡, ㉢　　**06** 1명

07 ㉢　　**08** 130 cm

09 예 (남학생의 몸무게의 합)$=45\times8=360$ (kg)
(여학생의 몸무게의 합)$=40\times12=480$ (kg)
(전체 학생의 몸무게의 평균)
$=(360+480)\div(8+12)=840\div20=42$ (kg)
; 42 kg

10 82점, 73점

11 예 첫 번째 모자: 0, 두 번째 모자: 1, 세 번째 모자: $\frac{1}{2}$
일이 일어날 가능성이 가장 큰 것은 1, 가장 작은 것은 0입니다.
⇨ $1-0=1$; 1

12 54 kg　　**13** 1점

14 88점

01 생각 열기 8개 바구니의 총합을 바구니의 수로 나눕니다.

(평균)$=120\div8=$**15 (kg)**

참고

(평균)=(자료의 값을 모두 더한 수)÷(자료의 수)

02 생각 열기 먼저 5학년 전체 학생 수를 구합니다.

해법 순서

① 5학년 전체 학생 수를 구합니다.

② ①에서 구한 수를 6으로 나눕니다.

(연우네 학교 5학년 전체 학생 수)

$=28+32+34+30+32=156$(명)

따라서 6개 반으로 늘린다면 한 반당 학생 수의 평균은 $156\div6=$**26(명)**입니다.

03 생각 열기 4칸 중의 반이 되려면 몇 칸을 색칠해야 하는지 생각해 봅니다.

정사각형의 반을 색칠해야 합니다.

04 해법 순서

① 7일째 외운 영어 단어 수를 □개라 하고 식을 세웁니다.

② 7일 동안의 평균을 이용하여 식을 세워 계산합니다.

서술형 가이드 7일째 외운 영어 단어 수를 □개라 놓고 평균을 이용하여 식을 세워 구하는 내용이 들어 있어야 합니다.

채점 기준

상	평균을 구한 식을 세워 7일째 외운 영어 단어 수를 바르게 구함.
중	평균을 구한 식을 썼지만 계산 과정에서 실수하여 답이 틀림.
하	풀이 과정을 쓰지 못하고 답도 틀림.

05 생각 열기 ㉠, ㉡, ㉢이 일어날 가능성을 각각 수로 표현해 봅니다.

해법 순서

① ㉠, ㉡, ㉢이 일어날 가능성을 각각 수로 표현합니다.

② 일이 일어날 가능성이 작은 순서대로 기호를 씁니다.

㉠: 0, ㉡: $\frac{1}{2}$, ㉢: 1

따라서 일이 일어날 가능성이 작은 순서대로 기호를 쓰면 **㉠, ㉡, ㉢**입니다.

06 해법 순서

① 5학년 전체 학생 수를 구합니다.
② 5반의 학생 수를 구합니다.
③ 5반 학생 수와 반별 학생 수의 평균의 차를 구합니다.

5학년 반별 학생 수의 평균이 24명이므로 5학년 전체 학생 수는 $24\times7=168$(명)입니다.

⇨ (5반의 학생 수)
$=168-(27+20+29+25+22+20)$
$=168-143=25$(명)

따라서 평균과의 차는 $25-24=$**1(명)**입니다.

> 참고
> (자료의 값을 모두 더한 수)=(평균)×(자료의 수)

07 생각 열기 ㉠, ㉡, ㉢에 대해 일어날 가능성을 각각 수로 표현해 봅니다.

㉠: $\frac{1}{2}$, ㉡: 0, ㉢: 1

따라서 일이 일어날 가능성이 가장 큰 것은 **㉢**입니다.

08 생각 열기 1회부터 4회까지의 평균을 먼저 구합니다.

해법 순서

① 1회부터 4회까지의 평균을 구합니다.
② 평균 3 cm를 더 뛰기 위한 총 거리를 구합니다.
③ ①과 ②의 값을 더합니다.

(4회까지의 평균)
$=(110+114+120+116)\div4=460\div4$
$=115$ (cm)

5회에서 평균 3 cm를 더 뛰기 위해서는
$3\times5=15$ (cm) 더 길어져야 하므로
5회에서는 $115+15=$**130 (cm)**를 뛰어야 합니다.

09 해법 순서

① 남학생과 여학생의 몸무게의 합을 구합니다.
② 남학생과 여학생의 몸무게의 합을 전체 학생 수로 나누어 평균을 구합니다.

서술형 가이드 남학생과 여학생의 몸무게의 합을 구한 후 전체 학생 수로 나누어 전체 평균을 구하는 내용이 들어 있어야 합니다.

채점 기준

상	남학생과 여학생의 몸무게의 합을 구한 후 전체 학생 수로 나누어 답을 바르게 구함.
중	남학생과 여학생의 몸무게의 합을 구한 후 전체 학생 수로 나누었지만 답이 틀림.
하	풀이 과정을 쓰지 못하고 답도 틀림.

10 생각 열기 평균을 통해 5과목의 총점을 구합니다.

(5과목의 총점)$=82\times5=410$(점)

(국어)+(수학)$=410-(79+89+87)$
$=410-255=155$(점)

국어 점수를 8㉠, 수학 점수를 ㉡3이라 하면

```
  8 ㉠
+ ㉡ 3
------
 1 5 5
```

• ㉠$+3=5$ ⇨ ㉠$=2$
• $8+$㉡$=15$ ⇨ ㉡$=7$

따라서 국어 점수는 **82점**, 수학 점수는 **73점**입니다.

11 서술형 가이드 일이 일어날 가능성을 각각 구하여 가장 큰 것과 가장 작은 것의 차를 수로 나타내는 과정이 들어 있어야 합니다.

채점 기준

상	일이 일어날 가능성을 각각 구하여 답을 바르게 구함.
중	일어날 가능성을 각각 구했으나 답을 구하는 과정에서 실수하여 답이 틀림.
하	풀이 과정을 쓰지 못하고 답도 틀림.

12 해법 순서

① 아버지, 어머니, 재용의 몸무게의 합을 구합니다.
② 3명의 몸무게의 합을 이용하여 몸무게의 평균을 구합니다.

(아버지)+(어머니)$=63\times2=126$ (kg),
(어머니)+(재용)$=40\times2=80$ (kg),
(아버지)+(재용)$=59\times2=118$ (kg)
(아버지)+(어머니)+(재용)
$=(126+80+118)\div2$
$=324\div2=162$ (kg)

⇨ (3명의 몸무게의 평균)
$=162\div3=$**54 (kg)**

13 생각 열기 두 사람의 점수의 평균을 구한 후 차를 구합니다.

해법 순서

① 민서의 점수의 평균을 구합니다.
② 윤희의 점수의 평균을 구합니다.
③ ①과 ②의 차를 구합니다.

(민서의 점수의 평균)
$=(10\times3+8+5\times2)\div6=(30+8+10)\div6$
$=48\div6=8$(점)

(윤희의 점수의 평균)
$=(10\times3+8\times3)\div6=(30+24)\div6$
$=54\div6=9$(점)

⇨ (평균 점수의 차)$=9-8=$**1(점)**

14 해법 순서

① 반 학생의 점수의 합을 구합니다.

② 상위 10명의 평균 점수를 구합니다.

(반 학생의 점수의 합)

$=80\times(10+16)$

$=80\times26=2080$(점)

나머지 16명의 평균 점수가 13점 더 높아지면 전체 평균은 상위 10명의 평균 점수와 같아집니다.

⇨ (상위 10명의 평균 점수)

$=(2080+13\times16)\div26$

$=(2080+208)\div26$

$=2288\div26=$**88(점)**

실력평가

157 ~ 159쪽

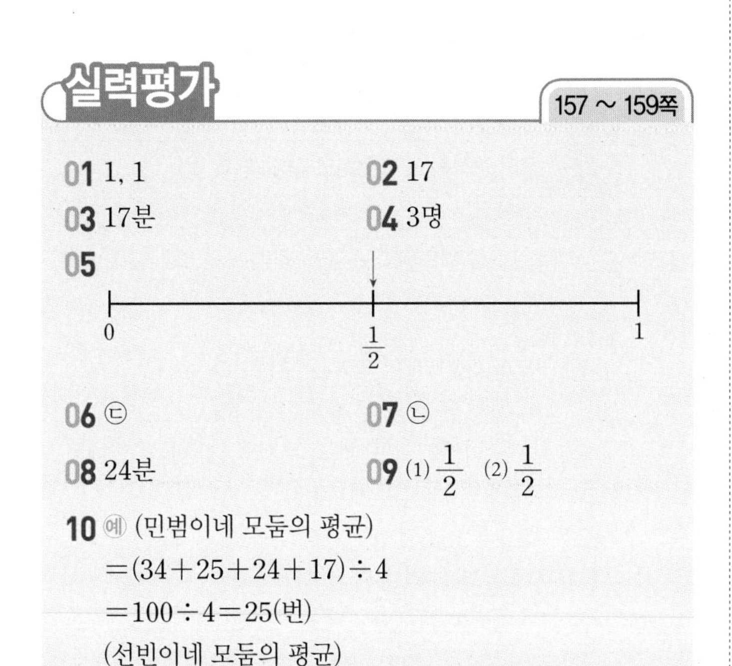

01 1, 1　　**02** 17

03 17분　　**04** 3명

05 (수직선: 0, $\frac{1}{2}$, 1 중 $\frac{1}{2}$에 화살표)

06 ㉢　　**07** ㉡

08 24분　　**09** (1) $\frac{1}{2}$　(2) $\frac{1}{2}$

10 예 (민범이네 모둠의 평균)

$=(34+25+24+17)\div4$

$=100\div4=25$(번)

(선빈이네 모둠의 평균)

$=(28+32+18+14+23)\div5$

$=115\div5=23$(번)

민범이네 모둠의 평균이 2번 더 많습니다.

; 민범이네 모둠, 2번

11 $\frac{1}{2}$　　**12** 93 km

13 89　　**14** 9000개

15 예 파란색 구슬은 전체 구슬 6개 중의 3개이므로 파란색 구슬을 꺼낼 가능성은 '반반이다'이므로 수로 표현하면 $\frac{1}{2}$입니다. ; $\frac{1}{2}$

16 3　　**17** 34살

18 예 (남학생 12명의 앉은키의 합)

$=72\times12=864$ (cm)

(여학생 12명의 앉은키의 합)

$=68\times12=816$ (cm)

⇨ (반 전체 학생의 앉은키의 평균)

$=(864+816)\div(12+12)$

$=1680\div24=70$ (cm)

; 70 cm

19 25 kg　　**20** 33 kg

02 기준을 17로 하여 18에서 남는 1을 16에 주면 모두 **17**입니다.

03 생각 열기 (영어 방송을 듣는 시간의 평균)

=(영어 방송을 듣는 시간의 합)÷(모둠 학생의 수)

(평균)$=(12+15+25+13+17+20)\div6$

$=102\div6=$**17(분)**

04 생각 열기 평균보다 적은 학생은 몇 명인지 알아봅니다.

17분보다 적게 듣는 학생은 민지, 경은, 채린으로 모두 **3명**입니다.

05 생각 열기 전체 연필 중에서 빨간색 연필이 몇 자루 있는지 생각합니다.

빨간색 연필은 4자루 중 2자루이므로 빨간색 연필을 고를 가능성은 '반반이다'이므로 수로 표현하면 $\frac{1}{2}$입니다.

06 생각 열기 불가능한 경우는 언제인지 생각해 봅니다.

㉢ 해는 동쪽에서 뜨고 서쪽으로 집니다.

07 생각 열기 ㉠, ㉡, ㉢, ㉣, ㉤에 대해 일어날 가능성을 비교해 봅니다.

가능성이 가장 높은 것은 '확실하다'이므로 ㉡입니다.

08 해법 순서

① 현진이가 달린 전체 거리를 구합니다.

② 현진이가 달린 전체 시간을 구합니다.

③ ②에서 구한 시간을 분으로 바꿉니다.

④ 1 km를 달리는 데 걸리는 평균 시간을 구합니다.

(전체 거리)$=4+6=10$ (km)

(전체 걸린 시간)=1시간 40분+2시간 20분=4시간

4시간은 $60\times4=240$(분)이므로 1 km를 달리는 데 걸린 시간의 평균은 $240\div10=$**24(분)**입니다.

09 흰색 바둑돌과 검은색 바둑돌을 꺼내는 가능성이 반반이므로 가능성을 수로 표현하면 $\mathbf{\frac{1}{2}}$입니다.

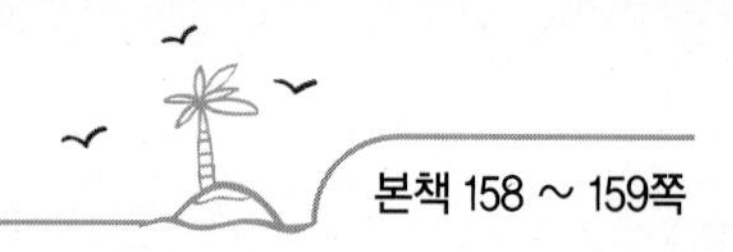

10 서술형 가이드 각 모둠의 평균을 구한 후 크기를 비교하는 내용이 들어 있어야 합니다.

채점 기준

상	두 모둠의 평균을 구한 후 차를 구해 답을 바르게 구함.
중	두 모둠의 평균을 구한 후 차를 잘못 구해 답이 틀림.
하	풀이 과정을 쓰지 못하고 답도 틀림.

11 생각 열기 일이 일어날 가능성을 0, $\frac{1}{2}$, 1의 수로 표현합니다.

혁이: 0, 동수: $\frac{1}{2}$

⇨ $0+\frac{1}{2}=\mathbf{\frac{1}{2}}$

12 (평균)=(90+96)÷2
=186÷2=**93 (km)**

13 생각 열기 (총 점수)=(평균 점수)×(횟수)

해법 순서
① 총 점수를 구합니다.
② 총 점수에서 1회, 2회, 4회의 점수의 합을 뺍니다.

(3회의 점수)=84×4−(80+75+92)
=336−247
=**89(점)**

14 4월은 30일까지 있으므로 300×30=**9000(개)**를 만듭니다.

15 서술형 가이드 파란색 구슬이 전체 구슬의 몇 개인지 알고 가능성을 수로 표현한 내용이 들어 있어야 합니다.

채점 기준

상	파란색 구슬이 전체 구슬 수 중 몇 개인지 알고 가능성을 수로 표현해 답을 바르게 구함.
중	파란색 구슬이 전체 구슬 수 중 몇 개인지 알고 가능성을 수로 잘못 표현해 답이 틀림.
하	풀이 과정을 쓰지 못하고 답도 틀림.

16 해법 순서
① 가 지역의 평균 세기를 구합니다.
② □ 안에 알맞은 수를 구합니다.

(가 지역의 평균 세기)
=(3+1.8+1.2+2)÷4=8÷4=2
⇨ □=2×5−(1.5+1.3+2.2+2)
=10−7=**3**

17 해법 순서
① 나이의 평균을 구합니다.
② 늘어난 나이의 합을 구합니다.
③ 은하 삼촌의 나이를 구합니다.

(평균 나이)=(46+42+16+12)÷4
=116÷4=29(살)

평균 나이가 1살이 더 늘었으므로 삼촌의 나이는 29+5=**34(살)**입니다.

18 생각 열기 먼저 남학생과 여학생의 앉은키의 총합을 구해 봅니다.

서술형 가이드 남학생과 여학생의 앉은키의 총합을 구한 후 반 학생들의 앉은키의 평균을 구하는 내용이 들어 있어야 합니다.

채점 기준

상	남학생과 여학생의 앉은키의 합을 구한 후 반 학생들의 앉은키의 평균을 바르게 구함.
중	남학생과 여학생의 앉은키의 합을 구했지만 앉은키의 평균을 잘못 구해 답이 틀림.
하	풀이 과정을 쓰지 못하고 답도 틀림.

19 해법 순서
① ㉮ 나무에서 딴 배의 무게를 구합니다.
② ㉰ 나무에서 딴 배의 무게를 구합니다.
③ ㉮, ㉯, ㉰ 나무에서 딴 배의 무게의 평균을 구합니다.

(㉮ 나무에서 딴 배의 무게)
=23+3.5=26.5 (kg)
(㉰ 나무에서 딴 배의 무게)
=26.5−1=25.5 (kg)
⇨ (평균)=(26.5+23+25.5)÷3=75÷3
=**25 (kg)**

20 배의 무게의 합이 2×4=8 (kg) 늘어야 하므로 ㉱ 나무에서 딴 배는 25+8=**33 (kg)**입니다.

다른 풀이
(3그루의 나무에서 딴 배 무게의 평균)=25 kg
배 무게의 평균이 25+2=27 (kg)이 되어야 하므로 배의 무게의 합은 27×4=108 (kg)이 되어야 합니다.
⇨ (㉱ 나무에서 딴 배의 무게)
=108−75=**33 (kg)**

🔍 문해력을 키우면 정답이 보인다

초등 문해력 독해가 힘이다
문장제 수학편 (초등 1~6학년 / 단계별)

짧은 문장 연습부터 긴 문장 연습까지
문장을 읽고 이해하여 해결하는 연습을 하여
수학 문해력을 길러주는 문장제 연습 교재

참 잘했어요

수학의 모든 응용 문제를 풀 정도로
실력이 성장한 것을 축하하며
이 상장을 드립니다.

이름 ____________________

날짜 ________ 년 ____ 월 ____ 일

수학 전문 교재

●면산 학습
빅터면산 예비초~6학년, 총 20권
참의융합 빅터면산 예비초~4학년, 총 16권

●개념 학습
개념클릭 해법수학 1~6학년, 학기용

●수준별 수학 전문서
해결의법칙(개념/유형/응용) 1~6학년, 학기용

●단원평가 대비
수학 단원평가 1~6학년, 학기용

●단기완성 학습
초등 수학전략 1~6학년, 학기용

●상위권 학습
최고수준 S 수학 1~6학년, 학기용
최고수준 수학 1~6학년, 학기용
최강 TOT 수학 1~6학년, 학년용

●경시대회 대비
해법 수학경시대회 기출문제 1~6학년, 학기용

예비 중등 교재

●해법 반편성 배치고사 예상문제 6학년
●해법 신입생 시리즈(수학/영어) 6학년

맞춤형 학교 시험대비 교재

●열공 전과목 단원평가 1~6학년, 학기용(1학기 2~6년)

한자 교재

●해법 NEW 한자능력검정시험 자격증 한번에 따기 6~3급, 총 8권
●씽씽 한자 자격시험 8~5급, 총 4권
●한자 전략 8~5급Ⅱ, 총 12권

우리 아이만
알고 싶은
상위권의
시작

최고수준

완 성

초등수학

5-2

최고를
경험해 본 아이의 성취감은
학년이 오를수록
빛을 발합니다

* 1~6학년 / 학기 별 출시
동영상 강의 제공